U0305778

本书受教育部人文社会科学研究青年项目"基于日记资料的19世纪以来上海地区降水变化和洪涝灾害研究"（项目编号：17YJC770026）和国家自然科学基金青年项目"基于日记资料的19世纪以来上海地区气候序列的重建和特征分析"（项目编号：41805055）资助。

# 基于日记资料的 19世纪以来上海地区气候变化研究

唐晶 —— 著

中国出版集团

研究出版社

图书在版编目 (CIP) 数据

基于日记资料的 19 世纪以来上海地区气候变化研究 /
唐晶著 . -- 北京 : 研究出版社 , 2022.6
　ISBN 978-7-5199-1216-1

　Ⅰ.①基… Ⅱ.①唐… Ⅲ.①气候变化 – 史料 – 研究
– 上海 Ⅳ.① P468.251

中国版本图书馆 CIP 数据核字 (2022) 第 034570 号


出 品 人：赵卜慧
出版统筹：张高里　丁　波
责任编辑：安玉霞

## 基于日记资料的19世纪以来上海地区气候变化研究

JIYU RIJI ZILIAO DE 19 SHIJI YILAI SHANGHAI DIQU QIHOU BIANHUA YANJIU

唐晶　著

研究出版社 出版发行

（100006　北京市东城区灯市口大街100号华腾商务楼）

北京中科印刷有限公司　新华书店经销

2022年6月第1版　2022年6月第1次印刷

开本：880mm×1230mm　1/32　印张：10.75

字数：250千字

ISBN 978-7-5199-1216-1　定价：68.00元

电话（010）64217619　64217612（发行部）

# 目　录

# 图表索引

绪　　论

## ◉ 第一节 选题的背景和意义

### 一、气候变化研究的意义

气候变化科学是典型的发展中学科，气候变化研究是大气科学中基础科研领域之一，研究气候变化及相关问题首先具有重要的科学意义。尽管目前对气候系统的研究已经取得了一些重要结论，但由于气候系统及其变化极其复杂，不但具有内在的混沌特性，也存在各种时空尺度的非线性反馈，[①] 并且不断出现新的现象和变化，人类目前的认知水平还不足以回答涉及气候系统及其变化的所有科学问题，如其中尤为关键的气候变化具体的物理过程和机制这一世界性科学难题（例如太阳活动通过何种具体途径影响天气气候变化至今未有一个完善的理论）以及自然因子和人类强迫因子的相对重要性。[②] 只有继续对气候变化及相关问题进行研究，提高研究的广度和深度，才有望尽早准确揭示气候的自然变化规律，同时辨识和量化外界强迫、人类活动对气候变化的影响。

此外，气候变化研究在预测气象灾害和应对当前全球变暖方面具有现实意义。就全球范围来看，气象灾害不仅种类多，而且发生频率

---

① 《第三次气候变化国家评估报告》编写委员会. 第三次气候变化国家评估报告 ［M］. 北京：科学出版社，2015：20.

② 李喜先主编. 21 世纪 100 个交叉科学难题 ［M］. 北京：科学出版社，2005：97 – 102；王绍武，罗勇，赵宗慈，等. 全球变暖的科学 ［M］. 北京：气象出版社，2013：1（序二）.

高、影响大，往往造成严重生命财产损失及一系列相应的社会、环境问题。防灾减灾向来是国际社会经济发展的重要任务，尤其在极端天气气候事件频次和强度趋于增加的背景下，提升气候变化研究水平，做好气象灾害预测尤为迫切，这也是当前大气科学面临的一个前沿研究领域。①

　　全球变暖问题是当前气候学研究的核心课题。大量观测结果证实，气候系统的变暖毋庸置疑且问题非常严重，而近百年来人为排放温室气体对全球气候系统增暖发挥着主导作用。② 以气候系统的增暖为主要特征的全球气候变化总体上弊大于利，不仅对自然生态系统具有现实和潜在的巨大影响，也给社会经济系统及人类生存发展带来严峻挑战；中国属全球变暖比较激烈的地区，增温幅度高于全球平均水平，气候变化事关我国生态安全、土地安全、粮食安全、能源安全、重大工程安全、人体健康和生命安全（例如当前人们非常关心的雾霾问题，雾霾对人体呼吸系统、心血管系统、生殖与神经系统等会造成危害且具有致癌性。③ 雾霾的产生虽然离不开高浓度的细颗粒污染悬浮物如气溶胶、PM2.5 的排放，④ 但雾和霾的长期变化趋势与人类活

①　丁一汇主编. 中国气候［M］. 北京：科学出版社，2013：1－2；黄荣辉，吴国雄，陈文，等. 大气科学和全球气候变化研究进展与前沿［M］. 北京：科学出版社，2014：85－86.
②　叶笃正，等. 需要精心呵护的气候［M］. 北京：清华大学出版社，2004：108－122；秦大河，Thomas Stocker，259 名作者和 TSU（驻伯尔尼和北京）. IPCC 第五次评估报告第一工作组报告的亮点结论［J］. 气候变化研究进展，2014，10（1）：1－6；秦大河. 气候变化科学与人类可持续发展［J］. 地球科学进展，2014，33（7）：874－883.
③　陈仁杰，阚海东. 雾霾污染与人体健康［J］. 自然杂志，2013，35（5）：342－344.
④　张小曳，孙俊英，王亚强，等. 我国雾－霾成因及其治理的思考［J］. 科学通报，2013，58（13）：1178－1187.

动和气候变化具有密切联系，气候变化可能导致的不利气象条件对雾霾的维持和发展往往起到推波助澜甚至决定性作用①）。气候变化问题不仅是科技界和公众普遍关注的科学问题，也是当前国际政治、经济、外交博弈中的重大全球性问题。② 研究气候变化不仅可以为人类社会减轻气候变化所带来的威胁提供理论依据，也为我国气候政策、经济政策的制定和国际环境外交提供决策支撑，是中国经济社会可持续发展大计的内在需求。

## 二、古气候重建的意义

研究证实，地球气候在不断变化，具有多时间尺度变化特征，人类要认识、适应以及利用未来天气气候变化不仅需要了解它的现状，更有必要了解它漫长的历史。就气候预测而言，要准确模拟和预测气候要素在不同时间尺度，如十年、百年、千年或更长尺度上变化的方向、幅度、变率、规律和机制需要具备长期连续（一般要求拥有 10 倍于预测长度的序列）、一定空间覆盖率的高质量气候数据。而系统观测资料的长度和空间覆盖远不能达到这一要求，还必须依赖古气候的重建和研究。古气候重建是气候变化研究中基础性的研究工作，更深入的对机制和预测的探讨也有赖于重建结果，所以通过古气候重建和研究扩展气候变化基础科研数据对于气候预测研究的推进至关

---

① 张人禾，李强，张若楠. 2013 年 1 月中国东部持续性强雾霾天气产生的气象条件分析 [J]. 中国科学 （地球科学），2014，44（1）：27 - 36.
② 《第三次气候变化国家评估报告》编写委员会. 第三次气候变化国家评估报告 [M]. 北京：科学出版社，2015：1 - 14；丁一汇主编. 中国气候 [M]. 北京：科学出版社，2013：14.

重要。

通过收集和集成经过质量控制的古气候重建资料与仪器观测资料，延长气候变率记录到必需的时间尺度是世界气候研究计划（WCRP）中气候变率与可预报性研究计划（CLIVAR）的重要目标。[①] CLIVAR 目标之一是把人类预测气候的能力从中短期拓宽到季、年际，甚至更长的时间尺度，这一目标的实现较大程度依赖于古气候数值模拟研究。古气候模拟研究能够深化我们对气候变化机制的认识，为预测未来气候变化提供历史借鉴。[②] 但由于可用于气候模拟研究的资料空间覆盖不全（如深海和永冻土资料匮乏），资料长度和精度也不够，且目前我们对气候系统物理化学过程与反馈的观测和认识还很欠缺，例如对云的刻画以及云对气候变化响应的刻画能力仍有不足，导致模式不能很明确地描述很多重要的小时空尺度过程，使基于模式的对气候变化的模拟和预估也存在诸多不确定性。[③] 因此为了改进气候模式的模拟和预测能力，古气候序列的重建和研究需要不断开展，以保证序列的长度、精度和空间覆盖满足预测更长时期气候的需要，为现今采用动力和统计相结合的气候预测技术提供较为精准的统计规律、模式参数等重要数据，从而大大改进气候模式，削弱初值误差，缩小气候预估的不确定性，提升未来气候状况预测水平。

---

① 王绍武. 现代气候学研究进展［M］. 北京：气象出版社，2001：56–57.
② 丁仲礼，熊尚发. 古气候数值模拟：进展评述［J］. 地学前缘，2006，13（1）：21–31.
③ 葛全胜，王芳，王绍武，等. 对全球变暖认识的七个问题的确定与不确定性［J］. 中国人口·资源与环境，2014，24（1）：1–6；丁一汇，郭彩丽，刘颖，等. 气候变化 40 问［M］. 北京：气象出版社，2008：61–62.

### 三、中国近 500 年气候序列重建的意义

　　气候变化研究在中国国民经济建设、社会发展和环境保护中发挥着重要作用，中国的气候变化研究在迅速发展的世界大气科学中拥有独特的重要地位。[①] 中国最早有温度、降水记录的台站为北京，开始时间为 1841 年 1 月；最长有连续温度、降水记录的台站是上海龙华，始于 1873 年 1 月。[②] 可见目前我国现存仪器观测气象资料最长仅有 100 多年，而且达到百年长度的台站数量也很少，满足不了研究多时空尺度上气候变化特征的需要。利用多源代用资料如历史文献、树木年轮、孢粉、冰芯、石笋、黄土、珊瑚、湖底与海底沉积物反演气候变量序列是中国及国际学者重建古气候的有效途径，而集成文献记载和自然证据重建过去的气候变化是中国在国际全球变化科学领域独具特色的研究。[③]

　　历史文献中的天气气候记录在定量重建高分辨率气候序列、绘制历史气候实况图、编制古环境事件年表、分析与社会经济等级序列（如人口、动乱、粮价、粮食丰歉等级）的关系等方面已被证实具有广泛的应用价值，并已取得了一系列重要进展。[④] 目前中国历史气候变化研究的阶段目标在于利用历史文献和自然证据加密气候变化代用

① 黄荣辉，吴国雄，陈文，等.大气科学和全球气候变化研究进展与前沿 [M].北京：科学出版社，2014：381 – 382.
② 王丽萍，郑瑞清.我国近百年温度降水资料现状及数据集的研制 [J].气象，2002（12）：27 – 30.
③ 葛全胜.中国历朝气候变化 [M].北京：科学出版社，2010：（序言）.
④ 张德二.中国历史文献中的高分辨古气候记录 [J].第四纪研究，1995，15（1）：75 – 81；方修琦，苏筠，尹君，等.历史气候变化影响研究中的社会经济等级序列重建方法探讨 [J].第四纪研究，2014，34（6）：1204 – 1214.

资料的空间覆盖度，提升近2000年气候变化资料分析、序列重建、影响辨识等研究的定量化程度，为集成分析过去气候变化及其动力学机制更新和增添高分辨率科学数据。[①] 这一目标的完成，需要我们不断挖掘新的代用资料，其中首先应该加强的研究领域是集成历史文献重建近500年高时空分辨率气候序列，一方面，是因为中国明清时期历史文献如正史、档案、文集、日记、地方志等史料存量相对丰富，具备从中提取过去500年高分辨率气候变化代用数据的基本条件；[②] 另一方面，近500年的气候资料的改善对准确监测、预估未来50年左右尺度的气候变化信号有重要现实意义，尤其是极端天气、气候事件变化与预测研究需要拥有一定长度的高精度资料。[③] 因此，集成历史文献资料开展中国区域近2000年，尤其是近500年历史气候变化研究对促进中国及全球气候变化研究的不断深入具有重要科学价值和现实意义。

## 四、研究上海地区气候变化的意义

上海市地处东经120°51′~122°12′，北纬30°40′~31°53′，位于太平洋西岸，亚洲大陆东沿，中国南北海岸中心点，长江和钱塘江入海汇合处，是长江三角洲冲积平原的一部分，平均海拔4米左右，陆地地势平坦，由东向西低微倾斜。全市总面积6340.5平方公里，占全国

---

① 郑景云，邵雪梅，郝志新，等．过去2000年中国气候变化研究［J］．地理研究，2010，29（9）：1561-1570；葛全胜，郑景云，郝志新，等．过去2000年中国气候变化研究的新进展［J］．地理学报，2014，69（9）：1248-1258．

② 满志敏．历史自然地理学发展和前沿问题的思考［J］．江汉论坛，2005（1）：95-97．

③ 王绍武．现代气候学研究进展［M］．北京：气象出版社，2001：23-24．

总面积的 0.07%，至 2014 年底，常住人口 2425.68 万人，占全国总人口的 1.77%，人口密度大，是全国平均水平的 26.9 倍，全市生产总值 23567.7 亿元，占全国 636138.7 亿元的 3.70%。① 上海最大的特点是中国唯一的多功能经济文化大都市，作为全国最大的港口、物流中心、外贸中心、金融中心、工业中心、信息中心及西学窗口，具有十分显著的经济文化地位。②

上海地区（主要指上海市政区，但也包括与上海同属一个气候区划的地区，概念的详细界定见第一章第五节第一部分）位于北亚热带南缘，气候温和湿润、春光明媚、夏日晴长、秋高气爽、冬季不寒；雨量适中、雨热同季，水分、热量资源比较丰富，气候条件优越，上海城市气候在温度场、湿度场、降水分布和空气混浊度上呈现热岛、干岛与湿岛、雨岛、混浊岛等"五岛"效应。③ 根据 IPCC 对全球气候变化下脆弱区域的研究，上海同时也是一个集众多敏感因素于一体的气候变化脆弱区。一方面，上海位于东亚季风影响的核心气候区，气候的年际变化很大，极端天气事件多发，冬春易遭受寒潮侵袭，产生低温霜冻灾害，夏秋季易受暴雨、台风威胁，多雨常涝，少雨常旱；此外，上海地处海岸带和江河平原地带，全球气候变暖引起的海平面上升加重了城市潮灾、洪涝灾害风险，城市生态环境还极易受海

---

① 《上海年鉴》编纂委员会. 上海年鉴（2015）[M]. 上海：上海人民出版社（网址 ht-tp：//www. shtong. gov. cn/）；中华人民共和国国家统计局. 中国统计年鉴（2015）[M]. 北京：中国统计出版社（网址 http：//www. stats. gov. cn/tjsj/ndsj/2015/indexch. htm）.

② 《上海通志》编纂委员会. 上海通志（第 1 册）[M]. 上海：上海社会科学院出版社和上海人民出版社，2005：14 - 16.

③ 严济远，徐家良编著. 上海气候 [M]：北京：气象出版社，1996：1 - 3；周淑贞. 上海城市气候中的"五岛"效应 [J]. 中国科学（B 辑），1988（11）：1226 - 1234.

洋酸化、盐水入侵、湿地退化、水资源时相变异带来的破坏。[①] 另一方面，上海城市化发展迅速，上海经济，如房地产、旅游业、渔业和近海养殖业等与气候敏感性资源（如淡水资源、景观资源、海洋资源）联系密切，气候变化很有可能将对这样一个大都市区域的社会经济带来显著影响。因此开展上海地区气候变化研究可以增进我们对快速发展的河口地带的城市化与气候变化关系的认识，为相似区域积极应对气候变化的威胁提供决策数据和案例经验。

相比全球气候变化，区域气候更多受自然波动影响，[②] 上海地区是否也是如此？利用上海地区相对丰富的气象观测资料和代用资料将其视作区域对象进行细致研究，有助于我们深入了解这一区域气候变动的多时间尺度特点，辨析自然控制因子和人类活动的不同作用，进而丰富我们对典型区域气候变化的个性及其与全球气候变化的共性和差异性的科学认识。

### 1. 上海地区梅雨及其变化的研究意义

中国地处东亚季风气候区，梅雨是这一地区特有的天气气候现象，是东亚大气环流由春到夏过渡季节中的产物。梅雨是长江中下游地区最主要的雨季，本区夏季几乎一半的降水来自平均 20 余天的梅雨季，再加上东亚夏季风的进退和强弱具有明显的年际变化，每年梅雨来临的早晚、进退的快慢、强弱大小、梅雨期的长短、梅雨量的多

---

① 王祥荣、王原. 全球气候变化与河口城市脆弱性评价——以上海为例 [M]. 北京：科学出版社，2010：4.
② 《第三次气候变化国家评估报告》编写委员会. 第三次气候变化国家评估报告 [M]. 北京：科学出版社，2015：16.

寡皆不相同。① 因此，梅雨的异常与长江中下游地区的旱涝及其伴生灾害常密切相关，极大地影响着区域社会经济的发展，所以梅雨及其相关问题一直是我国气象工作者研究的一个重要课题。②

上海地区位于长江下游，梅雨现象比较典型，对长江中下游地区的梅雨具有很好的代表性。③ 另外，上海处在中国东部地区季风进退的过渡地带，表征梅雨的各项指标除了能够反映大气环流的变化特征外，也能帮助我们认识和预测季风雨带在整个东部地区的活动。例如入梅意味着雨带从华南地区北跳，长江中下游地区初夏雨带开始建立，梅雨结束则又预示着华北地区雨带即将建立，主汛期来临，因此研究上海地区的梅雨有助于全面了解东亚夏季风环流过程及中国南北地区的降水形势。

以气候变暖为主要特征的全球气候变化是一个长时间尺度的演变过程，目前变暖这个过程还在继续。现在或过去更早阶段，东亚地区大气环流对全球变暖的响应及其机理有何差异？中国东部雨带特别是江淮梅雨在不同时期呈现何种变化特征？21 世纪东亚地区夏季风是否如 CMIP5 模式预估的那样将明显增强？④ 这些科学问题的解答一定程度可以借助长时段高精度梅雨资料。目前对梅雨的研究大多数是基于

① 丁一汇主编．中国气候［M］．北京：科学出版社，2013：8－9，284.
② 叶笃正，黄荣辉．长江黄河流域旱涝规律和成因研究［M］．济南：山东科学技术出版社，1996：69－104；丁一汇，柳俊杰，孙颖，等．东亚梅雨系统的天气—气候学研究［J］．大气科学，2007，31（6）：1082－1101；丁一汇主编．中国气候［M］．北京：科学出版社，2013：8－9.
③ 梁萍，丁一汇．上海近百年梅雨的气候变化特征［J］．高原气象，2008，27（S1）：76－83.
④ 《第三次气候变化国家评估报告》编写委员会．第三次气候变化国家评估报告［M］．北京：科学出版社，2015：19.

个例或合成分析方法，资料长度较短，基本依赖的是现代百年的器测资料，加强梅雨系统的天气—气候学研究可以大大提高对亚洲夏季风变化规律及区域表现和差别的认识，[①] 其年代际、百年尺度上变化特征、规律的揭示有助于寻找影响梅雨变化的重要机制、检验 CMIP5 模式模拟结果和开展梅雨中长期预报，积极预防旱涝。

2. 上海地区降水及其变化的研究意义

大气降水是水循环、大气环流过程中的重要分量，是评估自然条件最关键的气候要素之一，人类赖以生存发展的陆地水资源根本来源于大气降水，[②] 降水的变化对人们日常生活、国家产业布局、国家安全等重要国计民生问题往往产生约束性影响。在区域水资源、水循环、水灾害、水安全以及自然环境和生态系统的形成、演化中，降水是重要的控制因子，故而其时空变异性向来得到各界充分关注。[③] 全球气候变暖背景下，区域降水及其时空分布出现了一定变化，那么在不同的时空背景中降水又是如何变化的同样值得我们重视。

气候变化引发的水循环和水资源问题很早就得到国内外气候界、水文界及政府公众的关注。2003 年发起的"全球水系统计划"（GWSP）的主要目的就在于认识全球和区域气候变化、人类活动与水循环和水资源利用的相互作用。而目前国内研究还存在监测和信息支持系统落后、观测资料序列短、自主开发的气候和水文模式有待完

---

① 丁一汇，柳俊杰，孙颖，等. 东亚梅雨系统的天气—气候学研究 [J]. 大气科学，2007，31（6）：1082－1101.

② 任国玉主编. 气候变化与中国水资源 [M]. 北京：气象出版社，2007：21－22.

③ 任国玉，战云健，任玉玉，等. 中国大陆降水时空变异规律——I 气候学特征 [J]. 水科学进展，2015，26（3）：299－310.

善、各部门和领域间的合作不够、研究结果的综合集成分析薄弱、经费投入不足等问题。① 这些问题的逐步解决离不开继续开展对降水及其与气候变化关系的研究。

上一小节述及的研究上海地区梅雨变化的意义中其实也多多少少包含着降水变化的研究意义，但是梅雨引起的降水变化仅能反映春夏之交特定时节、特定天气系统降水的变化，年内其他时段如月、季、年降水的变化更加值得关注，因为这关乎区域水环境、水资源总体情况的调查评价和管理。上海地区属亚热带季风气候，气候局地性特征比较明显。就降水而言，该区全年雨量充沛，年雨量平均 1149mm，其中 70% 集中在 4—9 月，6 月和 9 月雨量最多，12 月和 1 月最少，月际的、季际的、年际的降水差异甚大，涝旱时有发生；月、年平均降水量区县内差异不大，年降水量大体呈由南向北微弱减少的趋势。② 上海地区上述降水特征基本反映了长江下游地区所具有的降水特点。根据 1951—1990 年的资料，中国东部地区（110°E 以东）在 45°N 以南的年降水量与全国的总趋势比较一致，上海地区年降水量与全国年降水量的相关系数为 0.4，达到 99% 置信水平，上海地区的降水不仅在太湖流域具有较好的区域代表性，也能一定程度反映中国东部地区的降水概貌。③ 由此可见，研究上海地区降水的变化不仅对认识这一区域降水的年际—年代际变化特征及其控制因子具有非常重要的意

① 任国玉主编. 气候变化与中国水资源 [M]. 北京：气象出版社，2007：1（序言）.
② 《上海气象志》编纂委员会. 上海气象志 [M]. 上海：上海社会科学院出版社，1997：54，77；严济远，徐家良编著. 上海气候 [M]. 北京：气象出版社，1996：26 - 27.
③ 王绍武，龚道溢，叶瑾琳，等. 1880 年以来中国东部四季降水量序列及其变率 [J]. 地理学报，2000，55（3）：281 - 293.

义，同时对了解我国东部季风区降水的变化也具有一定的代表性和参考借鉴作用。

由于在 21 世纪全球气候还会继续变暖，从暖气候角度分析，我们可能正进入一个超级干旱的时代，[①] 就中国而言，水资源分布不均及短缺问题是区域经济可持续发展的最大限制因素。[②] 全球气候变暖背景下，上海地区降水发生了何种响应？其未来变化趋势如何？是否会出现水资源严重短缺的可能？这些问题关系到上海地区城市化进程中宏观发展决策的制定。此外，气候预估最大的不确定性来自水循环，[③] 虽然预测降水的变化非常困难，相比温度预测不确定性更大，但认识过去的变化对预测未来能起到指导作用。上海地区长时段降水序列的重建和研究有望提升对其降水趋势预测的可靠性，对做好本区水的综合规划，如水资源调度、产业用水配置、旱涝风险应对、污水治理、水利设施布局、人类干预减缓、人居环境优化等行动提供参考依据。

① 黄荣辉，吴国雄，陈文，等. 大气科学和全球气候变化研究进展与前沿 [M]. 北京：科学出版社，2014：137.
② 《第三次气候变化国家评估报告》编写委员会. 第三次气候变化国家评估报告 [M]. 北京：科学出版社，2015：22–23.
③ 王绍武. 建立高分辨率的全球气候模式 [J]. 气候变化研究进展，2015，11（2）：152.

## ◉ 第二节　梅雨及其变化研究综述

### 一、梅雨天气—气候学特征研究概述

"梅雨"一词很早就出现在我国历史文献中，唐杜甫就有《梅雨》诗："南京犀浦道，四月熟黄梅，湛湛长江去，冥冥细雨来"[1]，此诗描绘的"梅雨"系指蜀中四月梅熟时的阴雨天气，并不属于本书讨论的江淮地区春末夏初的梅雨季节。柳宗元也有题为《梅雨》之诗："梅实迎时雨，苍茫值晚春"，[2] 描写的也不是典型的江淮梅雨，而是南粤"梅雨"，应该指的是与江淮梅雨发生时间上联系紧密且降水具有一定相似度的华南前汛期降雨，柳宗元已经认识到"梅雨"的产生有一定的规律，是春末梅子成熟时节常出现的降雨。我国古代先民虽然一再言及梅雨一词，但是对梅雨的定义及其多雨的原因，都未曾有所解释，直到北宋末年，陈长方始加以解释，[3]"江淮春夏之交多雨，其俗谓之梅雨也……春夏天地气交，水汽上腾，遂多雨，于理有之"，[4] 认为江淮多雨是由春夏之际水汽大量上升所致。

我国科学家将梅雨作为一个科学问题进行研究始于 20 世纪 30 年

---

[1]　杜甫著，仇兆鳌注. 杜诗详注 [M]. 北京：中华书局，1979：738 - 739.

[2]　柳宗元著，易新鼎点校. 柳宗元集 [M]. 北京：中国书店，2000：631.

[3]　洪世年，刘昭民，等. 中国气象史（近代前卷）[M]. 北京：中国科学技术出版社，2006：64.

[4]　陈长方. 步里客谈 [M]. 北京：中华书局，1991：8.

代,[①] 竺可桢引用苏轼《舶舻风》诗、谢肇淛博物学著作《五杂俎》等说明舶舻风是断梅之后开始盛行的东南季风,进而指出梅雨的气候特征首先是季风雨,其多寡久暂与东南季风势力强弱关系密切;[②] 欧阳楚豪较早从梅雨的气候角度解释其与区域气象灾害的关系;[③] 涂长望基于气团与锋面的学说论述了梅雨的天气特征,提出梅雨静止锋常由变性极地大陆气团和热带海洋气团交绥引起:“Tm 与海洋 NPc 气团相遇于长江流域,故薄低气压停滞不进,淫雨不休,此即所谓梅雨是也。”[④] 1954 年长江流域发生特大洪水后,梅雨成为我国气象科学一个重点关注的问题,相关研究成果不断涌现。1958 年陶诗言等根据降水等气候资料和1951—1957 年高空资料,比较全面地揭示了梅雨的气候特点,指出梅雨是季风现象之一,梅雨期起讫很有规律,并不是局地现象,而是与印度季风的爆发和亚洲上空大范围大气环流的季节变化联系密切,[⑤] 标志着梅雨的天气—气候学研究迈上了新的基点。1991 年和 1998 年长江流域两次特大水灾使梅雨成为“我国重大天气灾害形成机理与预测理论研究”、“八五”国家科技攻关、南海季风科学试验、海峡两岸暴雨科学试验等多个国家重大科研项目的研究重点,同时,梅雨也是我国气象科研工作者和日本、韩国、美国及我国港澳台地区开展科研合作的重要内容之一。[⑥]

---

① 张丙辰主编. 长江中下游梅雨锋暴雨的研究 [M]. 北京:气象出版社, 1990:1.
② 竺可桢. 东南季风与中国雨量 [J]. 地理学报, 1934 (1):1 - 28.
③ 欧阳楚豪. 二十四年湖南之水灾与梅雨 [J]. 气象杂志, 1936 (3):141 - 152.
④ 涂长望著, 卢鋈译. 中国之气团 [J]. 气象杂志, 1938 (5):175 - 218.
⑤ 陶诗言, 赵煜佳, 陈晓敏. 东亚的梅雨期与亚洲上空大气环流季节变化的关系 [J]. 气象学报, 1958, 29 (2):119 - 134.
⑥ 郑永光, 陈炯, 葛国庆, 等. 梅雨锋的天气尺度研究综述及其天气学定义 [J]. 北京大学学报 (自然科学版), 2008, 44 (1):157 - 164.

从现代梅雨研究的内容来看，大体可以概括为梅雨的环流特征、梅雨期划分、梅雨锋和梅雨锋暴雨的分析预测、梅雨变化及中长期预报、梅雨影响因子5个方面。[①] 由于本书旨在从气候变化角度研究梅雨的长期变化特征，这一方面的研究进展将在紧接着的一个小节中详细介绍，又考虑到已有众多文献对梅雨及相关问题进行了分析和综述，因此下面主要围绕已有研究著述、文献综述仅对梅雨以下4个方面内容的研究现状略做概述。

（1）梅雨的环流特征。梅雨期一般出现在6月中旬至7月上旬，此时我国主要的大雨带停滞在长江中下游。梅雨的产生与春夏之际亚洲上空大气环流的突然变化有关。[②] 目前对典型梅雨的环流背景已有较为清楚的认识（图0-1），[③] 其形成和发展明显的环流特征有：在高层（100hPa或200hPa）主要是有从青藏高原东移过来的南亚高压，位于长江流域上空，当高压消失或东移出海时，梅雨即告结束；在中层（500hPa），梅雨期的环流形势较为稳定，西太平洋副高呈带状分布，120°E处脊线稳定在22°N左右，高纬欧亚大陆呈阻塞形势，以"双阻型"较为常见，印度东部或孟加拉湾一带有一稳定的低压槽，使长江中下游地区盛行西南风，带来充沛的水汽，并与来自北方的偏西气流构成一范围宽广的气流汇合区；在低层（850hPa或700hPa）

---

① 周后福，马奋华. 长江中下游梅雨及其中长期预测技术的研究概述［J］. 气象教育与科技，2002，24（1）：4-8.
② 陶诗言，陈隆勋. 夏季亚洲大陆上空大气环流的结构［J］. 气象学报，1957，28（3）：234-247；陶诗言，赵煜佳，陈晓敏. 东亚的梅雨期与亚洲上空大气环流季节变化的关系［J］. 气象学报，1958，29（2）：119-134；叶笃正，陶诗言，李麦村. 在六月和十月大气环流的突变现象［J］. 气象学报，1958，29（4）：249-263.
③ 张庆云，陶诗言. 亚洲中高纬度环流对东亚夏季降水的影响［J］. 气象学报，1998，56（2）：199-211.

则有江淮切变线，切变线上常有西南低涡东移，其南侧有低空西南风急流；在地面则有静止锋和静止锋波动，产生江淮气旋。①

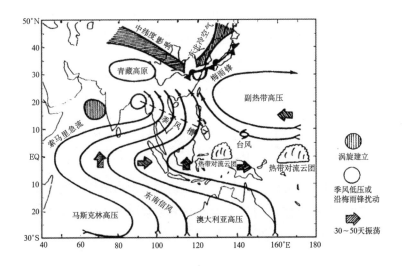

**图 0-1　夏季亚洲季风系统环流特征示意图**

　　除对典型江淮梅雨环流特征进行研究和总结外，研究者还广泛探讨了某一区域个别异常梅雨年份（如 1954 年、1991 年、1998 年长江流域特大洪涝年）的环流背景，同时还利用多年气象资料从气候角度对江淮梅雨异常的环流特征开展了很多工作，② 如毛文书等利用江淮地区 1954—2001 年入出梅日期和梅雨量资料讨论江淮梅雨丰、枯年同

①　寿绍文主编. 天气学分析（第 2 版）[M]. 北京：气象出版社，2006：140-141；朱乾根，林锦瑞，寿绍文，等. 天气学原理和方法（第 4 版）[M]. 北京：气象出版社，2007：354-357.

②　金荣花，李维京，张博，等. 东亚副热带西风急流活动与长江中下游梅雨异常关系的研究 [J]. 大气科学，2012，36（4）：722-732；刘屹岷，洪洁莉，刘超，等. 淮河梅雨洪涝与西太平洋副热带高压季节推进异常 [J]. 大气科学，2013，37（2）：439-450.

期大气环流差异的研究具有一定代表性，该文指出丰梅年高层 100hPa 南亚高压呈纬向分布，强度增强，中层 500hPa 极涡强度、乌拉尔山高压脊强度、鄂霍茨克海阻塞高压强度和蒙古高压强度均增强，东亚大槽位置较常年偏东偏南，加强了槽后冷空气向南输送，并抑制了西太副高进一步西伸北跳，使江淮地区不易出梅，梅雨期偏长，有利于梅雨量增加，同时副高边缘西南暖湿气流输送加强，低层 850hPa 形成一条强风速辐合带，对流旺盛，有利于梅雨的异常偏多。枯梅年上述情形则反之。①

西太副高和梅雨锋是东亚副热带季风系统的重要成员，是东亚副热带季风雨带在中国东部建立和进退的重要控制因子。近年来，何金海等致力于东亚副热带季风和热带季风的本质问题，发现东亚副热带夏季风建立于 3 月中旬，早于热带夏季风，二者是相互独立的两个过程，前者并非后者向北推进的结果，相反，前者建立后的突然南压有利于后者的爆发，二者的建立和撤退特征也显著不同，副热带夏季风为渐进式建立，但撤退迅速，热带夏季风爆发突然，但撤退缓慢。②这一重要研究结论有助于厘清梅雨形成前期的初始环流背景。

（2）梅雨期划分。由于梅雨存在复杂的地域性差异，长期以来，各地在梅雨期的划分标准上并不统一。《气象》杂志曾于 1980—1981 年组织气象工作者对有关梅雨期划分标准这一疑难问题进行了专题讨论，最后由林春育作小结，但这次集中讨论后关于梅雨的划分问题仍

---

①　毛文书，王谦谦，李国平. 江淮梅雨异常的大气环流特征［J］. 高原气象，2008，27（6）：1267－1275.

②　何金海，祁莉，韦晋，等. 关于东亚副热带季风和热带季风的再认识［J］. 大气科学，2007，31（6）：1257－1265.

未达成一致。① 周曾奎结合几十多年的预报实践，对 1954—2005 年的江淮梅雨，尤其对入、出梅的划定标准和梅雨期的环流调整、个别年份有分歧的梅雨期的确认、梅雨的天气—气候特征以及各类型梅雨的环流演变特征和有关梅雨预报思路及着眼点进行了系统研究，② 为梅雨期的划分和预报提供了宝贵的参考资料。目前长江中下游省、市站台和学界确定梅雨期的共同点在于都认为梅雨期划定应考虑大气环流演变特征（主要是副高的变化）、持续的阴雨天数和地区内大于某临界日平均气温的持续天数，其分歧主要在于是以温度降水实况为主还是以环流调整为主抑或是二者兼顾来划分。从目前的划定方案来看，气象站和研究者比较倾向于以大气环流的季节转换为着眼点，有机结合温度降水等指标进行确定，且认为江淮地区各地梅雨期的划分应当建立在江淮流域梅雨季节整体性的基础上。③ 相信梅雨期的划分随着对梅雨及东亚季风系统研究的深入会有更加科学合理的客观方案。

（3）梅雨锋和梅雨锋暴雨的分析预测。针对梅雨锋暴雨的研究在建立多尺度物理模型、天气学模型、监测与预测理论和方法等方面虽然取得了重要进展，但由于梅雨锋存在复杂的区域差异和多尺度结

---

① 于达人. 区域梅雨季节和单站梅雨期 [J]. 气象，1980，6（10）：12 - 13；傅逸贤. 也谈梅雨期的划分 [J]. 气象，1981，7（5）：19 - 20；李小泉. 从整体上研究梅雨期的划分 [J]. 气象，1981，7（6）：9 - 10；林春育. 关于梅雨问题讨论的几个问题 [J]. 气象，1981，7（7）：12 - 14.

② 周曾奎. 江淮梅雨 [M]. 北京：气象出版社，1996：1 - 210；周曾奎. 江淮梅雨的分析和预报 [M]. 北京：气象出版社，2006：1 - 183.

③ 周曾奎. 江淮梅雨的分析和预报 [M]. 北京：气象出版社，2006：6 - 27；梁萍，丁一汇，何金海，等. 江淮区域梅雨的划分指标研究 [J]. 大气科学，2010，34（2）：418 - 428；黄青兰，王黎娟，李熠，等. 江淮梅雨区域入、出梅划分及其特征分析 [J]. 热带气象学报，2012，28（5）：749 - 756；刘丹妮，何金海，姚永红. 关于梅雨研究的回顾与展望 [J]. 气象与减灾研究，2009，32（1）：1 - 9.

构，至今在梅雨锋的天气学定义、地域差异、多尺度结构特征、影响因子等方面的研究仍需要进一步补充完善，离完全满足国家对及时监测与正确预报梅雨灾害性天气的要求还有距离。①

（4）梅雨影响因子。已有研究中可见从太阳活动、季风环流、海洋热状况及积雪冰盖等角度对梅雨影响因素进行的探讨。研究太阳活动对梅雨影响的方法多是利用太阳活动（主要利用太阳黑子数、黑子面积等指标）与梅雨特征量（或副高指数）的相关分析、合成分析和交叉小波分析等统计手段，国内外对太阳活动影响梅雨物理过程的研究相当缺乏；② 夏季风环流方面，目前的研究多侧重于南海夏季风、印度季风及越赤道气流与长江中下游降水的关系，但季风各子系统对梅雨降水及梅雨其他参数作用及其机制值得进一步分析；海洋温度变化（大西洋、印度洋、南海、太平洋海温变化，ENSO 等）对梅雨影响的研究大多着眼于单个海区海温的影响，且海温还存在不同的分布型，未来需要注意特定海温分布型对梅雨的影响，并从中找出影响梅雨的关键区和影响的关键时段；由于积雪和冰盖资料（雪量、冰雪面

---

① 陶诗言，张小玲，张顺利. 长江流域梅雨锋暴雨灾害研究［M］. 北京：气象出版社，2003：10 - 11；倪允琪，周秀骥. 我国长江中下游梅雨锋暴雨研究的进展［J］. 气象，2005，35（1）：9 - 12；丁一汇，柳俊杰，孙颖，等. 东亚梅雨系统的天气—气候学研究［J］. 大气科学，2007，31（6）：1082 - 1101；郑永光，陈炯，葛国庆，等. 梅雨锋的天气尺度研究综述及其天气学定义［J］. 北京大学学报（自然科学版），2008，44（1）：157 - 164；黄青兰，王黎娟，何金海，等. 有关江淮梅雨的研究回顾［J］. 浙江气象，2010，31（2）：2 - 7；黄真，徐海明，胡景高. 我国梅雨研究回顾与讨论［J］. 安徽农业科学，2011，39（16）：9924 - 9927.
② 程国生，杜亚军，陈烨. 近52年太阳活动与江淮梅雨异常关系分析［J］. 自然灾害学报，2012，21（4）：161 - 167；程国生，苍中亚，杜亚军，等. 江淮梅雨长期变化对太阳活动因子的响应分析［J］. 高原气象，2015，34（2）：478 - 485.

积等）相对有限，其影响梅雨的机制还需进一步求证。① 总体来看，目前梅雨影响因素研究的结论多数是定性的，且很少考虑多个因子的共同影响，未来可以开展梅雨与青藏高原、大陆和海洋的三级热力差的关系的研究。② 梅雨影响因子研究存在的不足需要在气候系统圈层相互作用的综合研究中逐步予以完善。

## 二、梅雨长期变化特征的研究综述

地球气候受各种内外因素的驱动，其要素的变化表现出多时间尺度特征、阶段性、突变性和周期性等变化特征，而且这些变化往往相互交织，呈现出复杂多样的变化面貌，梅雨诸要素的变化亦是如此。基于近几十年或百余年梅雨参数数据，研究者针对梅雨 5 个主要参数（包括入梅日期、出梅日期、梅雨长度、梅雨量和梅雨强度，以下正文中凡提及梅雨的 5 个参数，如未特别说明，均指这 5 个参数）的长期变化特征，特别是年际—年代际尺度上变化的阶段性、突变性和周期性等开展了许多检测工作，取得了很有比对价值的一系列结论，以下分别对其研究进展进行概述。

### 1. 梅雨变化的阶段特征

由于梅雨期划定标准不尽相同，不同站区、省份得出的结果有一定差异，而长江中下游地区的梅雨具有广泛的区域代表性，且目前已积累了百余年长度的梅雨资料，研究成果也最丰富，因此本书仅就长

---

① 刘丹妮，何金海，姚永红. 关于梅雨研究的回顾与展望 [J]. 气象与减灾研究，2009，32（1）：1-9.
② 梁萍，汤绪，柯晓新，等. 中国梅雨影响因子的研究综述 [J]. 气象科学，2007，27（4）：464-471.

江中下游地区百年尺度上梅雨演变的阶段性进行概述，梅雨参数近几十年的阶段变化特征可以认为包含于百年序列上，不再详述，而且梅雨序列越长，越有助于我们准确辨识其变化的多时间尺度特征和阶段特征。

徐群较早利用多项指标对 1885—1965 年长江中下游的梅雨期作了划分，[①] 随后又完善了梅雨期的划定标准，据此统一划分了长江中下游（以上海、南京、芜湖、九江和汉口 5 个代表站逐日降水资料为基础）的梅雨期，得到 1885—2000 年共 116 年梅雨的 5 项参数资料。[②] 利用这套资料，杨义文等分析了长江中下游地区入梅、出梅、梅期长度、梅雨量 4 个参数的长期变化特征，发现各曲线自 20 世纪 70 年代开始，其前的 10 年以上的低频振荡在近 30 年趋于消失，作者以梅雨量的变化趋势为分析中心，区分出 5 段梅雨量持续异常期：1890—1900 年（特点是少梅，梅雨量比常年平均偏少 30%，入梅正常，出梅偏早 6 天）、1906—1919 年（116 年中梅雨量最丰，雨量增多 43%，入梅普遍提前，达 7 天，出梅略有推迟，为 4 天）、1928—1937 年（少梅，梅雨量偏少 28%，入梅和出梅均比常年提前，分别提前 4 天和 8 天）、1958—1968 年（116 年中梅雨量最少，偏少 43%，入梅迟而出梅早）、1979—1999 年（长达 21 年丰梅期，入梅正常或稍迟，出梅推迟达 8 天，此段异常梅雨期的另一个特点是梅雨量变率在 5 个时

---

① 徐群. 近八十年长江中、下游的梅雨 [J]. 气象学报，1965，35（4）：507－518.
② 徐群，杨义文，杨秋明. 近116年长江中下游的梅雨（一）[J]. 暴雨·灾害，2001（11）：44－53.

段中最大，达 75.2mm）。[①] 魏凤英等将 116 年的梅雨区分为 6 个气候
阶段：1885—1900 年（其特点是入梅和出梅均明显提前，梅期偏短，
梅雨量偏少）、1901—1919 年（入梅提前，出梅推迟，梅期偏长，梅
雨量明显偏多）、1920—1940 年（入出梅均提前，梅期略短，梅雨量
偏少）、1941—1956 年（入梅偏早，出梅偏迟，梅期略长，梅雨量正
常或偏多）、1957—1967 年（入梅迟，出梅早，梅期很短，梅雨量明
显偏少）、1968—2000 年（入梅略迟，出梅更迟，梅期稍长，梅雨量
偏多但变幅较大）。[②] 不难看出，杨义文等与魏凤英等划定的梅雨阶段
的个数及各个阶段起讫年份并不完全相同，但也存在诸多相似的地
方，如前者确定的 1890—1900 年可对应后者的 1885—1900 年，这
两个时段的入出梅日期、梅期长度、梅雨量的变化特点基本一致，
此外前者的 1906—1919 年这一阶段可对应后者的 1901—1919 年，
1928—1937 年可对应 1920—1940 年，1958—1968 年对应 1957—
1967 年，1979—1999 年对应 1968—2000 年，有较大不同的是，
魏凤英等增加了 1941—1956 年这个变化阶段。两位学者对梅雨变
化阶段划分的差异与划分办法的不同有关，前者主要根据梅雨量
10 年滑动平均曲线进行阶段识别，后者首先根据累积距平曲线和
Yamamoto 信噪比来检测梅雨各参数突变点，然后参考突变点来划
定阶段，此外前者是对梅雨持续异常阶段进行截取，而后者是对全
时域进行分段。

---

① 杨义文，徐群，杨秋明. 近 116 年长江中下游的梅雨（二）［J］. 暴雨·灾害，2001
（11）：54–61.
② 魏凤英，张京江. 1885—2000 年长江中下游梅雨特征量的统计分析［J］. 应用气象学
报，2004，15（3）：313–321.

梅雨特征量在 1885 年前更长时间上的年代际变化特征又是怎样？葛全胜等的研究具有开创性，他们利用 1736—1911 年清代《雨雪分寸》档案和观测资料，复原了 1736—2000 年长江中下游地区梅雨特征量，分析了近 265 年梅雨变化的阶段性。研究表明，1736 年以来，梅雨特征量具有明显的年代际变动特征，入梅在 1830 年前以偏早为主，1831—1920 年存在 3 个 30 年左右的周期性波动，1921—1970 年则以偏晚为主，1971 年后又明显提前；出梅在 1820 年前以偏早为主，1821—1890 年年代际变幅增大，呈现明显的 20—30 年的周期性波动，1891—1940 年变幅减小，1941 年以后变幅又增大；梅期长度与梅雨量始终存在较大的年代际变幅，梅雨长度百年时间尺度上的波动信号也很显著，其中 1771—1820 年、1871—1920 年和 1971—2000 年 3 个时段梅期较长，而 1736—1770 年、1821—1870 年和 1921—1970 年 3 个时段偏短。[①] 这项研究对深入认识梅雨年代际特别是百年尺度上的阶段性变化特征提供了新的高分辨率基础数据，将梅雨序列的重建与特征分析提升到了一个新的研究水平。

2. **梅雨变化的突变特征**

气候突变是气候变化中的重要现象，气候变化监测检测的重要内容之一就是对气候长期演变过程中的突变事实及其原因进行揭露。现有的气候模式对气候史上的突变事件的模拟能力很低，目前我们并不清楚如何准确预测气候突变，因此我们需要通过气候突变研究成果的积累才能对气候突变事实及其强迫因子有更精确的了解。利用器测资

---

① 葛全胜，郭熙凤，郑景云，等 . 1736 年以来长江中下游梅雨变化［J］. 科学通报，2007，52（23）：2792 – 2797.

料，中国学者对近几十年梅雨变化的突变性进行了揭示，如胡娅敏等采用滑动 $t$ 检验、Yamamoto 信噪比和 M－K 法分析了江淮梅雨 1954—2005 年间 5 项参数的突变特征，指出入梅日期在 20 世纪 90 年代初由偏晚转为提前；出梅日期在 60 年代中期由推后突变为提前，70 年代末之后又由提前转为推迟；梅雨长度在 60 年代中期和 70 年代末均出现突变，60 年代中期由短变长，70 年代末之后呈显著增加趋势；梅雨量和梅雨强度的走势非常一致，均在 60 年代中期、70 年代末和 90 年代初期发生突变，60 年代末转少，至 70 年代末转变为增加，90 年代初以后则是转为十分显著的增加趋势。整体上看，江淮梅雨在 1965 年前后、20 世纪 70 年代末—80 年代初和 90 年代初发生了三次显著的气候跃变。[①]

　　许多文献对百年尺度梅雨序列的突变特征也进行了讨论。陈艺敏等利用滑动 $t$ 检验（步长取 10 年，显著性水平 0.01）诊断了梅雨 4 项参数（入梅日期、出梅日期、梅期长度和梅雨量）的突变性，指出符合突变条件的参数有梅雨长度和出梅日期，梅雨长度在 1901—1905 年、1956—1958 年和 1965—1969 年 3 处出现突变，1956—1958 年突变性质为由长变短，其余 2 处为由短变长；出梅日期有 1955—1957 年、1967 年两个突变点，1955—1957 年以后出梅提前，1967 年后明显推迟。[②] 魏凤英等运用小波变换与 $t$ 检验结合的方法分析了长江中下游 1885—2000 年近 116 年梅雨强度序列多时间层次上的突变性，指

①　胡娅敏，丁一汇，廖菲. 江淮地区梅雨的新定义及其气候特征［J］. 大气科学，2008，32（1）：101－112.
②　陈艺敏，钱永甫. 116 a 长江中下游梅雨的气候特征［J］. 南京气象学院学报，2004，27（1）：65－72.

出在 60 年时间尺度上，1885—2000 年的梅雨强度以 1941 年为界前后分别呈现强与弱两种状态，而从 40 年的尺度观察，梅雨较强的 1941 年之前则含有 1885—1903 年和 1928—1941 年两个相对较弱的时期，梅雨较弱的 1941 年以后则含有 1991—2000 年较强的时期，从 20 年尺度来看，强与弱阶段均含有更小尺度的相对强、弱时段。[①] 徐群研究了 1885—2005 年长江中下游的梅雨量和出梅日期的变化，发现在近 42 年，该两项参数在 20 世纪 70 年代末发生了一次强年代际突变，1958—1978 年梅雨量明显偏少，出梅提前，而之后的 21 年（1979—1999 年）梅雨量明显偏多，出梅明显推迟，二个时段差异十分显著，并进一步从夏季中国雨量分布、副高北进时间、7—8 月欧亚 500hPa 环流形势、梅雨前期气候因子（1—3 各月北半球 500hPa 高度场、北太平洋月 SST 场、中国 160 站月气温和月降水场）等方面对两个时段差异的表现和形成原因进行了系统剖析，认为 2000 年以来梅雨可能进入了一个新的偏少期。[②] 由上述文献的研究结果来看，不同学者检测出的梅雨突变点不尽相同，这与选取的参数、被检测序列长度、所用诊断方法的不同有关，不过突变检验结果也有一些相似点，例如都指出梅雨大体在 20 世纪 60 年代中期和 70 年代末出现了年代际突变。上述研究为更长时间梅雨序列突变特征的揭示提供了参考。

---

① 魏凤英，谢宇．近百年长江中下游梅雨的年际及年代际振荡 [J]．应用气象学报，2005，16（4）：492 – 499．

② 徐群．121 年梅雨演变中的近期强年代际变化 [J]．水科学进展，2007，18（3）：327 – 335．

### 三、梅雨变化的周期特征

#### 1. 近五六十年梅雨的周期变化

梅雨特征量序列变化的周期检测因梅雨期划分方法、站区选取、序列长度的不同时常得出不同的结论。新中国成立后，气象站网的设立逐渐扩大，气象观测也比较系统规范，因而气象资料的数量质量条件得到很大改善，利用也比较多。研究者利用新中国成立以来几十年的仪器观测资料对梅雨 5 个特征量的周期性进行了诸多研究，取得了一系列重要结论。

对单个站点或省份梅雨序列的周期性诊断已经取得了一些成果。如叶香等揭示出 1961—2010 年南京地区梅雨 5 个特征量具有 2—5 年和 6—8 年的显著短周期，入梅日期还存在 14 年左右较长周期，[①] 此外，梅雨量 15 年和 22 年左右的长周期在 1954—2007 年的序列中被检测到。[②] 吴珊珊等分析了江西地区 1959—2013 年梅雨的气候特征，指出梅雨的 5 个特征量存在 2—3 年的共同周期，另外还主要有 6—8 年、13—15 年和 21—23 年变化周期。[③]

相比于针对单个站点或省份梅雨变化的研究，区域梅雨变化研究更加值得关注，因为梅雨现象空间分布广阔，区域研究不仅具有更广泛的空间指代，也更能准确表征梅雨天气系统的变化，因此区域梅雨

---

① 叶香，刘梅，姜爱军，等. 南京梅雨特征量统计分析及其对区域性增暖的响应 [J].
气象科学，2012，32（4）：451 – 458.
② 徐福刚. 近 50 年来南京梅雨期降雨量变化特征分析 [J]. 科技创新导报，2012，9
（23）：218 – 219.
③ 吴珊珊，张超美. 2013 年梅雨监测及近 50 年江西梅雨气候特征 [J]. 气象与减灾研究，
2014，37（1）：13 – 20.

变化周期的提取得到研究者普遍重视。如徐群等以淮河流域为研究区域，以突变点 1979 年为界，采用非整数波方法计算了 1953—1978 年、1979—2004 年及全时段（1953—2004 年）入梅日期、出梅日期和梅雨量 3 个参数的周期，并做了显著性检验，发现盛行周期在前后两个 26 年完全不同，入梅日期周期从显著的 3.2 年、4.9 年变长为显著的 5.8 年，出梅日期周期从显著的 2.5 年、2.8 年缩短为 2.2 年，梅雨量周期从显著的 3.0、16.0 年缩短为显著的 2.3 年，且从显著程度来看，后 26 年具有更加显著的变化周期，他们进一步指出梅雨期从 1979 年的突变开始已进入一个与之前截然不同的气候状态，出梅日期和梅雨量在后一时段出现的十分显著的 2.2～2.3 年短波强振荡导致了淮河流域夏季旱涝频繁出现。[①] 胡娅敏等利用 Cressman 客观分析方法得到我国 1954—2005 年 0.5°×0.5° 逐日降水格点资料，在定义江淮地区一个新的梅雨期划定标准后，综合运用功率谱、最大熵谱（MEM）、Morlet 小波分析方法揭示出入梅日期在 20 世纪 80 年代中期以前有明显的 8～10 年尺度变化周期，80 年代之后 6～7 年的周期信号较强，其次为 18～20 年周期，6～7 年的周期在 2000 年之后缩短为 4～5 年；出梅日期在 70 年代中期以前有 6～7 年的较强周期信号，70 年代中的明显周期为 8～10 年，70 年代以后具有较强的 9 年和 16 年周期；梅雨长度 12～14 年和 18～20 年周期在时域中非常显著，70 年代以前 6～8 年的周期比较显著；梅雨量和强度指数的周期分布十分相似，90 年代以前存在较强的 12～15 年周期。总体上看，江淮地区

---

① 徐群，张艳霞. 近 52 年淮河流域的梅雨 [J]. 应用气象学报，2007，18（2）：147 - 157.

梅雨 5 项参数主要存在 2～3 年、6～8 年、12～15 年和 18～20 年的变化周期，2～3 年的短周期在近 52 年中具有明显的局部化特征，主要集中在 70 年代末以后。[①] 根据太湖流域 1954—2009 年的梅雨特征量资料，刘勇等利用 Morlet 小波方法分析了梅雨 4 个参数（入梅日期、出梅日期、梅期长度、梅雨量）的周期振荡特征，指出入梅日期存在 4 年、7 年和 13 年左右的显著周期，其中 4 年、7 年周期在整个时段比较稳定，13 年左右的周期变化较为频繁，20 世纪 70 年代开始为 10 年左右，到 80 年代中期以后逐渐变为 15 年左右；出梅日期的显著周期为 6 年、9 年和 20 年左右，其中 6 年、20 年左右的周期在整个时段比较稳定，9 年左右的周期呈逐渐增大的趋势；梅期长度的准周期为 7 年、20 年左右；梅雨量变化周期较为复杂，存在 4 年、7 年、13 年和 21 年的准周期。[②] 上述徐群等的研究的一个很重要的贡献在于揭示出梅雨参数存在显著的 2～6 年周期的年代际振荡，突变年 1979 年前后的周期明显不同，主要特点是周期长度在缩短，且更加显著。胡娅敏等得出的梅雨参数四种尺度上的变化周期与刘勇等的研究结果有很大程度的相似（尤其是出梅日期和梅期长度），但也有不同，二者周期分析结论的不同可能主要是由梅雨期的划分标准和资料长度（后者多 4 年）的不同造成的。

由于梅雨期降水的变化与区域旱涝情势有密切关系，一些文献对区域梅雨量的变化周期进行了重点分析。如毛文书等研究了江淮地区

①  胡娅敏，丁一汇，廖菲. 江淮地区梅雨的新定义及其气候特征 [J]. 大气科学，2008，32（1）：101－112.
②  刘勇，王银堂，陈元芳，等. 太湖流域梅雨时空演变规律研究 [J]. 水文，2011，31（3）：36－43.

1954—2003 年梅雨量的变化，指出江淮南区梅雨量存在显著的 14 年主周期和准 10 年、7 年、5 年、3 年的次振荡周期，而北区的显著主周期为 16 年，次振荡周期为 10 年、5 年、3 年。① 选用墨西哥帽小波变换，陈敏等指出上海浦东地区近 47 年（1959—2005 年）梅雨量主要存在准 2 年和准 16 年的周期振荡。② 柏玲等根据 5 个站（上海、南京、芜湖、九江和汉口）1961—2012 年梅雨监测资料，采用集合经验模态分解方法（EEMD）揭示出长江中下游地区梅雨量变化周期按显著性由高到低依次为准 3 年、6 年、13 年和 24 年。③

综合对近五六十年梅雨资料周期分析的研究成果，可以发现不同学者针对梅雨特征量（单个参数或几个参数）开展的研究在所选时段、所选区域和研究结论方面并不完全一致，但有关梅雨参数变化周期的结论还是具有共同点，如梅雨参数普遍在 2~5 年、6~8 年、9~16 年和 18~24 年四种时间尺度上存在周期变化，此外不同尺度的周期在不同时段的分布及强弱不同。

### 2. 百年尺度上梅雨的变化周期

上述研究利用的梅雨资料序列长度都比较短，很难认定获取的周期在不同时期的稳定性。对百年尺度梅雨长序列的周期分析不仅能够对最近几十年周期的稳定性进行验证，还能进一步提升我们对梅雨序列年代际、世纪尺度上变化特征及其机制的认识。在这方面的研究已

① 毛文书，王谦谦，李国平，等. 近 50 a 江淮梅雨的区域特征 [J]. 气象科学，2008，28（1）：68 - 73.
② 陈敏，张国琏. 上海浦东地区 "梅雨期" 降水及其多尺度时频特征 [J]. 南京气象学院学报，2007，30（3）：305 - 311.
③ 柏玲，陈忠升，赵本福. 集合经验模态分解在长江中下游梅雨变化多尺度分析中的应用 [J]. 长江流域资源与环境，2015，24（3）：482 - 488.

经取得了诸多进展，如徐群用波谱分析和滑动平均方法较早揭示出
1885—1963 年长江中下游地区梅期长度和出梅日期存在 2～3 年的短
周期振荡，梅期长度还具有 11～13 年的年代际振荡，入梅日期则有
明显的 22 年的长周期。[①] 前已述及，徐群等经过多年研究建立了长江
中下游地区 1885—2000 年长达 116 年的梅雨特征量序列，目前对这一
序列梅雨参数的周期特征的研究比较深入。例如杨义文等用非整数波
方法对 1885—2000 年长江中下游梅雨的 4 个参数（入梅日期、出梅日
期、梅期长度、梅雨量）的变化周期进行了分析，揭示出除出梅外其
他三个参数均存在 2～3 年振荡周期，除入梅外其他三个参数存在 6 年
左右和 35～38 年的振荡周期。[②] 魏凤英等利用徐群、杨义文等确定的
近 116 年梅雨的起讫日期、梅期长度、梅雨量和梅雨强度 5 个参数分
别做了最大熵谱分析，发现长江中下游地区入梅日期的周期由主到次
依次为 3 年、116 年和 5 年，出梅日期依次为 116 年、6 年和 3 年，梅
期长度依次为 3 年和 11 年，梅雨量依次为 3 年和 9 年，梅雨强度依次
为 3 年和 8 年，为了考察上述周期的稳定性，他们又将梅雨序列分成
1885—1940 年和 1941—2000 年两个时段分别做最大熵谱分析，发现
梅雨序列具有稳定的 3 年、6 年和 8 年三类周期。[③] 陈艺敏等用 Morlet
小波法深入分析了长江中下游地区 116 年的入梅日期、出梅日期、梅
期长度、梅雨量 4 项参数的周期特征。小波系数实部等值线图显示入

① 徐群. 近八十年长江中、下游的梅雨 [J]. 气象学报，1965，35（4）：507–518.

② 杨义文，徐群，杨秋明. 近 116 年长江中下游的梅雨（二）[J]. 暴雨·灾害，2001（11）：54–61.

③ 魏凤英，张京江. 1885—2000 年长江中下游梅雨特征量的统计分析 [J]. 应用气象学报，2004，15（3）：313–321.

梅日期在整个时间域存在 26 年左右的长周期，1940 年前也有 3 年、12 年左右的短周期，1940 年后短周期为 8 年左右；出梅日期 8 年、32 年左右时间尺度上振荡最明显，20 世纪 70 年代后，6 年尺度的周期振荡非常明显，此外还有一个 16 年左右的周期；梅雨长度在整个时间域上存在明显的 8 年、32 年左右的主周期，20 世纪初至 80 年代初，短的振荡周期从 12 年逐渐减小到 6 年，90 年代开始又增至 8 年；梅雨量的周期分布比较复杂，1905 年前和 1950 年后呈现出 6 年、16 年和 28 年左右的周期，1905—1950 年 8 年、32 年左右的周期最明显。此外，作者根据小波能量分布图发现短周期比长周期的能量大得多，指出短周期主导着梅雨参数的变化特征。[①] 其后，杨静等通过对延长后的 121 年新梅雨序列 4 个参数（入梅日期、出梅日期、梅期长度、梅雨量）的小波分析，发现近 121 年的梅雨特征量的变化周期与长度为 116 年的基本相同，延长后序列显示梅期长度和梅雨量的年代际周期在逐渐变短，入梅日期 32 年的年代际周期呈现变短又恢复的趋势，而出梅日期 36 年的年代际周期没有太大变化。[②]

中国有长期连续器测降水资料的气象站台是上海龙华，资料可前推至 1873 年 1 月，基于上海地区近 132 年（1875—2006 年）梅雨 5 个特征量数据，梁萍等运用功率谱和最大熵谱方法揭示出上海百年尺度上入梅日期、梅期长度及梅雨强度分别存在 22 年、4.2 年及 3.3 年

①　陈艺敏，钱永甫 . 116 a 长江中下游梅雨的气候特征 [J]. 南京气象学院学报，2004，27（1）：65－72.
②　杨静，钱永甫 . 121a 梅雨序列及其时变特征分析 [J]. 气象科学，2009，29（3）：285－290.

左右的变化周期，而梅雨量和出梅时间未出现显著的变化周期。[①] 梅雨参数更早或更长时段上的变化周期的揭示有赖于历史文献资料，这方面很重要的一项研究工作是《18 世纪长江下游梅雨活动的复原研究》一文，该文利用南京、苏州、杭州三个地区的《晴雨录》资料，采用功率谱方法分析了 1723—1800 年长江下游地区入梅日期、出梅日期、梅期长度和梅雨量的变化周期，发现梅雨参数均存在明显的 2～3 年短周期变化，入梅日期、出梅日期和梅期长度都存在 4～5 年和 9 年的准周期，梅雨量有 32 年的准周期。[②] 目前已建立的时段最长、精度较高的梅雨序列达到 265 年，葛全胜等利用 1736—1911 年清代《雨雪分寸》资料和观测资料，复原了 1736—2000 年长江中下游地区梅雨特征量，重点分析了梅雨长度的变化周期，功率谱分析表明梅雨长度具有 2 年和 7～8 年的年际尺度周期，小波分析显示梅雨长度年代际周期信号的长度、强弱虽各不相同，但以 20～30 年、40 年和百年尺度上的周期最显著，同时他们指出入梅日期、出梅日期分别存在 30 年左右、20～30 年的变化周期。[③]上述两项历史梅雨序列的复原研究有助于深入认识梅雨年代际，特别是百年尺度上的周期演变特征。

由百年时间尺度以上梅雨序列变化的周期分析可以看出，不同学者提取出的梅雨参数的变化周期不完全相同，这应当与所选资料、序列长度不尽相同有很大关系，不过从整体上看，梅雨参数在 2～6 年、

① 梁萍，丁一汇.上海近百年梅雨的气候变化特征 [J].高原气象，2008，27（S1）：76 – 83.
② 张德二，王宝贯.18 世纪长江下游梅雨活动的复原研究 [J].中国科学（B 辑），1990，20（12）：1333 – 1339.
③ 葛全胜，郭熙凤，郑景云，等.1736 年以来长江中下游梅雨变化 [J].科学通报，2007，52（23）：2792 – 2797.

8～16 年、20～28 年和 30～40 年四类时间尺度上存在变化周期，这与根据近几十年资料得出的结果比较相似，有所不同的主要在于 30～40年尺度的长周期在近几十年的序列中并未检测到。

## ● 第三节　上海地区降水变化研究综述

全球比较可靠的高分辨率降水资料主要限于 20 世纪以来，中国比较可靠的近百年的降水资料主要限于东部一些地区，韩国首尔从 1777 年开始有逐日和逐月的比较完整的器测降水资料，但也仅仅只有 200 多年。[①] 高质量、长时段降水序列的建立一度成为分析中国地区百年尺度降水的障碍。为解决这一问题，中外研究者做出了很多努力。[②] 以下首先简述中国区域近百年降水量的整体变化特征，以期为更好地了解上海区域的降水变化提供参考背景，然后对上海地区降水变化的研究进展作一概要的综述。

### 一、近几十年中国降水的变化特点

就近几十年全国范围而言，1956—2012 年的资料统计表明，全国年平均降水量没有显著趋势性变化，但降水量变化具有较大的地域差异，东北地区、华北及黄淮平原、华中、西南地区年降水量减少，而

① 闻新宇，王绍武，朱锦红等. 英国 CRU 高分辨率格点资料揭示的 20 世纪中国气候变化 [J]. 大气科学，2006，30（5）：894 - 904；丁一汇主编. 中国气候变化科学概论 [M]. 北京：气象出版社，2008：224；钱维宏编著. 全球气候系统 [M]. 北京：北京大学出版社，2009：80.

② 丁一汇主编. 中国气候 [M]. 北京：科学出版社，2013：480.

华南、东南、长江下游地区以及青藏高原、西北地区的降水量呈增加趋势，其中广东省年降水量增加最明显，其次是上海市和浙江省，[①]未来气候变化将极有可能对我国水资源分布和"南涝北旱"的格局产生更为显著的影响。[②]

更长时间尺度上的研究如章名立较早建立了中国东部地区（100°E 以东国土，不包括海南、台湾及海上岛屿）计 285 个气象测站 1891—1988 年的平均雨量序列，指出雨量在前期偏多，近四五十年趋于减少，20 世纪 60 年代中期以来持续偏少，这种变化与北半球副热带其他地区变化同相，而在 50 年代以前没有明显同相关系。[③] 王绍武等将根据史料确定的降水等级转换而得的降水量与器测降水量进行衔接，建立了中国 110°E 以东 35 个站 1880—1998 年完整的四季、年降水量序列，指出百年来我国年降水量仅有微弱的增加趋势（约 +0.1%/100a），并具有显著的年代际变化，[④] 随后他们又将站点扩充至71 个，建立了 1880—2007 年中国（1880—1950 年只绘出东部，1951年后为全国）季平均降水量距平图，[⑤] 成为我国气候变化研究及短期气候预测重要的基础资料。

———————————

①　《第三次气候变化国家评估报告》编写委员会. 第三次气候变化国家评估报告［M］. 北京：科学出版社，2015：13；丁一汇主编. 中国气候［M］. 北京：科学出版社，2013：483.

②　夏军，刘春蓁，任国玉. 气候变化对我国水资源影响研究面临的机遇与挑战［J］. 地球科学进展，2011，26（1）：1－12.

③　章名立. 中国东部近百年的雨量变化［J］. 大气科学，1993，17（4）：451－461.

④　王绍武，龚道溢，叶瑾琳，等. 1880 年以来中国东部四季降水量序列及其变率［J］. 地理学报，2000，55（3）：281－293.

⑤　王绍武，赵振国，李维京，等. 中国季平均温度及降水量百分比距平图集［M］. 北京：气象出版社，2009：1－257.

### 二、上海地区降水变化的阶段特征

对一个地区降水变化的干湿阶段进行划分不仅是一项基础性研究工作，其阶段变化特征的揭示也有助于我们从宏观上认识降水序列的波动特征，对降水变化的进一步研究，如不同时间尺度上的突变性和周期性的揭示具有指示意义。

由于降水量变化的阶段性特征很大程度上取决于所选资料时段，选取的时段越长，则越容易从更长时间范围辨识降水的年代际波动，也能避免因序列长度过短给阶段特征的认定带来不确定性，因此以下重点针对百年时间尺度以上上海地区降水的阶段变化特征的研究进行概述。21 世纪初，周丽英等较早划分了上海地区近百年的干湿阶段，他们利用上海龙华中心气象站 1893—1999 年降水量资料，根据降水变化的波动特征，对上海近百年（107 年）的气候按干湿状况进行分期，要求每个时期内年雨量的 11 年滑动平均值 95% 以上稳定在一种符号上，并且年雨量距平为同一种符号的年数要大于 60%，这样得到 3 个少雨偏干期（19 世纪末—1905 年、1921—1940 年、1960—1981 年）和 3 个多雨偏湿期（1906—1920 年、1941—1959 年、1982—1999 年），① 这项研究为我们进行上海地区干湿分期提供了导向和参考。

对更长时间上的干湿阶段进行划分的重要工作是施宁于 20 世纪末发表的《宁苏扬地区 500 多年来的旱涝趋势及近期演变特征》，该文基于旱涝等级资料，划分了宁苏扬地区 1470—1995 年的干湿阶段，

① 周丽英，杨凯. 上海降水百年变化趋势及其城郊的差异 [J]. 地理学报，2001，56（4）：467–476.

办法是首先根据累计距平和 $t$ 检验确定干湿突变位置，进而综合小波分析的结果将干湿状况划分为 6 个阶段，这 6 个阶段分别是 1470—1522 年、1523—1560 年、1561—1620 年、1621—1668 年、1669—1851 年和 1852—1995 年，依次表现为湿—干—湿—干—湿—干的气候特点。[①] 吴达铭进一步延长了旱涝等级序列，分析了长江下游地区1163—1977 年梅雨期（5～7 月）的旱涝演变的阶段性，将全期分为多旱期（1200—1285 年）、多涝期（1286—1522 年）和转旱期（1523—1977 年）三个阶段。[②] 最新资料表明，近百年和近 60 年全国平均年降水量虽未见显著的趋势性变化，但具有明显的年代际变化，20 世纪后半叶，长江中下游地区降水增加，1980 年前后开始呈现"南涝北旱"的降水分布型，[③] 由前述的几项研究可见，长江中下游地区近几十年的降水趋于增加且在 1980 年左右发生年代际转折这一现象在上海地区有较好的体现。

　　除对降水的变化阶段进行识别外，许多学者还分析了上海地区近几十年、百年时间尺度上季、年降水量变化的线性趋势。如贺芳芳等将 1991—2003 年上海地区年平均降水量（11 个站求平均）与1960—1991 年平均值相比，指出 1991—2003 年降水量增加 11%，其中汛期雨量增加更多，为 18%；夏季降水量明显增多，秋季降水量减少，这

---

① 施宁. 宁苏扬地区 500 多年来的旱涝趋势及近期演变特征 [J]. 气象科学，1998，18（1）：28－34.

② 吴达铭. 1163—1977 年 （815 年） 长江下游地区梅雨活动期间旱涝规律初步分析 [J]. 大气科学，1981，5（4）：376－387.

③ 《第三次气候变化国家评估报告》 编写委员会. 第三次气候变化国家评估报告 [M]. 北京：科学出版社，2015：14－17.

种变化导致各季雨量分配格局改变。① 基于上海市 11 个气象站的逐月降水数据,利用线形回归、Mann - Kendall 等方法,高习伟等分析了上海市 1971—2010 年的年、季降水变化。研究表明,上海年降水量呈不显著增加趋势,线性倾向率为 37.29mm/10a,20 世纪 70 年代雨水偏少,90 年代较多,其中春秋两季降水呈微弱下降趋势,但趋势均不显著,夏冬两季呈增加趋势,冬季增加趋势显著。② 周伟东等分析了更长时段上海地区年、季降水的变化趋势,他们分析了徐家汇站 1874—2006 年降水量资料,发现年降水量略有增加,线性趋势为 72.1mm/10a,其中春季降水增加,且趋势较为显著,平均增速 31.8mm/10a,夏、冬也略有增加,增速分别为 34.8mm/10a、18.6mm/10a,而秋季则略有下降,趋势为 - 11.1mm/10a。③ 通过上述三项研究可以看出,由于研究站区和研究时段的不同,研究结果(如趋势方向、增减率等)也存在一些差异,但也有一些共同点,例如三者都指出上海地区年、夏季降水趋于增加,而秋季降水呈减少趋势,后二者都指出冬季降水减少,但在春季降水的变化趋势上得出了相反的结论。

上海地区年降水量呈增加趋势的特点在其他文献中也有较多反映。如房国良等依据宝山站 1971—2010 年降水数据对上海地区近 40 年降水变化进行了分析,得出年均降水量以 50.9mm/10a 的速率递增,

① 贺芳芳, 徐家良. 20 世纪 90 年代以来上海地区降水资源变化研究 [J]. 自然资源学报, 2006, 21 (2): 210 - 216.
② 高习伟, 姜允芳. 上海市 1971 - 2010 年降水时空变化特征 [J]. 水资源与水工程学报, 2015, 26 (6): 48 - 53.
③ 周伟东, 朱洁华, 王艳琴, 等. 上海地区百年农业气候资源变化特征 [J]. 资源科学, 2008, 30 (5): 642 - 647.

但 M‑K 检验显示增加趋势不显著。[①] 又如史军等分析了上海 1961—2013 年降水量（用 11 个气象站点求平均）的变化，指出年降水量总体呈微弱增加趋势，线性趋势为 35.69mm/10a，其中，20 世纪 60 年代偏少最多，90 年代偏多最多。[②] 陶涛等还开展了上海地区降水未来变化的预测研究，他们利用 IPCC 数据分发中心提供的加拿大气候中心模式（CCCma，模式考虑了人类活动因子对气候的影响）的 4 种模拟结果，预估长江口地区未来 50—100 年降水量总体上将呈增加趋势。[③] 降水量线性趋势的分析结果较大程度受统计时段的影响，要深入认识降水变化的趋势特征需要进行分段统计以及分析各个阶段趋势产生的驱动因素。

## 三、上海地区降水的突变特征

突变特征的揭示是研究降水变化非常重要的内容，降水的突变会影响一个地区水循环、水资源的供需平衡，往往导致极端旱涝灾害的发生，对降水突变事实和特征的揭示有助于认识突变产生的规律，为预测和应对未来可能发生的突变事件提供科学依据。20 世纪 90 年代初，李月洪等使用 Mann‑Kendall 法（0.05 的显著性水平）较早判定了上海地区降水的突变特征，发现 1873—1989 年上海年降水量只在

---

① 房国良，高原，徐连军，等. 上海市降雨变化与灾害性降雨特征分析 [J]. 长江流域资源与环境，2012，21 (10)：1270 – 1273.

② 史军，崔林丽，杨涵洧，等. 上海气候空间格局和时间变化研究 [J]. 地球信息科学学报，2015，17 (11)：1348 – 1354.

③ 陶涛，信昆仑，刘遂庆. 气候变化下 21 世纪上海长江口地区降水变化趋势分析 [J]. 长江流域资源与环境，2008，17 (2)：223 – 226.

1906 年一处发生显著突变，由相对少雨期进入一个相对多雨时段。[①]
徐新创等对更长时段上降水的突变性进行了揭示，他们利用 1470—
2000 年长江中下游地区干湿等级资料，发现在 30 年时间尺度上，突
变均出现在 20 世纪 50 年代以前，其中 1550s、1740s 和 1820s 由干转
湿，1620s、1520s 和 1850s 由湿转干。[②] 张德二等[③]将旱涝等级序列进
一步延长，重建了苏杭地区近 1033 年（960—1992 年）年分辨率的干
湿等级序列，并用移动 $t$ 检验（显著性水平为 0.01）方法检验了突变
点，结果显示，就上海所在的苏杭区而言，世纪尺度的跃变信号并未
出现，而在 10—20 年尺度上检测出 2 处突变点，一处是在 1216 年，
由之前的偏干（1202—1216 年）突变为偏湿（1217—1231 年），另一
处是在 1635 年，由 1621—1635 年的偏湿转为 1636—1650 年的偏干。

## 四、上海地区降水的变化周期

上海地区降水具有的振荡特征最早在《上海气候振动的分析》一
文中得到揭示。20 世纪 60 年代初，王绍武利用上海1873—1959 年共
87 年降水量资料，首先用调和分析计算各月和年降水量在 15—80 年
周期上（每隔 5 年计算一次）的振幅，然后结合周期图辨识主要周
期，指出各月、年降水量主要存在 35 年及 60 年左右的周期振动，35
年的周期主要出现在夏半年，且大部分是该月第一主周期，60 年的周

① 李月洪，张正秋. 百年来上海、北京气候突变的初步分析 [J]. 气象，1991，17
（10）：15 - 20.

② 徐新创，张学珍，刘成武，等. 1470 年—2000 年长江中下游夏半年干湿变化的频谱分
析 [J]. 华中师范大学学报（自然科学版），2012，46（2）：245 - 249.

③ 张德二，刘传志，江剑民. 中国东部 6 区域近 1000 年干湿序列的重建和气候跃变分析
[J]. 第四纪研究，1997，17（1）：1 - 11.

期大部分集中在冬半年，特别是冬末和秋季。[①] 随后他们根据功率谱方法又分析了上海近 500 年旱涝等级序列和近百年（1873—1972 年）降水量，以及中国东部地区（95°E 以东，100 个站）近百年（1871—1970 年）的旱涝级别，充分论证了上海地区降水近 500 年间存在的显著 36 年左右周期，并提出了可能解释 36 年周期的海气及其相互作用模式。[②] 20 世纪 80 年代初，上海地区降水 36 年的振荡周期在林学椿对 1873—1978 年降水资料的波谱分析中被进一步证实。[③] 此后，徐家良将序列延长至 1996 年，用奇异谱（SSA）和最大熵谱方法研究了上海地区近 123 年（1874—1996 年）年、季降水量的演变特征，揭示出年降水存在显著 4～6 月、2 年和 36～38 年的周期振动，其次是 5 年左右的周期；其中，夏季降水波动与年降水类似，春季降水的明显周期为 9 年左右，秋季为 11～12 年，冬季为 4～5 年。[④] 大致在同一时期开展的工作还有周丽英等对上海龙华中心气象站 107 年（1893—1999 年）的年降水量序列进行的功率谱分析，结果表明，降水存在 2 年、3.2 年和 35.2 年准振动周期。[⑤] 上述王绍武等对 1873—1959 年、徐家良等延长观测资料到 1996 年、周丽英等进一步延长到 20 世纪末的周期分析结果都将上海地区降水较为稳定的年代际周期指向 35～36 年，这一重要特点的揭示对分析及预测上海地区乃至中国东部地区的

①　王绍武. 上海气候振动的分析 [J]. 气象学报，1962，32（4）：322-336.
②　王绍武，赵宗慈. 我国旱涝 36 年周期及其产生机制 [J]. 气象学报，1979，37（1）：64-73.
③　林学椿. 上海温度和降水的气候振动 [J]. 气象，1982，8（11）：18-20.
④　徐家良. 上海年、季降水演变的奇异谱分析 [J]. 气象科学，1999，19（2）：129-135.
⑤　周丽英，杨凯. 上海降水百年变化趋势及其城郊的差异 [J]. 地理学报，2001，56（4）：467-476.

降水变化非常具有指导意义。除此之外，姚建群通过 Marr 波及 Morlet 小波方法，指出上海地区 1900—1999 年冬季、夏季降水量年代际尺度上的周期在时间域上有很强的局部化特征。冬季降水量有 14 年、16 年、28 年和 38 年的变化周期，1908 年前 16 年左右周期信号较强，20 世纪 90 年代初至 90 年代末 14 年左右周期信号较强，20 年代以前为 28 年左右，60 年代以来为 38 年左右；夏季降水量存在 12 年、26 年、36 年和 40 年的变化周期，其中，90 年代初至 90 年代末主要为 12 年左右的振荡周期，80 年代后期到 90 年代末为 26 年左右，60 年代中期到 90 年代末为 36 年左右，50 年代中期以前为 40 年甚至更长时间的周期；此外，冬季、夏季年际尺度上的周期信号均不明显。[①] 严华生等用正交小波（db16）分析了 1901—2000 年上海地区年降水量，指出降水具有小于 3.5 年、3.5～7 年、7～14 年和 28～56 年的周期变化现象。[②]

将器测资料更新至 21 世纪，研究者对上海地区降水变化的周期性又进行了一些诊断分析。如利用 1971—2010 年上海市徐家汇站的日降雨资料，张洁祥等分析了上海市 40 年来年降水、汛期（5～10 月）和非汛期降水的周期变化，指出年降水主振荡周期为 8～9 年，其次为 2～3 年，汛期降水振荡周期与年降水基本吻合，非汛期降水主周期为 4 年左右，其次为 11 年左右。[③] 顾薇等利用 Morlet 小波方法分析

① 姚建群.连续小波变换在上海近 100 年降水分析中的应用［J］.气象，2001，27（2）：20－24.
② 严华生，万云霞，邓自旺，等.用正交小波分析近百年来中国降水气候变化［J］.大气科学，2004，28（1）：151－157.
③ 张洁祥，张雨凤，李琼芳，等.1971—2010 年上海市降水变化特征分析［J］.水资源保护，2014，30（4）：47－52.

了长江中下游地区（选取 14 个代表站）1951—2004 近 54 年来夏季降水的年代际周期，发现降水具有 14 ~ 16 年和 20 ~ 24 年的年代际周期振荡，正交小波分析表明降水还存在更长周期的年代际变化，由于资料长度和方法本身的限制，尚未能对更长的周期做出准确判断。[①] 申倩倩等运用墨西哥帽小波变换和经验模态分解（EMD）方法指出近 136 年（1873—2008 年）上海地区年降水量序列存在 2 ~ 3 年、5 年、8 ~ 10 年和 40 年的周期振荡，以 40 年的周期最显著，分布于 20 世纪初至中后期。[②]

对于上海地区更长时间上降水变化的周期性研究主要依靠的不是直接的降水观测数据，而是旱涝等级等代用资料。例如利用国家气象局整理的上海站近 500 多年（1470—1992 年）旱涝等级资料，朱益民等采用 Morlet 小波分析了上海地区旱涝的周期特征，指出 1470—1735 年存在显著的 94 年周期，在 1540—1880 年周期为 45 年，1880 年之后，45 年的周期向 33 年转移，且 33 年的旱涝演变是 1880—1992 年显著稳定的周期。此外，1920 年之后 16 年周期存在向 5 年倾斜的现象，1970 年以后有显著的 5 年变化周期，准两年的周期在整个 20 世纪一直存在。[③] 施宁对与上海毗邻的宁苏扬地区 1470—1995 年的旱涝等级序列进行的功率谱分析（$\alpha = 0.05$）表明，旱涝具有 2.5 年、2.9 年、3.6 年和 5.2 年的显著周期，进而运用墨西哥帽小波对上述结果进行

① 顾薇，李崇银，杨辉. 中国东部夏季主要降水型的年代际变化及趋势分析 [J]. 气象学报，2005，63（5）：728 – 739.
② 申倩倩，束炯，王行恒. 上海地区近 136 年气温和降水量变化的多尺度分析 [J]. 自然资源学报，2011，26（4）：644 – 654.
③ 朱益民，孙旭光，陈晓颖. 小波分析在长江中下游旱涝气候预测中的应用 [J]. 解放军理工大学学报（自然科学版），2003，4（6）：90 – 93.

检验，发现在整个时间域大部分时期存在 3～5 年、少部分时间存在 1～2 年的高频振荡，与功率谱分析得出的显著周期比较吻合，而低频振荡周期多为 20～30 年；在 1852—1995 年最近的一个偏干阶段，主要盛行的是 1～5 年的高频振荡周期，且低频周期在逐渐缩短，尤其是在 1940 年以后。[①] 徐新创等将研究区域扩大，采用 EOF 和 Morlet 小波分析手段，研究了长江中下游地区（以 8 个站点代表）1470—2000 年旱涝等级序列的周期，指出干湿变化存在 117 年、40 年、30 年、18 年、5 年和 2～3 年的周期振荡，117 年、30 年的周期以温暖的 18 世纪为分界点分别呈现由强变弱、由弱转强的变化，40 年和 5 年的周期在寒冷时段偏强、温暖时段偏弱，18 年和 2～3 年的周期强弱信号在整个时间域上变化不明显。[②] 张德二等利用功率谱分析了上海地区近千年（960—1992 年）的干湿等级序列，发现干湿变化存在 3.7 年、5.1 年、10.5 年和 21.2 年的准周期，[③] 揭示了千年时间尺度上上海地区旱涝演变的周期特征。吴达铭利用自回归功率谱方法分析了长江下游地区更长时段旱涝等级的变化，指出 1163—1977 年 5～7 月的旱涝存在 157 年、91 年、61 年、47 年、38 年、30.9 年、27 年、21.8 年、19.2 年、14.9 年、11 年、9.7 年、7.7 年、6 年和 5 年的显著周期。[④] 由上述研究可见，上海地区降水的变化周期主要体现为 2～6

① 施宁. 宁苏扬地区 500 多年来的旱涝趋势及近期演变特征 [J]. 气象科学，1998，18（1）：28－34.
② 徐新创，张学珍，刘成武，等. 1470—2000 年长江中下游夏半年干湿变化的频谱分析 [J]. 华中师范大学学报（自然科学版），2012，46（2）：245－249.
③ 张德二，刘传志，江剑民. 中国东部 6 区域近 1000 年干湿序列的重建和气候跃变分析 [J]. 第四纪研究，1997，17（1）：1－11.
④ 吴达铭. 1163—1977（815 年）长江下游地区梅雨活动期间旱涝规律初步分析 [J]. 大气科学，1981，5（4）：376－387.

年、14～26 年、30～45 年和 91～94 年四类时间尺度，由于降水量的周期变化特征对统计的时间区段比较敏感，其周期及其稳定性的认定需要用更长时段、精度更高的降水量时间序列来进行验证。

## ● 第四节　问题、目标和研究方法

### 一、问题的提出

1. 上海地区梅雨变化研究中存在的问题

气候变化研究最直接可靠的数据无疑是现代仪器观测资料，本书研究区域上海地区最长有连续降水观测的台站是上海龙华，观测时间始于 1873 年 1 月，[①] 可见研究区有器测资料的长度为 140 余年。基于上海地区百余年（1875—2006 年）器测资料，梁萍等已经考察了梅雨的气候统计特征和趋势、周期、概率分布型的变化，[②] 但这一资料长度对探讨 140 年以上或者更长时间尺度上梅雨的变化过程、特征、规律和原因来说是不够的。目前我们对上海地区仪器观测资料之前更长时间尺度上梅雨活动的认识主要依据的是代用资料，这些代用资料主要包括《雨雪分寸》、《晴雨录》和日记。

利用《雨雪分寸》葛全胜等已经重建了的长江中下游地区（以武汉、安庆、南京、上海、杭州 5 个站为代表）1736—2000 年的梅雨序列（1912 年以来主要利用的是器测资料），并对序列变化的趋势、阶

---

① 王丽萍，郑瑞清. 我国近百年温度降水资料现状及数据集的研制［J］. 气象，2002，28（12）：27-30.
② 梁萍，丁一汇. 上海近百年梅雨的气候变化特征［J］. 高原气象，2008，27（S1）：76-83.

段、突变、周期性特征进行了分析。《雨雪分寸》保存在督抚级官员不定期向皇帝的奏报中，资料条数相对较少，降水信息不是每天都有，有的年份只有"亢旱日久""晴多雨少"等定性的季节性降水信息，此外由于火灾、战乱、偷盗、搬迁和自然损失等原因，资料缺失较多（如 1752 年、1815 年、1819—1820 年、1833 年、1845 年、1860—1861 年、1870—1871 年和 1884 年），部分年份资料甚至完全缺失，此外民国年间的器测资料也有部分缺失。① 尽管他们根据同期的日记、地方志、旱涝等级、观测数据、长江流域洪涝档案等对资料缺失年月进行了插补，但总体来看，《雨雪分寸》资料的时间精度不够，基于《雨雪分寸》得出的梅雨序列的完整性、准确性尚待提高。Wang 等利用《雨雪分寸》分析了上海地区 1736—2000 年夏季雨季（可视作梅雨季）的开始日期、结束日期和持续长度的年际—年代际变化和周期特征，但也是由于资料时间精度的不足，序列的完整性、准确性仍存在改进空间，尤其在 1821—1874 年，因资料精度严重不足，该时段雨季未获重建，亟待补充完善。②

《晴雨录》档案保存有分辨率为"日"（有时能精确到时辰）的降水资料，且记载系统规范，是研究历史气候变化非常理想的代用资料。通过对南京、苏州、杭州《晴雨录》中降水记录的科学处理，张德二等已经获得了 18 世纪（1723—1800 年）非常连续的梅雨期资料，

① 葛全胜，郭熙凤，郑景云，等 . 1736 年以来长江中下游梅雨变化［J］. 科学通报，2007，52（23）：2792 - 2797；郭熙凤 . 1736 年以来长江中下游地区梅雨特征变化分析［D］. 北京：中国科学院地理科学与资源研究所 2008 年博士学位论文 .
② Wang W C，Ge Q S，Hao Z X，et al. Rainy season at Beijing and Shanghai since 1736［J］. Journal of the Meteorological Society of Japan，2008，86（5）：827 - 834.

并对梅雨的气候特征和变化周期进行了分析。① 然而上海所在的长江下游地区只在 1723—1806 年间有《晴雨录》资料，尚不能与 1874 年以来的器测数据进行对接从而形成连续的近 300 年高精度梅雨序列。

日记资料因时间分辨率高、空间信息清晰而成为历史气候变化研究中非常珍贵的一类史料，研究者利用日记中的降水信息已经复原了众多历史时期不同地区的梅雨活动。如满志敏较早对利用日记中一定时段内降水日数的分布作为主要标准来划定梅雨期的办法进行了可行性阐述，划定和分析了 1867—1872 年武汉和长沙地区的梅雨期。② 此后这一办法得到研究者的关注并结合各自研究加以调整，如萧凌波等、晏朝强等、刘炳涛等、郑微微等主要利用日记中降水日数的分布特征分别对 19 世纪后半叶至 20 世纪初叶长沙和衡阳地区的梅雨期以及梅雨雨带位置、1849 年上海的梅雨期和梅雨量、1609—1615 年嘉兴的梅雨期、1868 年长江中下游地区的梅雨期及雨带推移过程进行了重建和分析，③ 这些研究成果使梅雨特征量序列的时空范围获得进一步拓展。郑微微的博士论文《清后期以来梅雨雨带南缘的变化与降水事

① 张德二，王宝贯. 18 世纪长江下游梅雨活动的复原研究 [J]. 中国科学（B 辑），1990，20 (12)：1333 – 1339.
② 满志敏. 传世文献中的气候资料与问题 [A]. 见：复旦大学历史地理研究中心主编. 面向新世纪的中国历史地理学——2000 年国际中国历史地理学术讨论会论文集 [C]. 济南：齐鲁书社，2000：56 – 75；满志敏，李卓仑，杨煜达.《王文韶日记》记载的 1867 – 1872 年武汉和长沙地区梅雨特征 [J]. 古地理学报，2007，9 (4)：431 – 438.
③ 萧凌波，方修琦，张学珍. 19 世纪后半叶至 20 世纪初叶梅雨带位置的初步推断 [J]. 地理科学，2008，28 (3)：385 – 389；晏朝强，方修琦，叶瑜，等. 基于《己酉被水纪闻》重建 1849 年上海梅雨期及其降水量 [J]. 古地理学报，2011，13 (1)：96 – 102；刘炳涛，满志敏，杨煜达. 1609 – 1615 年长江下游地区梅雨特征的重建 [J]. 中国历史地理论丛，2011，26 (4)：5 – 13；郑微微，满志敏，杨煜达. 1868 年长江中下游"二度梅"的雨带推移过程 [J]. 中国历史地理论丛，2011，26 (4)：14 – 21.

件研究》整合了多种日记资料分析了湘中地区 1861—2006 年梅雨期的气候特征，并通过梅期长度指标（1861 年以来每 20 年平均梅期长度最低为 17.2 天，规定长度达到 17.2 天以上为典型梅雨，低于该值为不典型，典型梅雨雨带覆盖长沙地区，非典型梅雨雨带南缘位于长沙以北）对梅雨雨带南缘位置的年代际变化进行了推断，[①] 是整合多种日记资料建立与分析梅雨特征量与雨带长期变化的重要成果。

通过上述基于文献资料的历史时期梅雨的复原研究不难看出，《雨雪分寸》档案重建了近 300 年的梅雨参数序列，序列长度最长，但是由于资料时间分辨率不高、缺失现象比较严重，重建结果的完整性、准确性还有待进一步提高；《晴雨录》的时间分辨率很高，能达"日"，但目前上海所在的长江下游地区只在 1723—1806 年间有资料，尚不能与 1874 年以来的器测资料进行有效衔接从而建立近 300 年长序列；日记资料的时间分辨率也能精确到"日"，但目前基于日记的历史时期梅雨活动的研究时段整体上偏短，基本不到 10 年，且主要集中在 19 世纪中期以后，研究涉及的地点也比较分散。

2. 上海地区降水变化研究中存在的问题

目前认识上海地区 1874 年之前降水的变化也有赖于代用资料，这些代用资料主要包括地方志、《雨雪分寸》、《晴雨录》、日记和树木年轮。

利用地方志等资料已经建立了上海地区近 2000 年的旱涝等级。其中最具有代表性的成果是《中国近五百年旱涝分布图集》，该图集

---

① 郑微微. 清后期以来梅雨雨带南缘的变化与降水事件研究 ［D］. 上海：复旦大学 2011 年博士学位论文.

给出了中国 120 个站逐年旱涝等级；而在 1469 年以前的 1500 年中，旱涝等史料远不如近 500 年普遍，[①] 在研究时主要是将资料和区域进行合并才能获得年分辨率的等级值，数据的精度整体上低于近 500 年。由于旱涝等级仅是半定量的有限的 1 ~ 5 共 5 个等级值，并不是量化程度较高的具体降水量数值，因此由旱涝等级表征的降水数据在精度上还有待提高；此外，旱涝等级主要反映的是夏季雨量丰枯，对全面认识区域其他季节或年降水情况来说还不够。

《雨雪分寸》资料是重建长时段降水数据的另一重要史料来源，郑景云等较早利用《雨雪分寸》获得了江苏 6 个府 1736—1908 年逐季降水等级序列。[②] 伍国凤等利用《雨雪分寸》复原出南京地区序列长度近 300 年（1736—2006 年）的四季和年降水量序列（1736—1911年由《雨雪分寸》重建），这是上海所在的长江下游地区目前拥有的唯一一条比较完整的季、年降水量序列，其降水量重建方法依据的是降水入渗试验模拟出的降水深度和降水量之间通过显著性检验的回归方程，降水的量化程度较旱涝等级明显提高。前一阶段已述，《雨雪分寸》时间分辨率较低，且存在比较多的资料缺失，南京地区 1736—1911 年中共有 24 个年份的记录缺失一半以上甚至完全丢失（例如1751 年、1819—1820 年、1832—1833 年、1838 年、1860—1864 年、1910—1911 年资料就全部缺失），因此要利用《雨雪分寸》获得分辨率为"月"的降水量序列还比较困难，故而该文采取降低重建时间精

---

①　张丕远主编 . 中国历史气候变化 [M]. 济南：山东科学技术出版社，1996：199.
②　郑景云，赵会霞 . 清代中后期江苏四季降水变化与极端降水异常事件 [J]. 地理研究，2005，24（5）：673 - 680.

度的办法，只重建出了季节分辨率的降水量序列。①

《晴雨录》资料时间分辨率高，重建的降水量能精确到"月"，但上海所在的长江下游地区目前只在 1723—1806 年间有资料可用。② 日记分辨率虽高，但通过日记获取上海地区降水量的研究尚未见到。通过树木年轮 $\delta^{13}C$ 重建的长江下游地区（浙江天目山）的降水量序列长度目前已达到近 300 年（1685—1985 年），但由于天目山树轮 $\delta^{13}C$ 仅与夏、秋季的降水有较好的相关关系，所以该地区树轮一般只能获得年、季分辨率的降水量序列。③

综上所述，从地方志提取的降水序列长度能达到近 2000 年，但降水的量化程度低，且只能粗略反映 5～9 月的雨量丰枯，并不能全面表征全年的降水情况；《雨雪分寸》资料覆盖时段能达近 300 年，但由于资料分辨率不高、缺失等原因，一般只能重建出"季"分辨率的降水量序列，降水量的重建精度也有待提升；《晴雨录》和日记资料的分辨率能达到"日"，从中能获得"月"分辨率非常准确的降水量，但近 300 年中 19 世纪中前期的《晴雨录》和日记资料目前非常欠缺；利用天目山树木年轮重建的降水序列长度虽然能达近 300 年，重建结果也较为准确，但一般仅能提供年或季分辨率的降水量。

---

① 伍国凤，郝志新，郑景云.1736 年以来南京逐季降水量的重建及变化特征［J］. 地理科学，2010，30（6）：936－942.
② 张德二，刘月巍，梁有叶，等.18 世纪南京、苏州和杭州年、季降水量序列的复原研究［J］. 第四纪研究，2005，25（2）：121－128.
③ 钱君龙，吕军，屠其璞，等. 用树轮 α－纤维素 $\delta^{13}C$ 重建天目山地区近 160 年气候［J］. 中国科学（D 辑），2001，31（4）：333－341；赵兴云，王建，钱君龙，等. 天目山地区树轮 $\delta^{13}C$ 记录的 300 多年的秋季气候变化［J］. 山地学报，2005，23（5）：540－549.

## 二、研究目标

气候变化研究中很基础性的一项工作任务就是尽可能将气候序列的长度和精度提高，本书的着眼点和创新点就是尽可能将上海地区高分辨率天气序列向前推进，其意义在于序列长度和精度一旦提高，便能准确揭示出气候序列在不同时间尺度上演变的过程、特征和规律，进而能够对其不同尺度变化的可能影响机制提出假设并进行论证，从而提高我们对气候变化的研究和预估水平。例如就冰期—间冰期的认识过程而言，人们最早是从陆地冰川的前进后退来认识它的，但陆地冰川无法保留完整的序列，因此很长一段时间以来人们只知道第四纪的 4 个冰期或 6 个冰期，1955 年深海沉积 $\delta^{18}O$ 序列的建立指出 750ka 地磁反转之后就有 7 个冰期，后来通过格陵兰冰盖、黄土、深海沉积等代用资料建立的更长时间气候序列，人们才更进一步地认识了冰期—间冰期旋回，从格陵兰冰盖仅有一个多旋回，到现在通过深海沉积揭示的 5Ma 旋回，在认识的时间尺度上突破了更新世，向前延伸到了上新世；在认识的深度上，人们逐渐注意到冰期（间冰期）中并不总是稳定的寒冷（温暖）气候，其中也包含着小尺度相当强烈的气候振荡（D/O 循环）。[1] 此外，通过更长时段、更高精度气候序列获取的统计特征（如趋势、周期），我们能够更确切地预测未来更长时间尺度的气候变化。例如根据近几十年的梅雨数据，我们得到梅雨参数普遍在 2 ~ 5 年、6 ~ 8 年、9 ~ 16 年和 18 ~ 24 年四种时间尺度上存在变化周期，通过这些周期能够预测未来 5 年尺度上梅雨的变化，而

① 王绍武. 全新世气候变化 [M]. 北京：气象出版社，2011：19，27.

根据百年时间尺度上梅雨序列变化的周期分析发现，梅雨参数还在 26～40 年时间尺度上存在比较明显的变化周期，这意味着预测的时效能够拓展至未来 10 年时间尺度。本书研究的出发点和创新点很重要的一个方面就是通过延长上海地区的高精度气候序列，获取更加丰富的区域气候变化统计特征，为气候变化研究与预测提供新的基础数据。

由第一部分梳理出的上海地区梅雨和降水长期变化的研究现状来看，该地区梅雨序列、降水序列均存在长度或精度上的不足。高精度天气序列仅分布在 1723—1806 年和 1874 年以来两个时段，近 300 年上海地区拥有的高分辨率气候史料（《晴雨录》、日记）在 19 世纪中前期出现了明显中断，因而目前难以建立超过 140 年（1874 年以来）的高分辨率梅雨序列和降水序列。由于《晴雨录》基本已经挖掘完毕，且基于地方志、《雨雪分寸》等的重建成果在序列长度或分辨率上的局限很难改善，而高分辨率日记资料的挖掘潜力尚大，并且相对成系统。有鉴于此，本书的研究目标一方面是系统收集日记中的天气资料，补充上海地区 19 世纪中前期气候史料的不足，尽可能将 1874 年以来的器测天气序列向前推进至 19 世纪初，建立超过 140 年能达到近 200 年长度的梅雨和降水序列；另一方面是利用日记将划定梅雨期、重建降水量所用资料的时间分辨率提高到"日"，并提供"月"分辨率的降水数据，从而突破现有梅雨、降水重建成果在精度上的局限。上述研究目标的实现，将会丰富我们对上海地区 200 年时间尺度上梅雨和降水的变化过程、特征和规律的认识，提高气候变化预测能力。

### 三、研究思路与方法

#### 1. 日记的收集及遴选思路

如前所述，本书研究目标是利用日记资料将上海地区高分辨率气候序列从 1874 年尽可能向前延伸，但是历史气候资料在时空分布上并不均一，[①] 日记资料亦是如此，而对本研究真正有利用价值的日记就更少了，原因在于目标日记需要在时间、区域、内容上同时符合一定的条件。第一个条件是记录年代需要在 1874 年以前，而目前已公开出版的日记资料涉及的时段主要分布在 19 世纪中期以后，再早的资料不多，这是研究的一个难点。此外，日记记录的时段最好足够长，因为如果每种日记的记载时段仅一年或两三年，则需要数量众多的日记来构建连贯的气候序列，这既烦琐又很可能会给序列的均一性带来很大系统偏差。第二个条件是记录地点需要在上海地区（主要指今上海市政区，但也包括与上海同在一个气候区划的地区，对研究区域"上海地区"概念的使用说明详见第一章第五节第一部分）；不过从地区要求来看，清代上海地区交通便利、人口稠密，城镇化水平较高、经济发达，因而文献史料相对丰富，这是开展历史气候研究的一个优势；另外需要指出的是，日记著者时常离开常住地外出游走，天气记录涉及的地点随之变动，记录地点超出上海气候区的天气资料在序列构建时无疑是不能使用的，因此目标日记涉及的地点最好固定少变，以保证天气信息有确切的空间位置指向和重建序列的空间一致性。第三个条件则是

---

① 满志敏. 历史旱涝灾害资料分布问题的研究 ［A］. 历史地理（第 16 辑）［M］. 《历史地理》 编辑委员会编 . 上海：上海人民出版社，2000：280－294.

目标日记还必须具备逐日的天气记录，若天气记载非逐日或缺漏较多，则利用价值无疑会大打折扣，缺漏严重者一般只能舍弃不用。

很显然，研究的难点和关键问题在于能否收集到时段较早且长、涉及地点相对固定、天气信息逐日翔实的日记史料，因为只有当这三个条件同时具备时才能构建某一地区长时段完整的气候序列，进而才能准确揭示出其长期演变过程和规律。目标日记的收集过程大致可以概括为两步，这两步并非完全独立，有时是交叉进行。第一步是对现有日记进行摸底，作者的思路是通过已出版日记、古籍提要、大型丛书、史料汇编和检索系统等对现存日记进行检索。已出版或有电子版的日记一般在常用文献数据库、本地图书馆就能查阅，对于尚未公开出版的日记，则需要前往各家收藏单位查阅；由于上海、苏州、杭州、北京等地与本书的研究区域在空间位置和经济文化交流方面关系密切，且多为清代省级治所所在地，文献资料相对于府县级地区要更加丰富，因此这些地区的古籍收藏单位是作者查询未出版日记的主要目的地。第二步则是根据收集到的日记，对其所记时间、涉及地点、天气蕴含情况逐一进行梳理、排查并将相关信息录入 Excel 数据库，从中遴选出目标日记用于序列重建（具体的收集办法详见第一章第四节）。

2. 资料的处理及分析

（1）论证日记资料的可靠性。为了保证基于日记中天气信息重建结果的可靠性，首先必须对天气信息的完整性进行论证。天气信息完整性的论证方法包括 3 种：同时同地两种日记降水情况（分雨日和非雨日两个类别）的逐日比较、日记每月多年平均降水日数与现代器测资料多年平均的比较、日记每月降水日数与器测资料每月降水日数的均一性评估（均一性评估采用 $F$ 检验和 $t$ 检验）。

（2）论证重建方法的可靠性。重建方法主要涉及梅雨期的划定和降水量的重建两个方面：梅雨期的划定方法主要根据降水日数（降水集中期）在 5～8 月间的分布情况来确定；降水量的重建方法首先根据日记中降水大小、降水时长、降水的社会响应等记录将每日降水信息区分为 5 个降水等级，同时将该地区的器测资料每日降水量划分为与日记每个降水等级相匹配的 5 个级别，然后以月为重建单元，根据器测资料各等级降水日数与降水量之间的多元回归方程来反演日记时期的降水量（重建方法详见第四章第二节）。

（3）将上海地区历史时期的梅雨序列、降水量序列、极端天气事件序列与器测资料（1874—2015 年）进行衔接，建立近 200 年梅雨特征量、降水量、极端天气事件时间序列。采用线性回归分析序列的趋势性，用滑动 $t$ 检验、Mann‒Kendall 检验揭示序列的突变点，采用距平、累积距平和滑动 $t$ 检验相结合的办法对序列的变化阶段进行划分，用 Morlet 小波变换研究序列的周期特征。

（4）利用日记资料天气信息分辨率高的优势，并结合档案、地方志、文集中的天气记录，选取本区有代表性的 1 次水灾和 1 次旱灾事件分别进行雨情、水情、灾情、气候背景等特征的诊断分析，其中极端降水量重现期的估计采用水文频率分析应用广泛的 Pearson‒Ⅲ型分布曲线，灾情等级空间分异图利用反距离加权法插值来绘制。

（5）研究应用软件方面，本书使用了 Excel2007、SPSS20.0、Matlab2012、Sufer12.0、Origin9.0 和 ArcGIS10.0 等软件来进行资料的存储、计算、统计、分析和制图。

# 第一章

## 日记资料的收集及其天气信息完整性的评估

## ● 第一节　日记在历史气候研究中的价值

天气气候研究最直接、最准确的数据一般认为是气象观测资料，然而目前世界上有器测资料的时段在漫长的历史时期或地质时期中显得非常有限。据调研，世界上最长的气象观测记录只有 300 余年，大多数地区不足 100 年，因此利用代用资料如历史文献、考古发掘资料、古环境感应体如孢粉、树木年轮、洞穴石笋、冰岩芯、黄土、古土壤、湖泊沉积物、深海沉积物等来反演高分辨率气候序列成为深化气候变化研究的重要途径，[①] 但据代用证据重建的结果无一例外都存在一定程度的不足，[②] 通过多种代用证据重建结果的相互校验、补充才能提升古气候序列的时空覆盖和准确性，推动气候变化研究的深入。

中国可供用户直接使用的气象观测资料较为匮乏，导致气象业务和科研工作长期依赖国外数据产品，但国内外数据都受到各自的时空代表性、覆盖范围、分辨率及系统偏差等问题的制约，很难满足现代气象业务和科研工作的要求。[③] 在研究中国区域历史气候方面，我国得天独厚的传统文献资料具有弥补现代气象观测资料不足极为重要的

---

① 叶笃正，张丕远，周家斌. 需要精心呵护的气候［M］. 北京：清华大学出版社，2004：72 - 77.

② 魏文寿，尚华明，陈峰. 气候研究中不同时期的资料获取与重建方法综述［J］. 气象科技进展，2013，3（3）：14 - 23.

③ 李庆祥. 气候资料均一性研究导论［M］. 北京：气象出版社，2011：1（序言）.

价值，中国科研工作者很早就重视气候史料的开发和利用。目前用于研究中国区域历史气候的具有良好分辨率的常用史料包括《雨雪分寸》、《晴雨录》、地方志和日记四类。《雨雪分寸》包含于各地督抚、布政使、按察使、知府、盐政、学政、织造、总兵、河道等官员的奏报中，涉及的地点主要在省城、府城，里面的天气信息并非每日都有，缺记很多，往往比较笼统含糊，相当于现在的天气旬报、月报或季报，而且由于火灾、战乱、偷盗、搬迁和自然损失等原因，部分年份记录缺失严重甚至完全丢失；《晴雨录》基本逐日记录天气，记载内容包括逐日阴晴、雨雪（常有降水强度信息）和风向（分 8 个方位）等，可惜这类资料数量非常有限，仅北京（资料时段 1724—1904 年）、南京（资料时段 1723—1798 年）、苏州（资料时段 1736—1806 年）、杭州（资料时段 1723—1773 年）等地有相对连续的资料；地方志保存有某地长期、连续的旱、涝、风、霜、雨、雪、雹、饥荒、粮价、农业丰歉等为主的气象灾害信息，直接、定量的天气气候信息不多，且时间分辨率较低，一般为季或月，尚不能满足气候变化研究对精度的要求。

日记是记载作者见闻及感悟的文字，许多历史人物的生平经历及内心活动并不见诸奏章尺牍或文书档案，而只有在日记中才能看到他们的细微生活以及内心最深处的世界。[①] 日记在历史研究中是一类非常宝贵的第一手资料，颇受史学界青睐，在天气气候及其变化的研究中，日记资料也非常珍贵，其中的物候资料及天气气候过程、事件的

---

① 孔祥吉. 清人日记研究［M］. 广州：广东人民出版社，2008：1（自序）.

记载是认识当时天气气候实况最直接、最可靠的资料来源。[①] 日记史料的一个非常重要的特点是天气记录时间分辨率高，基本能精确到"日"，有时常能精确到"时辰""刻"；另外一个特点是空间分辨率高，日记中天气记录属个人独立观察，涉及的地点取决于著者所处的地理位置，通常比较容易判定，一般能具体到府级、县级政区或村镇。日记中高时空分辨率的天气记录能够提供历史上某时某地非常准确的天气气候状况，目前堪与日记资料的时空精度相比拟的是清代的《晴雨录》档案，《晴雨录》是官方连续、定点、逐日观测资料，但如上所述，目前仅北京、南京、苏州、杭州等地部分时段有留存。因此，要重建和认识《晴雨录》未涉及之时段、地点的高分辨率历史天气气候序列，可望通过系统收集日记资料来实现。本书研究区域上海地区最早有连续温度、降水记录的时间始于 1873 年 1 月，台站是龙华气象站，可见观测资料覆盖时段为 140 余年，这对准确分析百年尺度以上气象要素的变化特征来说是不够的，而上海地区明清日记史料藏量相对丰富，挖掘和利用观测资料之前的高分辨率私人日记前推上海地区的天气气候序列不仅具有一定的可行性，也是一项非常值得去探索的课题。

## ● 第二节　日记天气记录的特点

天气是在某一瞬间或某一时段内大气中各种气象要素（如气温、气压、湿度、风、云、雾、降水、能见度等）的空间分布及其伴随现

---

① 满志敏. 中国历史时期气候变化研究［M］. 济南：山东教育出版社，2009：63 - 71.

象的综合状况。① 私人日记著者通常不具备现代自动气象观测设备，也不具备系统、科学的现代天气学、气候学知识，造就了他们在日记中记录天气的集体特点，这些特点的把握会为我们正确利用其中的天气信息开展历史气候研究提供依据。本书将日记天气记录的特点大致概括为以下几个方面。

### 1. 重视天气记录

中国传统以农立国，天时好坏事关粮食丰歉及家国兴衰，上至国君、下至普通百姓都非常注重对天气进行观察和记录，因此历代文人墨客著述中不乏对阴晴风雨等自然天气现象的记载，这在日记中体现得尤为明显。我国近代气象事业和近代地理学奠基人竺可桢先生在日记中就非常重视天气、物候记录，这对于一个气象学家来说似乎并不奇怪，但在传统年代，许多古人也很重视描述、保存天气信息。例如会稽书法家、诗文家陶濬宣《稷山读书楼日记》② 记癸酉闰六月至甲戌四月间（1873—1874 年）事，当中有逐日天气记录，许多时候一条日记不书人事，仅记录天气，显示出著者对天气非常关注。又如晚清诗文家、篆刻家吴嵩泰所记光绪二十五年（1899）的《犁叟日记》③ 在每条日记前端很细致地描绘了一天中的天气及其变化，具有优质的气候史料价值。此外，如晚清著名的四大日记，李慈铭《越缦堂日记》、叶昌炽《缘督庐日记》、王闿运《湘绮楼日记》、翁同龢《翁同龢日记》，所记历时久远，内容丰富，并且无一例外基本逐日记录了

① 《大气科学辞典》编委会. 大气科学辞典［M］. 北京：气象出版社，1994：620.
② 陶濬宣. 稷山读书楼日记，上海图书馆藏善本稿本.
③ 吴嵩泰. 犁叟日记，上海图书馆藏普通稿本.

当时的天气情况，能够几十年坚持记录天气，充分表明他们对天气记载的重视，这可能是四种日记之所以为同时代及后世众多学者推崇和仿效的一个原因。

许多著者常将天气视作日记的重要构成部分，并多有指陈。例如湖南善化学者瞿元霖撰《苏常日记》，把"时日阴晴"作为日记的一项主体元素："记时日阴晴行止往返，兼及时事论议地理考证，并客中诗草咸在焉。"① 又如晚清著名学者李慈铭《越缦堂日记》所记时跨长，包罗万象，一曰"月日晴雨"，二曰"国之大政（世之治乱）"，三曰"朋友往来"，四曰"家之亨困"，五曰"经史功课"，② 其中"月日晴雨"几乎是必记项目，且记载颇为翔实，保存了大量丰富的清代天气信息。

记天气后来发展为日记的一项必备内容，日记本从版式上就专门辟出"天时"一栏以备填写，凸显出天时与人们日常生活休戚相关的地位。如《王海客日记》③ 每页版式就分为天时和人事两栏，把"天时"独立为与"人事"并列的重要事项。晚晴浙江平阳士绅刘绍宽的《厚庄日记》将每日所记内容加以分类，自订了一套体例："一天时、二言动、三交际、四时务、五经书（分德、智、体）、六物理、七论著"，"天时"已是常规书写项目。又如瑞安人李苣的《叔涵戊午、庚申日记》采用制式稿纸，分列"收信""发信""日期""气候""记

---

① 上海人民出版社. 清代日记汇抄［M］. 上海：上海人民出版社，1982：269.

② 李慈铭. 越缦堂日记（第3册）［M］. 扬州：广陵书社，2004：1965；李慈铭. 越缦堂日记（第4册）［M］. 扬州：广陵书社，2004：2323；张涛.《越缦堂日记》研究［D］. 扬州：扬州大学硕士学位论文，2005：25.

③ 王海客. 王海客日记，上海图书馆藏善本稿本.

事"五栏,① 将"气候"作为日记内容的重要组成部分。

## 2. 天气信息真实可靠

日记通常是私人撰述,所载内容除了天气现象、作者自身的家常生活、业务工作外,也时常笔触国家或地方政治、经济、社会活动。与人事记述可能有时存在不实之处相比,天气记载相对客观可信。一方面,就著者自身而言,记录天气一般不是为了述职上报,是否记录天气、天气的类型、天气的好坏对作者个人或者他人的利益没有实质性影响,天气记录无须太顾虑人情层面、政治层面上的禁忌,因此从理论上讲,作者不会谎记、讳记,应当会尊重天气现象客观实际,秉笔直书;另一方面,日记作者记录天气的时间距天气发生的时间虽然并不完全同步,有时甚至还时隔多日,但总体上看,日记记录天气通常都非常及时,当天的天气一般都能在当日夜间或者第二天早晨书写,因此由记忆减退而导致误记天气的可能性不大。此外,日记中天气信息的真实性还能通过与其他史料的对照获得更客观验证,比如可以选定与待检验日记具有相同时段(如同一天、同一个月)、相同地点的其他史料(档案、文集、地方志、其他日记等)对其所记天气状况进行逐日、逐月对比(例如考察降雨、降雪及其强度等事实是否一致,这方面的验证工作在下面第五节有较详细的介绍)。因此,从记载天气的动机及天气信息的可验证性角度来看,基本可以认为日记中的天气资料是著者对客观世界的忠实记录,在相当程度上能真实反映当时的天气状况。

---

① 陈瑞赞. 温州市图书馆藏抄稿本日记叙录 [J]. 文献, 2008, (4): 150-159.

### 3. 时空覆盖广且分辨率高

从发展的角度来看，日记源于西汉，萌芽于唐，发展于宋，衰落于元而盛于明清，虽然留存下来的日记不均匀地分布在不同年代，一般时代越早日记越少，[①] 但大体上看，它涉及的时间范围还是很宽广，涵盖了长达 2000 余年的中国历史，尤其是明代以来近 500 年的历史。从天气记录涉及的地点来看，主要分布在历史上的政治、经济、文化中心，而伴随着中国政治中心、经济中心、文化中心的南北变动，人口的地域分布日趋分散，使得有日记的著者在空间分布上更加宽广，除了分布在北京地区、长江三角洲、珠江三角洲地区等政治经济地位相对重要的区域外，涉及西北和西南边疆等地的日记也常能见到。

前第一节已述及，日记资料很重要的一个优势是具有非常高的时空分辨率。一种日记某天的天气信息一般蕴含三类具体要素，即天气发生的日期、地点和天气实况，这三类要素决定了该日天气的形成、发展过程有唯一的时空指向。由于日记天气记录时空信息相对清晰，因此可以与正史、类书、碑刻、年谱、诗文集、《晴雨录》、《雨雪分寸》及其他日记资料中的天气记录进行相互校验和补充，从而提高历史气候研究结果的丰富度和准确度。

### 4. 天气信息种类丰富

现代地面天气观测的项目名目繁多，一般包括云、能见度、天气现象、气压、空气的温度和湿度、风向和风速、降水、日照、蒸发、地面温度（含草温）、雪深等。基准站实现自动观测后，云、

---

① 陈左高. 历代日记丛谈 [M]. 上海：上海画报出版社，2004：1−2（导言）.

能见度、气压、气温、湿度和风向、风速仍进行 24 次定时人工观测。①

　　古人通常不会记录现代仪器和人工观测所要求的所有气象要素，他们记天气具有一定的随意性，所记天气信息的详略度、准确性、科学性受主观因素影响很大，也因个人对天气的敏感度、关注度、语言能力、写作习惯的不同而各异，但绝大多数日记所载气象要素的种类还是比较丰富的，至少包含云量（阴、晴等）和降水（雨、雪等）等气象要素，也常包括风、沙、雾、霜、结冰、雷暴、动植物物候等现今气象观测、物候观测和天气预报业务要求开展的项目，偶尔还能见到对气温的直接记录，如当代语言文学家刘颐的《简园日记存钞》②，起丁亥年（1947）迄壬辰年（1953），系作者删减节录而成，存钞中人事收录简略，唯独热衷翔实记载天气情况，很多日记著者一般不记录的温度状况在他的日记中也都详细书写，又如现代常熟学者俞鸿筹所著《俞鸿筹日记》③ 也多保存每日温度。此外，私人日记对于云、蒸发、湿度、地温、气压、太阳辐射等现代雷达和卫星遥感开展的高空观测项目的记载比较欠缺，以现在的观测要求来看显然非常欠缺，但正如上所述，日记资料记载了近地面一些重要气象要素，如蕴含着降水、温度、物候等最核心的气候信息，不失为历史气候资料的宝库。

---

① 中国气象局编. 地面气象观测规范［M］. 北京：气象出版社，2003：2 - 3.
② 刘颐. 简园日记存钞，上海图书馆古籍部藏普通石印本.
③ 俞鸿筹日记，上海图书馆古籍部藏普通稿本.

### 5. 记载的随意性和"记异不记常"

许多日记著者并非每日都记天气，在日记的不同时段，天气信息的有无、详略等经常存在差别。例如佚名所撰《兴盒日事》①的记载时段为庚寅年四月十三日至年末（阴历日期），其中的天气信息在前一个月左右记录十分连贯，但至五月十八日之后几乎未见天气资料。又如浙江仁和学者徐际元的《徐善伯先生日记》②记清末民初事，天气记录仅在最初几日有，之后很难再见天气信息，此外，如晚清官员朱钟琪的《朱蜕庐先生日记》③亦有类似现象。可见，在一种日记中，作者对天气的关注度、记录风格、习惯在整个记事时段中存在不统一的现象，反映出部分著者记天气具有一定的随意性，天气记载的有无、详略程度等受主观因素影响较大。

此外，日记记载天气还常有一个非常普遍的特点，即"记异不记常"。最常见的情况是记雨不记晴，也就是对降雨、降雪等天气现象的关注和记述相比于晴天或阴天来说要多，例如江苏娄县人姚济所著的《小沧桑记》④几乎不记天气，但对降雪比较敏感，其中多有记载；另外，日记著者有时对特殊日子的天气记录较多，例如清代金石学家、书法家张廷济所撰嘉庆十年（1805）《清仪阁日记》⑤仅在最初几日记天气，此后基本不记，但重视对节日如中秋节、除夕的天气进行记录，反映出欢庆的节日气氛可能提升了作者记天气的兴致。

---

① 佚名. 兴盒日事，上海图书馆古籍部藏普通稿本.
② 徐际元. 徐善伯先生日记，上海图书馆古籍部藏善本稿本.
③ 朱钟琪. 朱蜕庐先生日记，上海图书馆古籍部藏善本稿本.
④ 姚济. 小沧桑记 [M]. 台北：文海出版社，1976：1–197.
⑤ 张廷济. 清仪阁日记，上海图书馆古籍部藏善本稿本.

## ◉ 第三节　基于日记资料的历史气候研究进展

日记资料中的气象资料种类多、数量大，将其中的天气气候信息用于研究古气候，竺可桢先生的研究具有重要开创性和指引意义，《中国近五千年来气候变迁的初步研究》一文就曾分别利用《郭天锡日记》《袁小修日记》中的物候记录（运河结冰、春初开花期）探讨了公元 1309 年太湖地区、1608—1617 年湖北沙市附近的春季温度状况，[①] 不过一直到 21 世纪初，利用日记开展的历史气候研究才逐渐蓬勃兴盛起来，取得了诸多成果。例如利用日记中的阴、晴、雨、雪记录，研究者重建分析了历史时期多个地区的降水等级和降水量序列，[②] 通过降雪日期、降雪日数、积雪日数、冰冻日期、冷暖感知记录、植物物候期等古今对比还分析了历史时期的温度变化，[③] 此外还开展了

---

[①] 竺可桢．中国近五千年来气候变迁的初步研究 [J]．考古学报，1972 (1)：15 – 38.

[②] 朱晓禧．清代《畏斋日记》中天气气候信息的初步分析 [J]．古地理学报，2004，6 (1)：95 – 100；马悦婷，张继权，杨明金．《味水轩日记》记载的 1609 – 1616 年天气气候记录的初步分析 [J]．云南地理环境研究，2009，21 (3)：57 – 62；张学珍，方修琦，郑景云，等．基于《翁同龢日记》天气记录重建的北京 1860 – 1897 年的降水量 [J]．气候与环境研究，2011，16 (3)：322 – 328；谢天静，高抒．日记中的前器测时代气候变化信息：降水时空分布对厄尔尼诺事件的响应 [J]．南京大学学报（自然科学版），2012，48 (6)：781 – 789.

[③] 方修琦，萧凌波，葛全胜，等．湖南长沙、衡阳地区 1888 – 1916 年的春季植物物候与气候变化 [J]．第四纪研究，2005，25 (1)：74 – 79；萧凌波，方修琦，张学珍．《湘绮楼日记》记录的湖南长沙 1877 – 1878 年寒冬 [J]．古地理学报，2006，8 (2)：277 – 284；张学珍，方修琦，齐晓波．《翁同龢日记》中的冷暖感知记录及其对气候冷暖变化的指示意义 [J]．古地理学报，2007，9 (4)：439 – 446；郑景云，葛全胜，郝志新，等．过去 150 年长三角地区的春季物候变化 [J]．地理学报，2012，67 (1)：45 – 52；刘炳涛，满志敏．《味水轩日记》所反映长江下游地区 1609 – 1616 年间气候冷暖分析 [J]．中国历史地理论丛，2012，27 (3)：16 – 22.

利用沙尘记录重建沙尘日数变化的研究工作。① 除对气象要素、天气现象进行复原研究外，利用日记还原某一天气系统的研究也取得了诸多进展，如发展了利用雨日记录复原历史上的梅雨期及梅雨期降水等颇具中国地域特色的研究课题。② 最近，黄媛等对中国和国外学者基于日记资料取得的古气候研究成果进行了综述，指出在重建指标选取上，国内外较常使用某类天气现象的频次和感应记录两类指标，而且常用自然生长植物的物候期，而国外学者利用的指标相对多样，如还使用了日记中的风向、云量等记录。③ 由此可见，日记中丰富的天气气候信息为恢复古气候、古环境提供了十分宝贵的高精度代用证据，充分挖掘和利用这类史料可以相当大程度地拓宽研究领域及气象要素在时空上的覆盖度。另外，为了提高基于日记重建结果的准确性，选

---

① 张学珍，方修琦，田青，等．《翁同龢日记》记录的19世纪后半叶北京的沙尘天气 [J]．古地理学报，2006，8（1）：117 – 124；费杰，胡化凯，张志辉，等．1860 – 1898 年北京沙尘天气研究 [J]．灾害学，2009，24（3）：116 – 122；杨煜达，成赛男，满志敏．19世纪中叶北京高分辨率沙尘天气记录：《翁心存日记》初步研究 [J]．古地理学报，2013，15（4）：565 – 574.

② 满志敏，李卓仑，杨煜达．《王文韶日记》记载的1867 – 1872年武汉和长沙地区梅雨特征 [J]．古地理学报，2007，9（4）：431 – 438；萧凌波，方修琦，张学珍．19世纪后半叶至20世纪初叶梅雨带位置的初步推断 [J]．地理科学，2008，28（3）：385 – 389；刘炳涛，满志敏，杨煜达．1609 – 1615年长江下游地区梅雨特征的重建 [J]．中国历史地理论丛，2011，26（4）：5 – 13；晏朝强，方修琦，叶瑜，等．基于《己酉被水纪闻》重建1849年上海梅雨期及其降水量 [J]．古地理学报，2012，13（1）：96 – 102；陈胤华，张克乾．公元1180年和1181年浙江金华地区梅汛期降水的重建 [J]．古地理学报，2014，16（6）：949 – 953；郑微微．清后期以来梅雨雨带南缘的变化与降水事件研究 [D]．上海：复旦大学2011年博士学位论文；冯名梦．1881 – 1911年安庆地区梅雨特征重建及灾害研究 [D]．上海：复旦大学2014年硕士学位论文；刘俊臣．1899 – 1940年常熟地区梅雨变化研究 [D]．上海：复旦大学2015年硕士学位论文．

③ 黄媛，李蓓蓓，李忠明．基于日记的历史气候变化研究综述 [J]．地球科学进展，2013，32（10）：1545 – 1554.

择合适的代用指标、制定科学的定量转换方案和对重建结果的校验方法等是有待继续加强的工作任务。

## ● 第四节　日记中天气资料的收集

从日记中提取天气信息的工作大体可以概括为四个步骤：收集日记名目、考察日记中天气信息保存概貌、阅读日记研判所涉时间地点、摘抄目标日记中天气信息，这四个方面的工作并不是完全单独逐次开展，时常交叉进行。基于上述查找思路，作者立足上海、苏州、北京地区，根据索引类书目［如《中国古籍总目》① 史部日记类、《江苏艺文志（苏州卷）》②］、古籍提要（如《历代日记丛谈》③、《历代日记丛钞提要》④、《二十世纪日记知见录》⑤、《中南、西南地区省、市图书馆馆藏古籍稿本提要》⑥、《复旦大学图书馆善本书目》⑦）、资料汇编（如《中国文人日记抄》⑧、《清代日记汇抄》⑨、

---

① 中国古籍总目编纂委员会．中国古籍总目（史部2）［M］．北京：中华书局，2009：945－998.

② 南京师范大学古文献整理研究所．江苏艺文志（苏州卷）［M］．南京：江苏人民出版社，1996.

③ 陈左高．历代日记丛谈［M］．上海：上海画报出版社，2004：1－243.

④ 俞冰主编．历代日记丛钞提要［M］．北京：学苑出版社，2006：1－486.

⑤ 虞坤林．二十世纪日记知见录［M］．北京：国家图书馆出版社，2014：1－375.

⑥ 杨海清主编．中南、西南地区省、市图书馆馆藏古籍稿本提要［M］．武汉：华中理工大学出版社，1998：1－965.

⑦ 复旦大学图书馆．复旦大学图书馆善本书目［M］．上海：复旦大学图书馆，1959年油印本.

⑧ 朱雯主编．中国文人日记抄［M］．上海：天马书店，1934：1－335.

⑨ 上海人民出版社．清代日记汇抄［M］．上海：上海人民出版社，1982：1－392.

《清代稿钞本》①、《清代稿本百种汇刊》、《近代史资料》②、《近代史所藏清代名人稿本抄本》③、《近代中国史料丛刊》、《中国近代人物日记丛书》、《中华近代人物日记丛书》、《天津图书馆孤本秘籍丛书》、《北京图书馆古籍珍本丛刊》④、《北京师范大学藏稿抄本丛刊》、《华东师范大学图书馆藏稀见丛书汇刊》、《山东文献集成》、《中国稀见史料》、《四部丛刊》系列、《四库全书》系列）、研究专著（如《中国日记史略》⑤、《清人日记研究》⑥）、检索系统（如高校古文献资源库、上海图书馆古籍书目数据库、苏州市公共图书馆联合书目、读秀学术搜索、古籍图书网)⑦ 等提供的日记资料信息和线索对目标日记进行收集、排查。对于不能直接从网络资源库、本地图书馆、档案馆等获取的日记资料，则需要前往外地查阅，作者查阅的古籍收藏保护实体单位主要有复旦大学图书馆、上海图书馆（值得分享的是，在上海图书馆寻找日记的途径有两种，一种是通过图书馆古籍部的检索系统搜寻，另一种则是利用上海图书馆前辈学者、工作人员整理出的关于善

① 广东省立中山图书馆，中山大学图书馆，桑兵等．清代稿钞本（1 至 4 编）［M］．广州：广东人民出版社，2007 - 2012.
② 中国社会科学院近代史资料编辑部．近代史资料［M］．北京：中国社会科学出版社，1954 - 2014.
③ 虞和平主编．近代史所藏清代名人稿本抄本（第 1 辑）［M］．郑州：大象出版社，2011.
④ 北京图书馆古籍出版编辑组．北京图书馆古籍珍本丛刊（传记类）［M］．北京：书目文献出版社，1995 - 1998.
⑤ 陈左高．中国日记史略［M］．上海：上海翻译出版社，1990：1 - 216.
⑥ 孔祥吉．清人日记研究［M］．广州：广东人民出版社，2008：1 - 399.
⑦ 高校古文献资源库网址：http：//rbsc. calis. edu. cn：8086/aopac/jsp/indexXyjg. jsp；上海图书馆古籍书目数据库网址：http：//search. library. sh. cn/guji；苏州市公共图书馆联合书目网址：http：//book. suzhouculture. cn：8080/bookdir；读秀学术搜索网址：http：//www. duxiu. com/；古籍图书网网址：http：//www. gujibook. com/.

本日记、普通稿本日记和普通刻本日记的卡片资料，卡片上通常载有日记名称、著者姓名籍贯、记录时段等基本信息，对利用者具有很大的参考指引价值）、苏州图书馆、苏州博物馆、苏州档案馆、苏州大学图书馆、浙江省图书馆、国家图书馆、北京大学图书馆、清华大学图书馆、中科院图书馆等。

收集日记的技术路径之一是在书目、检索系统中根据日记命名的一般习惯采取搜索关键字词如日、日记、日志、日录、日谱、日存、日抄、日簿、日札、日事、日省、日程、游记、纪程、随笔、漫录、读书记等进行检索。然后对日记中天气保存情况、涉及地点和时段进行梳理，从中筛选出目标日记，要求目标日记记载时段相对较长、逐日记录天气、涉及地点为上海地区。文末附录 1 整理出了经作者寓目的部分日记及其天气信息等基本情况，其中绝大部分是上海、北京地区图书馆所藏未正式出版的稿本、刻本日记，供有关研究参考。

## ◉ 第五节　本书重建天气序列所用日记介绍

### 一、序列重建所用日记及其时空等信息的说明

本书天气序列的重建时段为 1800—1873 年，各年月使用的日记及其涉及地点、资料条数等情况列于表 1－1，研究区设定为"上海地区"。研究区设定为上海地区基于以下三点考虑。（1）研究时段 1800—2015 年共 216 年中，天气资料位于今上海市政区范围的年数为 155 年，占总年数比重达 71.7%，序列中吴县、吴江、海宁、青阳等地的天气资料可视作对上海市天气序列的插补。（2）重建天气序列所

用日记涉及的地点虽然还包括吴县、吴江、海宁、平湖、杭州、山阴、青阳等地，但根据最新中国气候区划图，这些地点与上海均处于同一气候区，① 且主要分布于长江和钱塘江之间的平原地区，而上海的气候特征在这一平原地区有相当广泛的代表性。②（3）为了使本书的研究区域具有包容性且同时有相对确切的地理位置指向，研究区命名不宜使用"上海（市）"，也不宜使用空间范围太大的"太湖流域""东太湖地区""长江下游"等区域名称。基于上述三点理由，本书将"上海地区"作为研究的区域指代，主要代表现今上海市政区范围。

　　由表 1-1 可见，本书复原天气序列使用了《查山学人日记》③、《鸥雪舫日记》④、《蔬香馆日记》⑤、《芋园日记》⑥、《海沤日记》⑦、《管庭芬日记》⑧、《鹂声馆日记》⑨、《瓶庐日记》⑩、《拈红词人日记》⑪、《杏西篠树耳目记》⑫ 共 10 种日记，构建序列主要使用了其中 4 种长时段日记，分别是《查山学人日记》、《管庭芬日记》、《拈红词

①　丁一汇主编．中国气候［M］．北京：科学出版社，2013：1（中国气候区划图）．

②　周丽英，杨凯．上海降水百年变化趋势及其城郊的差异［J］．地理学报，2001，56（4）：467-476；梁萍，丁一汇．上海近百年梅雨的气候变化特征［J］．高原气象，2008，27（S1）：76-83；吴浩云，王银堂，胡庆芳，等．太湖流域61年来降水时空演变规律分析［J］．水文，2013，33（2）：75-81．

③　张瑢华．查山学人日记，上海图书馆古籍部藏善本稿本．

④　佚名．鸥雪舫日记，上海图书馆古籍部藏善本稿本．

⑤　金芝原．蔬香馆日记［M］．台北：台湾学生书局，1987：1-374．

⑥　许樾身．芋园日记，上海图书馆古籍部藏善本稿本．

⑦　倪稻孙．海沤日记，上海图书馆古籍部藏善本稿本．

⑧　管庭芬．管庭芬日记［M］．北京：中华书局，2013：1-1828．

⑨　黄金台．鹂声馆日记，上海图书馆古籍部藏善本稿本．

⑩　佚名．瓶庐日记，上海图书馆古籍部藏普通稿本．

⑪　□世埥．拈红词人日记［M］．台北：台湾学生书局，1987：1-585．

⑫　植槐书舍主人．杏西篠树耳目记，上海图书馆古籍部藏善本稿本．

人日记》和《杏西篠榭耳目记》，下一节分别介绍这 4 种日记的基本
情况，并对其蕴含天气信息的完整性进行评估。

**表 1 - 1　重建 1800—1873 年上海地区天气序列所用资料情况**

| 重建时段 | 资料来源 | 涉及主要地点 | 天气信息记录特点 | 重建天数/缺记天数 |
|---|---|---|---|---|
| 1800. 2 | 查山学人日记 | 娄县 | 逐日、详 | 28/0 |
| 1800. 3—1800. 6 | 鸥雪舫日记 | 吴江 | 逐日、详 | 122/0 |
| 1800. 7—1804. 7 | 查山学人日记 | 娄县 | 逐日、详 | 1492/2 |
| 1804. 8—1804. 9 | 蔬香馆日记 | 吴江 | 逐日、详 | 61/1 |
| 1804. 10—1807. 11 | 查山学人日记 | 娄县 | 逐日、详 | 1156/5 |
| 1807. 12—1808. 12 | 鸥雪舫日记 | 吴江 | 逐日、详 | 397/0 |
| 1809. 1—1813. 10 | 查山学人日记 | 娄县 | 逐日、详 | 1765/5 |
| 1813. 11—1814. 10. 18 | 芋园日记 | 杭州 | 逐日、详 | 352/0 |
| 1814. 10. 19—1815. 2. 8 | 海沤日记 | 杭州 | 逐日、详 | 113/2 |
| 1815. 2. 9—1815. 3 | 查山学人日记 | 青阳 | 逐日、详 | 51/0 |
| 1815. 4—1816. 10 | 管庭芬日记 | 海宁 | 逐日、详 | 580/1 |
| 1816. 11—1820. 2 | 查山学人日记 | 青阳 | 逐日、详 | 1216/1 |
| 1820. 3—1830. 10 | 管庭芬日记 | 海宁 | 逐日、详 | 3897/4 |
| 1830. 11—1832. 2 | 鹂声馆日记 | 平湖 | 非逐日、详 | 486/254 |
| 1832. 3—1852. 1 | 管庭芬日记 | 海宁 | 逐日、详 | 7276/17 |
| 1852. 2 | 瓶庐日记 | 山阴 | 逐日、详 | 29/0 |
| 1852. 3—1865. 12 | 管庭芬日记 | 海宁 | 逐日、详 | 5054/6 |
| 1866. 1—1868. 12 | 拈红词人日记 | 吴县 | 逐日、详 | 1096/10 |
| 1869. 1—1873. 12 | 杏西篠榭耳目记 | 吴县 | 逐日、详 | 1826/34 |

注："重建时段"一列为阳历时间，格式为年·月·日，如 1813. 11 表示 1813 年 11 月，
1814. 10. 18 表示 1814 年 10 月 18 日。

## 二、所用日记的基本情况及其天气信息完整性的评估

1.《查山学人日记》

（1）《日记》的基本情况及其天气记录完整性的评估

《查山学人日记》（本部分以下简称《日记》，所用资料时段1800—1813 年）作者张璇华（1752—1823），字贡植，号查山，松江府娄县（今上海松江地区）人。乾隆六十年（1795）举人，再试不第，就养而归，以大挑选授青阳县（今安徽青阳县）教谕。遇事有持守，诗文书画皆有法度，精通医理，施医无论贫富，颇有美誉，尤工于诗，有《拥书堂诗集》传世。①

《日记》手稿名"查山学人日记"，现存 27 册，记录起于嘉庆元年一月二十日（1796 年 2 月 28 日），迄于道光二年十一月五日（1822年 12 月 17 日），几乎无间断，所记包括天气状况、日常生活、亲朋交往、诗画酬酢、读书授课、治病行医等内容，对了解嘉道年间的政治、经济、社会、文化风貌和作者本人诗文创作、生平行状等颇具参考价值。其中嘉庆元年一月二十日（1796 年 2 月 28 日）至嘉庆四年十二月三十日（1799 年 1 月 24 日）张璇华优游京畿、四川等地，嘉庆十八年十月二十二日（1813 年 11 月 14 日）至道光元年十月二十二日（1821 年 11 月 16 日）出任青阳教谕。嘉庆五年一月一日（1800年 1 月 25 日）至嘉庆十八年十月二十一日（1813 年 11 月 13 日）期间，除了嘉庆五年二月十六日（1800 年 3 月 11 日）至嘉庆五年三月

---

① 张璇华. 拥书堂诗集［A］. 见：《清代诗文集汇编》编纂委员会编. 清代诗文集汇编
（第 432 册）［M］. 上海：上海古籍出版社，2010：301 – 302.

九日（1800 年 4 月 2 日）往杭州行医，嘉庆九年七月四日（1804 年 8
月 8 日）至嘉庆九年八月二十五日（1804 年 9 月 28 日）受邀赴江南
贡院帮办录科试，以及嘉庆十二年十一月十日（1807 年 12 月 8 日）
至嘉庆十三年十一月十二日（1808 年 12 月 28 日）入京会试三个时间
段之外，其余时间张氏长期居家。

　　《日记》保存了今上海松江地区 1800—1813 年近 14 年逐日天气
记录，是研究当时这一地区天气气候状况的宝贵史料。《日记》对天
气现象的记录非常全面，大致包括晴、雨、雪、霰、雾、霜、风、
沙、雷等，还有物候以及天气对社会、经济的影响等方面的记载。兹
随取嘉庆十二年（1807）的部分记载为例，将天气现象的记载大体分
为天气记录、物候记录、感应记录和社会响应记录 4 个类别，如表
1-2 所示（表中日期已转换为阳历日期）。

表 1-2　《查山学人日记》中 1807 年部分天气气候记录

| 日期 | 原始记录 | 所属类型 |
| --- | --- | --- |
| 2 月 12 日 | 阴雨，作画竟日……夜雨雪不止。 | 天气记录 |
| 3 月 26 日 | 大风，黄沙漫空，宛然北地光景。 | 天气记录 |
| 4 月 2 日 | 晴寒……银藤紫藤蓓蕾已繁服，盆兰已长二寸矣……开浚河道，城内闻已兴工，城外方事筑坝，但天气晴旱已及一月，清明节近，正恐春雨将至，仍属有名无实耳。 | 天气记录、感应记录、物候记录、社会响应 |
| 4 月 16 日 | 晴暖……起更后抵家，月色甚明，乡间光景因天气晴燥，春收菜花已减五六，豆麦望泽颇殷矣，闻价油大昂。 | 天气记录、感应记录、社会响应 |

续表

| 日期 | 原始记录 | 所属类型 |
|---|---|---|
| 7月3日 | 大雨，天气骤凉。 | 天气记录、感应记录 |
| 7月13日 | 晴热……闻苏州关外自常州以上因亢旱之故，插秧未遍。 | 天气记录、社会响应 |

在摘抄天气信息的过程中，笔者对所抄内容逐日进行了复核，因此基本可以保证天气记录在誊抄环节没有产生缺漏和偏差。经计算，在1800—1813年张璇华居家的148个月中，有日记的天数为4502天，仅有30天未记天气，天气信息的完整度达99.3%，可见其对天气情况记载的连续性和完整性。对于张璇华远离家乡的月份和天气缺记超过1候的月份，本书用邻近地区苏州府吴江县（今苏州市吴江区）的日记资料来代替。其中1800年3~6月、1807年12月至1808年12月的天气用《鸥雪舫日记》来代替。《鸥雪舫日记》记载时间范围为嘉庆五年一月一日（1800年1月25日）至嘉庆七年十二月二十九日（1802年1月22日）、嘉庆十一年一月一日（1806年2月18日）至嘉庆十三年十二月二十九日（1808年2月13日），无间断，逐日记载天气情况，地点在吴江县。1804年8~9月的天气用《蔬香馆日记》替代。《蔬香馆日记》记载时间范围为嘉庆五年闰四月十五日（1800年6月7日）至嘉庆九年十二月三十日（1804年1月30日），无间断，逐日记载天气情况，金芝原主要在吴江县活动，间有在苏州活动的情况。

针对复原天气序列要使用的上述三部日记，笔者根据掌握的四种日记［其中《樗寮日记》① 记载时段为道光元年五月一日（1821 年 5 月 31 日）至道光四年十二月三十日（1824 年 2 月 17 日），略有间断，逐日记载天气情况，地点主要在娄县］，选取天气记录时间重合、地点相同或相近的部分年份日记，以月为单元，统计各年月雨日数，对所载天气信息进行互较，结果见表 1 – 3。

表 1 – 3　　《查山学人日记》与其他日记 1801 年和
1822 年月雨日数的比较

| 年份 | 日记名称 | 所在地 | 1 月 | 2 月 | 3 月 | 4 月 | 5 月 | 6 月 | 7 月 | 8 月 | 9 月 | 10 月 | 11 月 | 12 月 | 总计 |
|---|---|---|---|---|---|---|---|---|---|---|---|---|---|---|---|
| 1801 | 查山学人日记 | 娄县 | 2 | 3 | 11 | 8 | 14 | 16 | 11 | 5 | 13 | 14 | 7 | 3 | 75 |
| 1801 | 鸥雪舫日记 | 吴江县 | 5 | 3 | 13 | 14 | 16 | 17 | 14 | 15 | 10 | 15 | 11 | 5 | 98 |
| 1801 | 蔬香馆日记 | 吴江县 | 6 | 5 | 11 | 11 | 13 | 9 | 11 | — | — | — | 7 | 2 | 75 |
| 1822 | 查山学人日记 | 娄县 | 8 | 9 | 10 | 10 | 7 | 10 | 4 | 5 | 11 | 6 | 10 | — | 73 |
| 1822 | 樗寮日记 | 娄县 | — | — | 7 | 6 | 6 | 5 | 3 | 2 | 4 | 8 | 5 | 2 | 46 |

注：空缺月份表示日记作者不在所在地。1801 年总计不包括 8～10 月，1822 年总计为 3～11 月雨日数之和。

由表 1 – 3 可见，1822 年 3～11 月中，除 10 月外，《日记》雨日数均多于《樗寮日记》，3～11 月雨日总数比后者多 27 天，平均每月多 3 天。在 275 天中，有 232 天二者的降水情况（分雨日和非雨日两大类）相同，占 84.4%。其余 43 天中，有 35 天《日记》记载有雨而《樗寮日记》为无雨，有 8 天《樗寮日记》记载有雨而《日记》为无雨，对比二者这 8 天的天气记录发现，大多数雨日比较特殊，有 4 天（6 月 13 日、8 月 22 日、10 月 8 日、10 月 10 日）降雨发生在夜晚，2

① 姚椿 . 樗寮日记，复旦大学图书馆古籍部藏善本稿本 .

天（3月4日和9月16日）为微量降雨日，1天（7月3日）为清晨
阵性降雨，仅有1天（4月29日）二者差异较大（《日记》记载的是
"晴"而《樗寮日记》是"雨"），尚不能用降水比较特殊来做解释。
换句话说，《日记》漏记的雨日大体上属于夜雨、微量和短时性降水
范畴，基本上不是由于作者主观判断上的重大错误造成的。尽管两部
日记的作者同居娄县，但其生活区域、活动轨迹、记日记的方式、习
惯和对降水的关注度、敏感度等不可能完全相同，故而某种程度上，
同一日的天气记录存在差异是不可避免的；况且《日记》记载有雨而
《樗寮日记》为无雨的天数要远高于《樗寮日记》记载有雨而《日
记》为无雨的天数，其中也包括夜雨（9天）、微量降雨（17天）等
比较特殊的降雨，另外有9天二者差异较大，即《日记》记载有雨而
《樗寮日记》为无雨的情况。一般情况下，日记多记载的雨日不能被
视作无中生有，假定通过《日记》与《樗寮日记》雨日记录的交叉互
补能够构成该年准确的年内雨日序列，则《日记》平均每月漏记雨日
不到1天（0.89天），《樗寮日记》平均每月漏记3.9天，因此，可以
认为《日记》记录的天气信息是非常完备的，比《樗寮日记》完备至
少是毫无疑问的。

　　从三部日记1801年各月雨日数的记录情况来看，用来替代的两
部日记的雨日数与《日记》虽略有不同，但大体相近。在273天中，
有224天《日记》与《鸥雪舫日记》降水情况相同，达82.1%（之
所以能将吴县、吴江两个不同地区的降水情况进行逐日比较，原因在
于两地气候类型非常一致且相距甚近，降水情况具有可比性。以现今
龙华气象站、吴县东山气象站1956—1998年逐日降水情况的对比结果

为例，两站降水情况相同天数所占比例平均每年为 89.5%，可见在太湖平原，气候类型高度一致相邻两地之间的降水情况具有很高的一致性和可比性），有 223 天与《蔬香馆日记》相同，达 81.7%。娄县与吴江县同处太湖流域，经纬度相差不到 1°，气候类型、年降水量的空间分布类型基本一致,① 但降水仍存在空间差异，例如《日记》1801 年 8 月雨日数要明显少于《鸥雪舫日记》，达 10 天，考虑到替代的天数占总天数的比例不大，《鸥雪舫日记》为 10.3%，《蔬香馆日记》为 1.2%，所以可以认为替代不会严重影响天气序列的均一性。

（2）《日记》雨日的插补及其与现代观测数据均一性的评估

对《日记》部分月份天气进行替代后，仍有脱记现象，脱记日可能是降水日，本书以月为单元对雨日数进行插补，办法是按所在月雨日数的比例推算（计算公式：缺记雨日数＝缺记所在月缺记天气日数×未缺记月总雨日数/未缺记月总日数），依均匀分布的原则插补入相应日期。同时，为了减小因漏记夜雨、小雨等降水日对重建结果带来的不确定性，根据前文《日记》与《樗寮日记》1822 年、《鸥雪舫日记》与《蔬香馆日记》1801 年降水记录的对比结果，《日记》平均每月漏记雨日数为 0.89 天，《鸥雪舫日记》平均每月漏记雨日数为 0.78 天，且漏记的雨日在月份上分布比较均匀，本书在插补后获得的雨日数基础上，再将《日记》、《鸥雪舫日记》和《蔬香馆日记》每月雨日数统一增加 1 天，增补的位置统一为每月 15 日之后离 15 日最

---

① 吴浩云，王银堂，胡庆芳，等. 太湖流域 61 年来降水时空演变规律分析 [J]. 水文，2013，33 (2)：75 - 81.

近的无雨日。至此，得到 1800 年 2 月到 1813 年 10 月逐月雨日数（表 1 - 4），计算月、年降水日数平均值，并与龙华站 1951—1998 年的情况进行比较（表 1 - 5）。

首先，对 1800—1813 年与 1951—1998 年雨日序列的均一性进行评估，采用 $F$ 检验和 $t$ 检验，结果显示，1800—1813 年与现代 1 ~ 12 月和年雨日数方差、均值无显著差异（$\alpha = 0.05$，6 月和 12 月通过 0.01 显著性检验）。采用 Wilconxon 秩和检验也得出 1800—1813 年与现代 1 ~ 12 月和年雨日数无显著差异的结论（$\alpha = 0.05$，6 月通过 0.01 显著性检验），且卡方检验显示前后两时段 1—12 月平均雨日数的构成比没有显著差异（$\chi^2 = 1.30 < \chi^2_{0.05} = 19.68$）。从数值上看，二者相差不大，月雨日数相差 0—3 天，年均雨日数相差不到 4 天。因此，可以认为日记雨日序列和现代雨日序列是来自同一总体的独立样本，观测方法的不同对雨日序列的均一性未造成显著影响。

**表 1 - 4　《查山学人日记》1800—1813 年逐月雨日数**

| 年份 | 1 月 | 2 月 | 3 月 | 4 月 | 5 月 | 6 月 | 7 月 | 8 月 | 9 月 | 10 月 | 11 月 | 12 月 |
|------|------|------|------|------|------|------|------|------|------|-------|-------|-------|
| 1800 | — | 9 | 17 | 15 | 6\11 | 19\7 | 8 | 7 | 15 | 6\1 | 4\1 | 7 |
| 1801 | 3 | 4 | 12 | 9 | 15 | 17 | 12 | 6 | 14 | 15 | 8 | 4 |
| 1802 | 5 | 16 | 4 | 14 | 15 | 19 | 4 | 9 | 13 | 5 | 6 | 2 |
| 1803 | 11 | 8 | 13 | 14 | 18 | 17 | 15 | 7 | 7 | 4 | 4 | 5 |
| 1804 | 11 | 13 | 17 | 12 | 18 | 19 | 9 | 13\1 | 12 | 14 | 5 | 5 |
| 1805 | 7 | 5 | 13 | 19 | 11 | 17 | 11 | 6 | 12\4 | 5 | 8 | 6 |
| 1806 | 9 | 6 | 10\1 | 12 | 13 | 15 | 4 | 20 | 9 | 9 | 7 |
| 1807 | 5 | 9 | 3 | 8 | 12 | 8 | 12 | 9 | 17 | 7 | 4 | 5 |
| 1808 | 12 | 4 | 17 | 17 | 17 | 17 | 16 | 14 | 14 | 17 | 10 | 9 |

续表

| 年份 | 1 月 | 2 月 | 3 月 | 4 月 | 5 月 | 6 月 | 7 月 | 8 月 | 9 月 | 10 月 | 11 月 | 12 月 |
|---|---|---|---|---|---|---|---|---|---|---|---|---|
| 1809 | 9 | 8 | 4 | 7 | 14 | 21 | 11 | 12 | 17 | 9 | 10 | 11 |
| 1810 | 5 | 3 | 10 | 13 | 4 | 20 | 10 | 10 | 10 | 12 | 4 | 5 |
| 1811 | 9 | 13 | 14 | 13 | 10\1 | 16 | 8 | 13 | 14 | 14 | 12 | 4 |
| 1812 | 7 | 15 | 13 | 14 | 14 | 13 | 11 | 8 | 13 | 10 | 11 | 4 |
| 1813 | 6 | 8\4 | 13 | 14 | 10 | 11 | 15 | 14 | 8 | 4 | — | — |

注：表中无的月份表示《日记》作者不在松江地区，天气记录由《鸥雪舫日记》《蔬香馆日记》代替，因 1800 年 5～6 月《日记》缺记天气的日数较多，天气记录用《鸥雪舫日记》代替。"\"左侧数据为进行插补后得到的最终月雨日数，右侧数据表示《日记》中该月缺记天气的日数，用来替代的日记仅《蔬香馆日记》在 1804 年 8 月缺记 1 天。

### 表 1-5　上海地区 1800—1813 年与 1951—1998 年
### 月、年平均雨日数的比较

| 时段 | 1 月 | 2 月 | 3 月 | 4 月 | 5 月 | 6 月 | 7 月 | 8 月 | 9 月 | 10 月 | 11 月 | 12 月 | 年均 |
|---|---|---|---|---|---|---|---|---|---|---|---|---|---|
| 1800—1813 年 | 7.6 | 8.6 | 11.4 | 12.9 | 12.6 | 16.4 | 10.4 | 9.5 | 13.3 | 9.4 | 7.3 | 5.7 | 126.7 |
| 1951—1998 年 | 9.3 | 10.2 | 13.6 | 13.0 | 13.2 | 13.8 | 11.8 | 10.7 | 11.2 | 8.2 | 7.8 | 7.4 | 130.1 |
| 古今相差 | −1.7 | −1.6 | −2.2 | −0.1 | −0.6 | 2.6 | −1.4 | −1.2 | 2.1 | 1.2 | −0.5 | −1.7 | −3.4 |

注：1800—1813 年月、年平均雨日数由数据完整的月份、年份计算，月份数 13—14 个，年数 12 年。

### 2. 《管庭芬日记》

#### （1）《日记》基本情况

《管庭芬日记》（本部分以下简称《日记》）著者管庭芬（1797—1880），原名怀许，字培兰，又字子佩，号芷湘，清代浙江海宁州路仲人，诸生，能诗文，善画山水，尤善画兰竹，精鉴赏、校勘。《日记》底稿藏于浙江图书馆古籍部，共 46 册，现已由张廷银点校，中华书局 2013 年出版，共 4 册。《日记》记事起于嘉庆二年（1797），止于同治四年十二月二十九日（1865 年 2 月 14 日），长达 69 年，在他 84 年的生涯中，只有晚年 15 年的生活未予记载。从记载的详略程度来看，除了 18 岁（1815）之前的生活采取追忆方式，记事非常概括之外，其余 51 年基本逐日记载，非常完整。①《日记》记载年份之早、历时之长、保存之详在现存古人日记中非常罕见，具有很高的文献价值。

《日记》中有逐日天气记录的时间起于嘉庆二十年二月一日（1815 年 3 月 11 日），迄于同治四年十二月二十九日（1865 年 2 月 14 日），其中除了嘉庆二十一年九月十二日至嘉庆二十四年十二月二十九日（1816 年 11 月 1 日—1819 年 2 月 13 日）和咸丰元年十二月十三日至咸丰元年十二月二十四—（1851 年 2 月 2 日—1852 年 2 月 13 日）无日记外，其余时间基本无缺记，天气记录长度约 48 年。《日记》天气记录涉及地点主要在海宁州，极少数年份或时日为异地，如管庭芬于道光十年九月二十（1830 年 11 月 5 日）入京至道光十二年一月二十五（1832 年 2 月 26 日）返家，约 1 年 4 个月的时间处在与海宁地区气候区划不一致的地区，因此这一时期的天气资料不能用于准确表征本书重建地区（上海地区）的气象要素，本书用《鹂声馆日记》所记平湖地区的天气资料进行插补。另外需要说明的是，管庭芬偶有一些时日处于杭州、宁波、绍兴等地，如道光二十九年十一月十五日（1849 年 12 月 28 日）至道光二十九年十二月十二日（1849 年 1 月 24 日）著者在宁绍地区活动，这些地方离海宁虽然有一定距离，但由于作者尚未找到同一时段涉及地点为上海地区的日记对其进行替代，而且考虑到管庭芬远离家乡的日数在《日记》天气记录里所占比重非常小，且杭州、宁波、绍兴等地点与海宁邻近，所属气候区划也

---

① 管庭芬. 管庭芬日记［M］. 北京：中华书局，2013：1 - 2（前言）.

一致，因此将这些地点的天气记录视作海宁地区的资料来研究。

（2）《日记》脱记雨日的插补

为了将历史数据与现代器测数据进行比较，需要确定器测资料的地点，器测资料地点与日记资料涉及的地点最好是相同的；如果没有可资利用的与日记涉及地点相同的器测资料，则选择邻近地区的气象站资料，且要求该站点的气候类型与日记涉及的地点高度一致，原因在于只有当两地相邻且气候类型非常一致时，降水情况才具有很好的一致性和对比性，这从上述龙华气象站、吴县东山气象站 1956—1998 年逐日雨日记录平均每年高达 89.5% 的一致性就能得以说明。《日记》所涉地点主要为海宁州，与之邻近且笔者能够获取气象资料的气象站包括吴县东山、上海龙华、杭州和平湖，根据《浙江省天气预报手册》[①] 和《太湖流域 61 年来降水时空演变规律分析》[②] 中的研究结果，海宁与平湖的年雨日数、年平均暴雨日数、年降水量等指标最相似，气候类型最为一致，因此选择平湖站的器测数据与《日记》所记海宁地区做对比。

《日记》虽逐日记录天气，但少数日期仍存在脱记天气现象，本书首先以月为单元对脱记的天气进行补缺，若该月天气脱记大于 5 天则该月所有的天气信息舍弃不用，补缺的办法是插补降水日数。插补雨日数估算公式：插补雨日数 = 该月缺记天气数 × 该月多年雨日数占该月多年总天数的比例（比例 = 器测资料时段该月多年雨日总数/器

---

① 王镇铭主编. 浙江省天气预报手册 [M]. 北京：气象出版社，2013：5 - 6（附录）.

② 吴浩云，王银堂，胡庆芳，等. 太湖流域61年来降水时空演变规律分析 [J]. 水文，2013，33（2）：75 - 81.

测资料时段该月多年总天数），插补的雨日按均匀分布原则补入相应日期，其余日期则视作无雨日。现举两例略做说明，如 1844 年 2 月《日记》共缺记 2 天天气，出现在 2 月 17 日和 2 月 18 日，根据表 1-6 中的情况，平湖地区 1954—2009 年 2 月雨日比例为 0.40，则 1844 年 2 月插补的雨日数 = 2×0.4 = 0.8，四舍五入按 1 天记，则将 2 月 17 日视作雨日，2 月 18 日视作无雨日，将前者视为无雨日后者视为雨日也可，本书一般靠前插补且将雨日均匀安插于该月缺记日期中；又如 1815 年 7 月《日记》共缺记 1 天天气，出现在 7 月 8 日，平湖地区 1954—2009 年 7 月雨日比例为 0.35，则《日记》1815 年 7 月缺记 1 天的天气插补雨日数 = 1×0.35 = 0.35，四舍五入不到 1 天，因此将 7 月 8 日视作无雨日。

**表 1-6 平湖地区 1954—2009 年各月雨日数占总日数的比例**

| 月份 | 1 月 | 2 月 | 3 月 | 4 月 | 5 月 | 6 月 | 7 月 | 8 月 | 9 月 | 10 月 | 11 月 | 12 月 |
|---|---|---|---|---|---|---|---|---|---|---|---|---|
| 雨日比例 | 0.35 | 0.40 | 0.46 | 0.47 | 0.45 | 0.47 | 0.35 | 0.37 | 0.37 | 0.27 | 0.29 | 0.26 |

（3）《日记》月平均雨日数与平湖地区 1954—2009 年平均的比较

对《日记》脱记雨日补缺后，统计其有完整天气记录的月份的平均降水日数（表 1-7），将其与平湖地区现代平均情况进行比较（表 1-8），可以大致推测《日记》缺记雨日的多寡程度。

**表 1-7 《管庭芬日记》所记 1815—1866 年逐月雨日数**

| 年份 | 1 月 | 2 月 | 3 月 | 4 月 | 5 月 | 6 月 | 7 月 | 8 月 | 9 月 | 10 月 | 11 月 | 12 月 |
|---|---|---|---|---|---|---|---|---|---|---|---|---|
| 1815 | — | — | — | 12 | 10 | 12 | 6\1 | 9 | 12 | 7 | 9 | 2 |

续表

| 年份 | 1 月 | 2 月 | 3 月 | 4 月 | 5 月 | 6 月 | 7 月 | 8 月 | 9 月 | 10 月 | 11 月 | 12 月 |
|---|---|---|---|---|---|---|---|---|---|---|---|---|
| 1816 | 5 | 5 | 13 | 14 | 16 | 12 | 11 | 7 | 3 | 5 | — | — |
| 1817 | — | — | — | — | — | — | — | — | — | — | — | — |
| 1818 | — | — | — | — | — | — | — | — | — | — | — | — |
| 1819 | — | — | — | — | — | — | — | — | — | — | — | — |
| 1820 | — | — | 10 | 12 | 19 | 14 | 8 | 10 | 8 | 7 | 12 | 9 |
| 1821 | 7 | 8 | 11 | 8\1 | 12 | 15 | 10 | 6 | 9 | 15 | 9 | 10 |
| 1822 | 12 | 10 | 11 | 12 | 11 | 16 | 9 | 9 | 11 | 9 | 9 | 7 |
| 1823 | 9 | 13 | 12 | 15 | 21 | 21 | 18 | 15 | 19 | 10 | 8 | 6 |
| 1824 | 9 | 11 | 20 | 8 | 14 | 14 | 22 | 8 | 12 | 10 | 11 | 7 |
| 1825 | 4 | 23 | 16 | 18 | 12 | 16 | 9 | 7 | 12 | 4 | 11 | 10 |
| 1826 | 10 | 12 | 13 | 10\1 | 10 | 9 | 13 | 13 | 15 | 2 | 20 | 4 |
| 1827 | 9 | 2 | 17 | 15 | 11 | 13 | 13 | 5 | 17 | 7 | 7 | 9\1 |
| 1828 | 16\1 | 10 | 19 | 10 | 15 | 22 | 12 | 4 | 17 | 12 | 1 | 10 |
| 1829 | 8 | 8 | 8 | 13 | 14 | 21 | 7 | 8 | 7 | 2 | 1 | 11 |
| 1830 | 10 | 9 | 15 | 20 | 10 | 15 | 5 | 8 | 17 | 17 | — | — |
| 1831 | — | — | — | — | — | — | — | — | — | — | — | — |
| 1832 | — | — | 13 | 6 | 11 | 16 | 9 | 5\1 | 8 | 5 | 11 | 20 |
| 1833 | 14 | 13\1 | 23 | 20 | 12 | 11 | 12 | 14 | 12 | 9 | 19 | 17 |
| 1834 | 22 | 16 | 18 | 16 | 12 | 17 | 12 | 7 | 10 | 7 | 6 | 10 |
| 1835 | 13 | 10 | 11 | 9 | 10 | 8 | 8 | 5 | 9 | 17 | 6 | 6 |
| 1836 | 5 | 13 | 8 | 14 | 15 | 12 | 9 | 6 | 8 | 7 | 8 |
| 1837 | 2 | 13 | 14 | 15 | 14 | 20 | 10 | 12 | 18 | 8 | 12 | 4 |
| 1838 | 12 | 6 | 13 | 24 | 16 | 13 | 12 | 14 | 9 | 2 | 6 | 8 |

续表

| 年份 | 1 月 | 2 月 | 3 月 | 4 月 | 5 月 | 6 月 | 7 月 | 8 月 | 9 月 | 10 月 | 11 月 | 12 月 |
|---|---|---|---|---|---|---|---|---|---|---|---|---|
| 1839 | 10 | 11\1 | 15 | 11 | 9 | 19 | 15 | 5 | 5\1 | 19 | 8 | 6 |
| 1840 | 7 | 11\1 | 15 | 15 | 13 | 15 | 16 | 6 | 9 | 12 | 14 | 6 |
| 1841 | 12 | 7 | 26 | 22 | 17 | 14 | 12 | 19 | 16 | 11 | 17 | 12 |
| 1842 | 17 | 12 | 12 | 10 | 16 | 16 | 10 | 12 | 11 | 4 | 3 | 5 |
| 1843 | 12 | 7 | 6 | 10 | 11 | 16 | 11\1 | 9 | 12 | 3\1 | 15 | 9 |
| 1844 | 12 | 7\2 | 9 | 14 | 13 | 14 | 13 | 6\1 | 9 | 6 | 11 | 10 |
| 1845 | 17 | 13 | 9 | 10 | 11 | 10 | 12 | 8 | 16 | 16\1 | 3 | 16 |
| 1846 | 9 | 9 | 17 | 18 | 14 | 9 | 8 | 7 | 14 | 11 | 9 | 4 |
| 1847 | 16 | 7 | 9 | 10 | 8 | 14 | 7\1 | 7 | 12 | 10 | 7 | 11 |
| 1848 | 16 | 9 | 13 | 17 | 11 | 21 | 14 | 12 | 8 | 10 | 8 | 5 |
| 1849 | 9 | 17 | 12 | 16 | 16 | 24 | 16 | 14 | 15 | 3 | 7 | 12 |
| 1850 | 11 | 11\1 | 13 | 7 | 14 | 18 | 11 | 10 | 15 | 8 | 17 | 4 |
| 1851 | 13 | 13 | 20 | 22 | 14 | 19 | 8 | 14 | 10 | 11 | 13 | 8 |
| 1852 | 3 | — | 19 | 16 | 15 | 14 | 7 | 10 | 5 | 7 | 13 | 1 |
| 1853 | 9 | 14 | 15 | 13 | 14 | 13 | 11 | 19 | 10 | 16 | 24 | 4 |
| 1854 | 7 | 16 | 18 | 13 | 19 | 19 | 14 | 10 | 17 | 4 | 5 | 5 |
| 1855 | 4 | 8 | 11 | 20 | 21 | 6 | 9 | 12 | 11 | 8 | 14 | 3 |
| 1856 | 8 | 11 | 12 | 16 | 16\1 | 10 | 5 | 4 | 24 | 15 | 2 | 5 |
| 1857 | 5 | 17 | 14 | 10 | 21 | 20 | 10 | 6 | 15 | 13 | 7 | 13 |
| 1858 | 12 | 12 | 15 | 10 | 16 | 11 | 12 | 14 | 10 | 3 | 1 | 15 |
| 1859 | 7 | 7 | 13 | 9 | 17 | 16 | 4 | 11 | 8 | 23 | 5 | 2 |
| 1860 | 19\1 | 10 | 19 | 9 | 16\1 | 9 | 7 | 8 | 11 | 20 | 12 | 11 |
| 1861 | 17 | 12\1 | 13 | 16 | 22 | 6 | 11 | 6 | 13 | 14 | 11 | 15 |

续表

| 年份 | 1月 | 2月 | 3月 | 4月 | 5月 | 6月 | 7月 | 8月 | 9月 | 10月 | 11月 | 12月 |
|---|---|---|---|---|---|---|---|---|---|---|---|---|
| 1862 | 7 | 2 | 11 | 12 | 11 | 12 | 7 | 17 | 17 | 6 | 11 | 22 |
| 1863 | 7 | 9 | 11 | 25 | 20 | 13 | 8 | 9 | 13\1 | 6 | 10 | 3 |
| 1864 | 8 | 8 | 14 | 15 | 11 | 14 | 4 | 12 | 11 | 5 | 1 | 13 |
| 1865 | 10 | 16 | 15 | 12 | 10 | 17 | 20 | 10\1 | 16 | 12 | 16 | 10 |
| 1866 | 10 | — | — | — | — | — | — | — | — | — | — | — |

注："\"右侧数字为缺记天气日数，"—"标示的月份包括管庭芬未记日记或缺记天气数超过5天或不在海宁三种情况，这三种情况的月雨日数不予统计。例如1816年11月至1820年2月未记日记，1852年2月缺记天气日数多达12天，1830年11月至1832年2月往返北京。

**表 1 – 8　《管庭芬日记》所记海宁 1815—1866 年月平均雨日数**

**与平湖 1954—2009 年的比较**

| 资料 | 1月 | 2月 | 3月 | 4月 | 5月 | 6月 | 7月 | 8月 | 9月 | 10月 | 11月 | 12月 | 年均 |
|---|---|---|---|---|---|---|---|---|---|---|---|---|---|
| 日记 | 10.2 | 10.7 | 13.9 | 13.8 | 14.0 | 14.7 | 10.6 | 9.6 | 12.0 | 9.3 | 9.5 | 8.6 | 139.0 |
| 平湖 | 10.7 | 11.3 | 14.1 | 14.1 | 13.8 | 14.0 | 10.8 | 11.6 | 11.0 | 8.5 | 8.6 | 8.2 | 136.6 |
| 相差 | -0.5 | -0.6 | -0.2 | -0.3 | 0.2 | 0.7 | -0.2 | -2.0 | 1.0 | 0.8 | 0.9 | 0.4 | 2.4 |

注：《管庭芬日记》各月雨日完整的年数 43~47 个，年雨日完整的年数 40 个。

表 1 – 8 显示，《日记》所记海宁 1815—1866 年 1 ~ 12 月平均雨日数与平湖地区 1954—2009 年相差较小，为 0.2 ~ 2 天，据此可以初步推断《日记》雨日记录非常完整。仅靠上述古今月平均雨日数的对比分析尚不能对《日记》雨日记录的完整性进行全面、准确评估，下面通过相同时间、相同地点（或邻近地区）两种日记资料雨日记录的逐日互较对《日记》雨日记录的完整程度进一步进行评估。

（4）《日记》与《鸭声馆日记》雨日记录的逐日互较

尽管《日记》逐日记载了天气信息，且对降水日的记录较之无降水日细致，即便如此，由于主客观原因，很难保证管庭芬对降水的记录没有遗漏。例如对微量降水情况和夜间降水情况是否记录，取决于主体对降水的关注度和敏感度。为了考察《日记》对降水的漏记程度，本书选取具有相同年份、相同地点（或邻近地点）的两种日记，对其雨日记录逐日进行互较。具体办法是将每日的降水情况分为雨日和非雨日两大类，比较两种日记在同一天降水类别是否一致，如果其中一种日记为雨日而另一种为非雨日，则认为非雨日的那种日记存在漏记，因为一般情况下日记作者观察到的降水现象不能认为由作者凭空捏造，应当是客观存在的事实，真实性基本毋庸置疑。

现随取两个年份（1821 年、1827 年），利用《鹂声馆日记》的天气记录对《日记》漏记雨日的情况进行推断，互较结果见表 1 - 9 和表 1 - 10。1821 年《日记》仅 4 月 17 日缺记天气，用《鹂声馆日记》同一天的天气进行替代后再进行互校。在 1821 年的 365 天中，二者降水类别相同的有 301 天，其中有 53 天《日记》记载有雨而《鹂声馆日记》为无雨，有 11 天《鹂声馆日记》记载有雨而《日记》为无雨。假定该年海宁、平湖两地每日的降水情况完全相同且通过两种日记雨日记录的互补能够构成完整准确的年内雨日序列，则《日记》该年漏记了 11 天雨日（表 1 - 9），平均每月缺记不到 1 天，《日记》漏记雨日的情况比较特殊，包括 3 天微量降雨日（5 月 17 日、7 月 14 日、9 月 29 日）和 6 天夜间降雨（6 月 14 日、6 月 18 日、8 月 10 日、10 月 28 日、11 月 9 日、12 月 3 日）等较难察觉的降雨日，仅有 2 天（3 月 29 日、10 月 20 日）两种日记的记载相差较大，尚不能用降水现象比较特殊的客观原因对《日记》漏记来做解释。而《鹂声馆日记》平均每月缺记雨日较多，为 4.4 天，且 53 天中除了 18 天微量降水和 15 天夜间降水等比较特殊的雨日外，尚有 20 天的雨日缺记不能用降水情况比较特殊的客观原因进行解释。在 1827 年的 365 天中，二者天气类别相同的有 288 天，其中有 62 天《日记》记载有雨而《鹂声馆日记》为无雨，有 15 天《鹂声馆日记》记载有雨而《日记》为无雨，其中包括 4 天微量降雨（3 月 31 日、6 月 18 日、11 月 2 日、12 月 22 日），3 天夜雨（1 月 2 日、1 月 20 日、7 月 2 日）等比较特殊的情况，另有 8 天二者降水类别相差较大（表 1 - 10）。

表 1 - 9　1821 年《管庭芬日记》记载无雨而
《鹂声馆日记》为有雨的情况

| 阳历日期 | 管庭芬日记 | 鹂声馆日记 |
| --- | --- | --- |
| 3 月 29 日 | 阴。 | 下午雨。 |
| 5 月 17 日 | 阴。 | 微雨。 |
| 6 月 14 日 | 晨阴晴不定……二鼓渐吐微月。 | 夜大雨。 |
| 6 月 18 日 | 晴。 | 夜雨。 |
| 7 月 14 日 | 晴，晚阴，夜仍见月。 | 小雨。 |
| 8 月 10 日 | 晴，半夜有月。 | 夜雨。 |
| 9 月 29 日 | 阴。 | 午后小雨。 |
| 10 月 20 日 | 阴。 | 午后雨。 |
| 10 月 28 日 | 阴，晚晴。 | 夜大雨。 |
| 11 月 9 日 | 晨晴……夜有月，至四鼓后方止。 | 夜大雨。 |
| 12 月 3 日 | 晨晴，晚阴，夜仍见月。 | 夜雨。 |

## 表1-10 1827年《管庭芬日记》记载无雨而
## 《鹏声馆日记》为有雨的情况

| 阳历日期 | 管庭芬日记 | 鹏声馆日记 |
|---|---|---|
| 1月2日 | 晴……夜有月。 | 夜微雨。 |
| 1月20日 | 薄阴竟日……东北风渐大。 | 夜雨。 |
| 3月31日 | 晴。 | 小雨。 |
| 5月19日 | 晴。 | 雨。 |
| 6月18日 | 凝阴竟日。 | 小雨。 |
| 7月2日 | 凝阴，郁闷雷声殷然，昏昏终日。 | 夜半雨。 |
| 7月7日 | 阴。 | 雨。 |
| 7月14日 | 晴。 | 日中雨。 |
| 7月27日 | 晴……午后燠甚，天阴，有雷。 | 下午雷雨。 |
| 7月28日 | 晴……有月。 | 黄昏雨，夜热。 |
| 9月26日 | 晴。 | 雨。 |
| 10月3日 | 晴……月色大佳。 | 雨。 |
| 10月10日 | 晨晴，晚东北风渐急，即阴……见月。 | 雨。 |
| 11月2日 | 晨薄阴……夜见淡月。 | 微雨。 |
| 12月22日 | 本日缺记天气。 | 小雨。 |

由于海宁、平湖两地存在一定的空间距离，每日降水情况难免出现不一致，因此根据《日记》记载海宁无雨而《鹏声馆日记》记载平湖有雨并不能说明《日记》漏记降雨，要准确评估《日记》1821年中的11天、1827年中的15天是否发生降雨还需要对照第三方天气史料进行推断。例如：在1827年7月27日和7月28日，《日记》记载无雨，而据《鹏声馆日记》这两日有雨，又据江苏巡抚陶澍1827年9

月 5 日的奏报，江苏省"六月上旬自初一、二、三、四、五、六、九、十（7 月 24—29 日、8 月 1—2 日），中旬自十一、二、三、四、五、七、九、二十（8 月 3、4、5、6、7、9、11、12 日），下旬自二十一、三、五、六、七等日（8 月 13、15、17、18、19 日）得雨一二寸至七八寸不等"①，推断太湖流域在 7 月 27 日和 7 月 28 日普遍有降雨发生，因此海宁地区这两天有降雨的可能性极大，意味着《日记》在这两天的确漏记了降雨，进一步说明通过相邻、气候类型高度一致两地（海宁、平湖）降水情况的逐日对比，能够对日记降水情况的漏记程度作出较为准确的评估。

考虑到《日记》与《鹂声馆日记》相较平均每月漏记雨日仅 1 天左右，漏记雨日数很少，且其中包含不少微雨、小雨、夜雨等不易观测到的雨日，再加上《日记》所记 1815—1866 年每月平均降水日数与平湖地区每月多年平均差异甚小（表 1 – 8），因此推断《日记》所记降水信息极为完整。

（5）《日记》雨日记录与徐家汇观象台观测结果的比较

进一步随机抽取《日记》记录的 3 个年份的月雨日数与徐家汇观象台同一年份器测数据进行比较。②表 1 – 11 显示，《日记》所载雨日数基本能够和徐家汇观象台器测雨日数相当，多数月份甚至略高于徐家汇观象台观测的结果，一定程度也能证实《日记》降水信息的高度完整性。

---

① 水利电力部水管司、科技司，水利水电科学研究院. 清代长江流域西南国际河流洪涝档案史料［M］. 北京：中华书局，1991：695.
② 上海市气象局. 上海气象资料（1873—1972）［M］. 上海：上海市气象局，1974：291.

### 表 1 - 11　《管庭芬日记》中 3 个年份的月雨日数
### 与徐家汇观象台记录数的对比

| 年份 | 资料 | 1 月 | 2 月 | 3 月 | 4 月 | 5 月 | 6 月 | 7 月 | 8 月 | 9 月 | 10 月 | 11 月 | 12 月 |
|------|------|------|------|------|------|------|------|------|------|------|------|------|------|
| 1851 | 日记 | 13 | 13 | 20 | 22 | 14 | 19 | 8 | 14 | 10 | 11 | 13 | 8 |
|      | 器测 | 6 | 7 | 19 | 19 | 10 | 16 | 8 | 14 | 10 | 8 | 14 | 4 |
| 1854 | 日记 | 7 | 16 | 18 | 13 | 19 | 19 | 14 | 10 | 17 | 4 | 5 | 5 |
|      | 器测 | 9 | 12 | 10 | 10 | 15 | 10 | 13 | 10 | 9 | 5 | 3 | 4 |
| 1857 | 日记 | 5 | 17 | 14 | 10 | 21 | 20 | 10 | 6 | 15 | 13 | 7 | 13 |
|      | 器测 | 3 | 13 | 10 | 10 | 14 | 11 | 7 | 5 | 17 | 12 | 6 | 12 |

综合《日记》月平均雨日数与现代观测资料平均值的对比、《日记》与《鹏声馆日记》相同年份雨日记录的逐日互较、《日记》与临近地区（徐家汇观象台）器测资料相同年份雨日数的对比，可以认为《日记》保存的天气信息非常完整，几乎不存在缺记雨日的现象，因此本书不对《日记》可能存在的漏记雨日进行任何增补。进一步采用 F 检验和 t 检验对《日记》所记 1815—1866 年与平湖地区 1954—2009 年 1～12 月以及全年的降水日数的均一性分别进行评估（日记只统计降水信息记录完整的月份），结果显示，两个不同的时段每月和全年的降水日数的方差、均值均不存在显著差异（$\alpha = 0.05$，4 月和 8 月通过 0.01 的显著性检验），再次印证了《日记》所记降水信息的高度完整性，同时也说明在进行长时段降水序列的重建与分析时可以将这两种不同资料来源的降水信息进行衔接。

3.《拈红词人日记》和《杏西　榭耳目记》

《拈红词人日记》著者□世埰，作者生平不详，记录起于同治三年一月一日（1864 年 2 月 8 日），讫于同治七年十一月十四日（1868

年 12 月 27 日），日记虽以 "平居杂事为主，不及朝政与学术议论"[1]，但逐日记录了天气，几乎无间断，涉及地点主要在苏州府吴县，作者间或外出上海等地，其中天气资料用于恢复天气序列的时段为 1866—1868 年共 3 年。《杏西篠榭耳目记》著者植槐书舍主人，生平不详，日记共 4 册。根据其内容能够判断出作者定居苏州府吴县，偶尔外出南京、安庆等地，记录时段为 1860—1881 年，几乎无间断，其中天气为逐日记录，本书截取 1869—1873 年著者活动于吴县的记录用于重建天气序列。略作说明的是，在抄写天气资料的过程中，作者对所抄两种日记天气记录逐日进行了复查，能基本保证没有漏抄和误抄。

（1）日记所记月平均雨日数与 1956—2009 年吴县东山站的对比

为了估计两种日记天气记录的完整性，采取与评估《日记》降水信息完整性类似的办法。首先，将《拈红词人日记》《杏西篠榭耳目记》所记时段 1—12 月、年降水日数的多年平均值与邻近气象站吴县东山站的器测数据进行比较。由表 1 – 12 可见，除 2 月、10 月之外，《拈红词人日记》所记月平均雨日数均少于器测资料时段，偏少 1.6 ~ 4.3 天，年雨日数也偏少，达 25.7 天，预示着《拈红词人日记》漏记雨日可能较多。而《杏西篠榭耳目记》除 9 月、10 月、12 月之外，月平均雨日数均少于吴县东山站 0.2 ~ 3.1 天，年雨日数也偏少，为 13.2 天（表 1 – 13），偏少的数值相对《拈红词人日记》明显要小。正如前文所述，由于主客观原因，日记存在不同程度漏记雨日现象，以下通过日记同时同地降水记录的逐日互较来考察《拈红词人日记》和《杏西篠榭耳目记》缺记雨日的多寡，据此制定针对漏缺雨日的增

---

① □世堮. 拈红词人日记［M］. 台北：台湾学生书局，1987：1（提要）.

补方案。

### 表 1-12　《拈红词人日记》所记 1864—1868 年月平均雨日数与 1956—2009 年吴县东山站的比较

| 资料 | 1 月 | 2 月 | 3 月 | 4 月 | 5 月 | 6 月 | 7 月 | 8 月 | 9 月 | 10 月 | 11 月 | 12 月 | 年均 |
|---|---|---|---|---|---|---|---|---|---|---|---|---|---|
| 日记 | 6.8 | 12.0 | 11.0 | 9.2 | 8.6 | 10.6 | 10.2 | 8.6 | 8.8 | 8.2 | 4.0 | 5.0 | 105.8 |
| 吴县 | 10.0 | 10.3 | 13.7 | 13.0 | 12.9 | 13.4 | 11.8 | 11.7 | 10.6 | 8.1 | 8.2 | 7.7 | 131.5 |
| 相差 | −3.2 | 1.7 | −2.7 | −3.8 | −4.3 | −2.8 | −1.6 | −3.1 | −1.8 | 0.1 | −4.2 | −2.7 | −25.7 |

注：各月雨日完整的年数 4—5 个，年雨日完整的年数 4 个。

### 表 1-13　《杏西篠榭耳目记》所记 1860—1881 年月平均雨日数与 1956—2009 年吴县东山站的比较

| 资料 | 1 月 | 2 月 | 3 月 | 4 月 | 5 月 | 6 月 | 7 月 | 8 月 | 9 月 | 10 月 | 11 月 | 12 月 | 年均 |
|---|---|---|---|---|---|---|---|---|---|---|---|---|---|
| 日记 | 8.5 | 9.1 | 10.6 | 10.6 | 11.4 | 13.2 | 9.8 | 10.9 | 10.6 | 9.9 | 5.8 | 7.9 | 118.3 |
| 吴县 | 10 | 10.3 | 13.7 | 13 | 12.9 | 13.4 | 11.8 | 11.7 | 10.6 | 8.1 | 8.2 | 7.7 | 131.5 |
| 相差 | −1.5 | −1.2 | −3.1 | −2.4 | −1.5 | −0.2 | −2 | −0.8 | 0.0 | 1.8 | −2.4 | 0.2 | −13.2 |

注：各月雨日完整的年数 15—17 个，年雨日完整的年数 10 个。

（2）日记资料之间雨日记录的逐日对比

《杏西篠榭耳目记》著者于同治四年四月一日（1865 年 4 月 25
日）从上海返回吴县，直至八月二十三日（1865 年 10 月 12 日）离
开，其间近 6 个月时间在吴县活动，而《拈红词人日记》著者在同治
四年全年均在吴县活动，因此可以利用两种日记 5～9 月的天气记录
进行互较，此外，能够互较的时段还有 1868 年的 7 月 30 日至 8 月 14
日、1868 年的 9 月 4 日至 11 月 8 日。

在 1865 年二者同处吴县的 171 天中，降水情况（分雨日和非雨日
两大类别）记录一致的天数为 127 天，不一致的为 44 天。其中《拈

红词人日记》记载无雨而《杏西簃榭耳目记》为有雨的有 33 天（表
1-14），包括 6 天微量降水（6 月 3 日、7 月 11 日、7 月 23 日、8 月 9
日、8 月 13 日、8 月 26 日），3 天夜间降水（4 月 26 日、7 月 24 日、
8 月 20 日）、3 天短时阵雨（5 月 11 日、6 月 7 日、7 月 21 日）和 6
天间歇性降水（4 月 27 日、6 月 22 日、7 月 3 日、8 月 16 日、8 月 18
日、10 月 9 日），另有 15 天二者相差较大（5 月 7 日、5 月 25 日、6
月 20 日、6 月 24 日、6 月 25 日、7 月 1 日、7 月 9 日、8 月 8 日、8 月
17 日、8 月 19 日、8 月 27 日、9 月 2 日、9 月 16 日、9 月 18 日、10
月 8 日），基本不能用降水比较特殊、不易察觉来对《拈红词人日记》
漏记雨日作合理的解释，著者本人对降水的关注度、敏感度偏低应是
造成《拈红词人日记》雨日出现较多遗漏的主要原因。

表 1-14　1865 年《拈红词人日记》记载无雨而
《杏西簃榭耳目记》为有雨的情况

| 阳历日期 | 拈红词人日记 | 杏西簃榭耳目记 |
| --- | --- | --- |
| 4 月 26 日 | 晴，大暖。 | 晴……夜小雨。 |
| 4 月 27 日 | 半晴，稍冷。 | 晴雨错。 |
| 5 月 7 日 | 晴，大暖。 | 上阴雨下晴。 |
| 5 月 11 日 | 半晴，泛潮，大热。 | 雨细即嫩晴。 |
| 5 月 25 日 | 晴暖。 | 晨雨午晴。 |
| 6 月 3 日 | 晴，稍热。 | 阴细雨。 |
| 6 月 7 日 | 晴热。 | 晴……申正朝林桥细雨即止。 |
| 6 月 20 日 | 晴凉。 | 雨阴……晚晴。 |
| 6 月 22 日 | 阴晴。 | 雨晴错。 |

续表

| 阳历日期 | 拈红词人日记 | 杏西篠樗耳目记 |
| --- | --- | --- |
| 6 月 24 日 | 阴晴凉。 | 午晴戌雨。 |
| 6 月 25 日 | 晴热。 | 阴雨，霉发殆遍。 |
| 7 月 1 日 | 晴，大凉，穿棉袄。 | 雨。 |
| 7 月 3 日 | 晴稍热，泛潮。 | 时晴时雨，真黄梅时也。 |
| 7 月 9 日 | 晴热夜有星月。 | 阴雨。 |
| 7 月 11 日 | 晴稍热，仍穿单夹衣，西瓜大贱。 | 嫩晴，时雨三两点。 |
| 7 月 21 日 | 晴冷。 | 雨即止，地滑如油。 |
| 7 月 23 日 | 晴，潮酷暑。 | 晴，细雨三两点，地不收潮。 |
| 7 月 24 日 | 晴，暑潮。 | 晴不坚，夜雨。 |
| 8 月 8 日 | 晴暑，月明如水。 | 晴……阻雨。 |
| 8 月 9 日 | 晴酷暑，月明甚皎洁。 | 晴热……起阵细雨。 |
| 8 月 13 日 | 晴酷暑，午后阵，稍凉。 | 晴，返潮，又是秋黄梅矣，时雨三两点。 |
| 8 月 16 日 | 晴酷暑。 | 晴雨错。 |
| 8 月 17 日 | 晴暑大风。 | 晴雨错……阻雨，近□阁檐漏如注。 |
| 8 月 18 日 | 晴酷暑大风。 | 晴雨错。 |
| 8 月 19 日 | 晴秋暑大风晚凉。 | 晴……阻雨。 |
| 8 月 20 日 | 晴暑大风，晚凉。 | 晴热……晚雨。 |
| 8 月 26 日 | 晴酷暑晚稍凉。 | 酷热，间飘雨。 |
| 8 月 27 日 | 晴暑晚稍凉，明月如水。 | 酷热……阻雨即归。 |
| 9 月 2 日 | 阴晴大凉，穿纺绸长衫、短夹袄。 | 晴雨风大。 |

续表

| 阳历日期 | 拈红词人日记 | 杏西篠榭耳目记 |
|---|---|---|
| 9 月 16 日 | 晴燥热。 | 晴……阻雨。 |
| 9 月 18 日 | 晴大热。 | 晴雨。 |
| 10 月 8 日 | 半晴冷，桂花□放。 | 阴雨……夜大雨。 |
| 10 月 9 日 | 晴冷，桂花大香。 | 晴雨错。 |

《杏西篠榭耳目记》记载无雨而《拈红词人日记》为有雨的共 11 天（表 1-15），对这 11 天的天气逐日比较后发现，其中有 5 天属于夜间降雨（5 月 18 日、7 月 12 日、7 月 25 日、9 月 21 日、10 月 5 日），3 天属于短时或微量降雨范畴（7 月 20 日、7 月 31 日、8 月 28 日），漏记夜雨、小雨、短时降雨这三种情况可能是由于《杏西篠榭耳目记》著者未能觉察降雨的发生，尚可以用降水情况比较特殊为作者漏载雨日进行合理解释，但有 3 天发生在白天的非短时性、非微量的降雨（6 月 2 日、6 月 18 日、7 月 16 日）《杏西篠榭耳目记》未载，这可能是由于著者的疏漏或遗忘所致，也可能是由于两种日记的作者当时所处的地理位置并不完全相同所致。

表 1-15　1865 年《杏西篠榭耳目记》记载无雨

而《拈红词人日记》为有雨的情况

| 阳历日期 | 杏西篠榭耳目记 | 拈红词人日记 |
|---|---|---|
| 5 月 18 日 | 晴。 | 半晴，晚雨。 |
| 6 月 2 日 | 阴。 | 半晴半雨，夜半大雨。 |
| 6 月 18 日 | 晴阴。 | 半晴半雨。 |
| 7 月 12 日 | 晴。 | 半晴，夜雨。 |

续表

| 阳历日期 | 杏西簃榭耳目记 | 拈红词人日记 |
| --- | --- | --- |
| 7 月 16 日 | 酷暑。 | 晴暑，三更狂风，将膳大雨倾盆。 |
| 7 月 20 日 | 晴。 | 阴，小雨略见太阳，仍凉。 |
| 7 月 25 日 | 晴，返潮。 | 晴暑，夜雨。 |
| 7 月 31 日 | 晴。 | 早晴，午阵雨即晴热。 |
| 8 月 28 日 | 酷热。 | 晴稍凉，午后小雨□暑无风。 |
| 9 月 21 日 | 晴。 | 阴晴凉，夜半大雨狂风。 |
| 10 月 5 日 | 阴。 | 阴晴凉，三更雨。 |

假定通过两种日记雨日记录的互补能够构成完整准确的年内雨日序列，总体来看，相比于《杏西簃榭耳目记》，《拈红词人日记》平均每月漏记雨日 5.8 天，漏记相对较多；相比于《拈红词人日记》，《杏西簃榭耳目记》平均每月漏记雨日 1.9 天，可以认为缺记不严重。根据两种日记上述雨日类别逐日对比结果，不难发现日记漏记降水的原因除了夜雨、微量降雨、短时降雨等降水过程难以全面感知外，著者本人对降水的关注度、敏感度、记忆力等之间的差别也可能是导致降水信息在记录方面存在差异的重要原因。

由于《杏西簃榭耳目记》天气记录时段较长，是本书复原天气序列使用的主要数据源之一，作者根据掌握的日记资料，再随取《恬吟庵日记》①1873 年和 1874 年的天气资料对《杏西簃榭耳目记》缺记雨日的多寡作进一步估算，结果见表 1－16、表 1－17。经统计，在 1873 年的 365 天中，二者降水类别一致的有 311 天，《杏西簃榭耳目

———————————

① 贝允章. 恬吟庵日记，上海图书馆古籍部藏普通稿本.

记》记载无雨而《恬吟庵日记》记载有雨的情况有 12 天，而后者无
雨前者有雨的有 42 天。对《杏西篠榭耳目记》无雨记载的这 12 天逐
日分析发现，里面有 4 天为夜雨（1 月 17 日、2 月 6 日、7 月 3 日、7
月 10 日），1 天为微量降水（1 月 14 日），因此这 5 天的雨日缺记尚
有情可原，其余 7 天比较明显的降雨出现漏记应主要归因于《杏西篠
榭耳目记》著者疏忽或遗忘。对于 1874 年而言，365 天中二者降水类
别一致的有 295 天，《杏西篠榭耳目记》记载无雨而《恬吟庵日记》
为有雨的情况有 19 天，而后者无雨前者为有雨的有 51 天，《杏西篠
榭耳目记》无雨记载的这 19 天中，有 5 天属于夜雨范畴（1 月 27 日、
10 月 4 日、10 月 14 日、11 月 22 日、12 月 23 日），2 天属短时降水
（4 月 25 日、12 月 27 日）等比较特殊、难于观察的降水日，而其余
12 天较为明显的降水著者未记。将互较结果最后汇总为表 1 - 18、表
1 - 19，将其作为制定漏记雨日增补方案的重要参考。

表 1 - 16　1873 年《杏西篠榭耳目记》记载无雨
而《恬吟庵日记》为有雨的情况

| 阳历日期 | 杏西篠榭耳目记 | 恬吟庵日记 |
| --- | --- | --- |
| 1 月 14 日 | 雪化晴暖。 | 阴，下午微雪。 |
| 1 月 17 日 | 阴。 | 阴，夜雨。 |
| 2 月 6 日 | 晴返潮。 | 阴……夜大雨。 |
| 2 月 8 日 | 阴暖。 | 阴雨。 |
| 5 月 31 日 | 晴。 | 大雨。 |
| 6 月 2 日 | 晴。 | 晴，下午雨。 |
| 6 月 16 日 | 晴阴错。 | 阴雨，天气甚热，值黄梅时节，地气潮湿，可厌之至。 |

续表

| 阳历日期 | 杏西篠樹耳目记 | 恬吟庵日记 |
|---|---|---|
| 7 月 3 日 | 晴热。 | 晴，天气大热，溽暑蒸蒸，人为之不爽，夜得小雨。 |
| 7 月 4 日 | 酷暑。 | 炎气稍退，上午雨，下午仍大热。 |
| 7 月 10 日 | 晴。 | 晴，夜小雨。 |
| 8 月 7 日 | 晴。 | 晴，下午雨。 |
| 9 月 17 日 | 阴。 | 晨起阴，后遂开霁，下午雨……三鼓后大雨倾盆达旦方止。 |

### 表 1-17　1874 年《杏西篠樹耳目记》记载无雨而《恬吟庵日记》为有雨的情况

| 阳历日期 | 杏西篠樹耳目记 | 恬吟庵日记 |
|---|---|---|
| 1 月 27 日 | 阴。 | 阴……夜小雨。 |
| 3 月 2 日 | 晴暖……月皎洁。 | 午雨止，天晴，泥涂甚滑。 |
| 4 月 12 日 | 晴。 | 雨，饭后阴。 |
| 4 月 25 日 | 晴。 | 晴……忽然雷电大雨冰雹继至，少顷雨止天晴。 |
| 5 月 30 日 | 晴。 | 晴，天气大热……黄昏时雷电大作，风雨继之。 |
| 6 月 6 日 | 热，起阵不果。 | 晨雨午后晴。 |
| 6 月 13 日 | 晴大热……起阵地不潮。 | 晴，天气郁热……垂晚雷电交作，风雨继至，黄昏始止。 |
| 7 月 2 日 | 晴，起阵。 | 晴……垂晚大雨。 |
| 7 月 12 日 | 晴凉。 | 晴雨相半。 |
| 7 月 18 日 | 晴。 | 晴雨不定，天气大凉，东南风大。 |

续表

| 阳历日期 | 杏西簑榭耳目记 | 恬吟庵日记 |
|---|---|---|
| 8 月 24 日 | 热,地滑如油……月色如银。 | 晴,下午雨。 |
| 8 月 27 日 | 晴,酷热……阵雨将来即归。 | 晴……下午大风电雷继以大雨,天气大为凉爽。 |
| 9 月 25 日 | 檐漏不断竟日。 | 阴雨。 |
| 10 月 4 日 | 晴。 | 阴……夜雨。 |
| 10 月 11 日 | 阴。 | 阴雨。 |
| 10 月 14 日 | 阴。 | 晴……夜雨,天气复寒。 |
| 11 月 22 日 | 晴返潮。 | 阴……天气甚寒,夜下雪。 |
| 12 月 23 日 | 晴。 | 晴……夜雨。 |
| 12 月 27 日 | 晴严寒,点水成冰。 | 晴……傍晚朔风甚厉,瑞雪飘□,惜未至黄昏而遽止。 |

（3）漏记雨日的增补方案

根据《拈红词人日记》每月多年平均降水日数与现代吴县东山站 1956—2009 年的比较（表 1 - 12），并参考《拈红词人日记》1865 年和 1868 年每月漏记雨日数（表 1 - 18），对《拈红词人日记》平均每月漏记雨日数进行综合估算。

值得说明的是,在评估时,笔者认为不宜对漏记雨日数估计过大,例如:与现代吴县东山站 1956—2009 年器测资料相比,《拈红词人日记》所记 1864—1868 年每月平均雨日数偏少 1.6 ~ 4.3 天（表 1 - 12）,但与《杏西簑榭耳目记》相比（表 1 - 18）,每月漏记雨日 3 ~ 10 天,可见漏记雨日数有被放大的迹象,这一方面可能与与之相比较的日记的雨日完整程度有关，相比较的样本量过少应该也是重要原因。又如：与现代吴县东山站 1956—2009 年月平均雨日数相比，《杏西篠榭耳目记》1860—1881 年每月平均雨日数偏少 0.2～3.1 天（表 1-13），而相比于《拈红词人日记》《恬吟庵日记》，漏记雨日数也略有放大，为 0.5—3.7 天（表 1-19），因此综合来看，不宜对日记各月缺失雨日数估计过高。

**表 1-18　《拈红词人日记》与《杏西篠榭耳目记》相比每月漏记雨日数汇总**

| 年份 | 1月 | 2月 | 3月 | 4月 | 5月 | 6月 | 7月 | 8月 | 9月 | 10月 | 11月 | 12月 |
|---|---|---|---|---|---|---|---|---|---|---|---|---|
| 1865 | — | — | — | — | 3 | 6 | 7 | 10 | 3 | — | — | — |
| 1868 | — | — | — | — | — | — | — | — | — | 4 | — | — |
| 平均 | — | — | — | — | 3 | 6 | 7 | 10 | 3 | 4 | — | — |

注：1868 年可供比较的完整月份数较少（只有 10 月），互较的详细结果未在正文中列出。

**表 1-19　《杏西篠榭耳目记》与其他日记相比每月漏记雨日数汇总**

| 年份 | 参照日记 | 1月 | 2月 | 3月 | 4月 | 5月 | 6月 | 7月 | 8月 | 9月 | 10月 | 11月 | 12月 |
|---|---|---|---|---|---|---|---|---|---|---|---|---|---|
| 1865 | 拈红词人 | — | — | — | — | 1 | 2 | 5 | 1 | 1 | — | — | — |
| 1868 | 拈红词人 | — | — | — | — | — | — | — | — | — | 1 | — | — |
| 1873 | 恬吟庵 | 2 | 2 | 0 | 0 | 1 | 2 | 3 | 1 | 1 | 0 | 0 | 0 |
| 1874 | 恬吟庵 | 1 | 0 | 1 | 2 | 1 | 2 | 3 | 2 | 1 | 3 | 1 | 2 |
| 平均 | | 1.5 | 1.0 | 0.5 | 1.0 | 1.0 | 2.0 | 3.7 | 1.3 | 1.0 | 1.3 | 0.5 | 1.0 |

注：1868 年可供比较的完整月份数较少（只有 10 月），互较的详细结果未在正文中列出。

根据上述对日记雨日记录完整性的评估结果和不宜对缺失雨日过高估计的原则，最终确定了对《拈红词人日记》每月降水日数的增补原则（增补的雨日按一般性降水等级算，理由是著者一般不会漏记强度较大明显的降水，关于降水等级的划定详见第四章第二节），具体如下：①2 月、7 月、9 月、10 月增补雨日 1 天，1 月、3 月、4 月、6 月、8 月、12 月增补 2 天，5 月、11 月增补 3 天。②关于增补的雨日安插在该月的哪一日期，本书确定为：对增补 1 天的月份，将雨日安插在每月 15 日，若该月 15 日原本就是雨日，则安插在 15 日之后距 15 日最近的无雨日期。对增补雨日 2 天的月份，将其安插在该月 8 日、23 日，若遇该日为雨日，则安插在其后最近的无雨日期。对增补 3 天的月份，将雨日安插在该月 5 日、15 日、25 日，若该日为降雨日，则插补在其后最近的无雨日期。由于《拈红词人日记》仅保存有 1864—1868 年共 5 年资料，样本量过小，用 $F$ 检验和 $t$ 检验法无法对其雨日记录与现代观测情况的均一性进行准确评估，因此本书不对该日记的均一性做检验，加之通过日记之间雨日记录的逐日比较可以看出，该种日记雨日记录整体上相对完整，且本书仅利用其中 1866—1868 年共 3 年资料，所用长度相对较短，因此未进行均一性检测的这段序列不会严重影响对重建的长时段序列整体均一性的评估。

　　根据同样的思路和插补原则，制定了对《杏西篠榭耳目记》每月雨日数的增补办法：①1 月、2 月、5 月、6 月、7 月、8 月、9 月、10 月、12 月各增补雨日 1 天，3 月、4 月、11 月各月增补 2 天。②各月安插 1 天、2 天雨日的位置与处理《拈红词人日记》相同。至此，就完成了对重建天气序列所用日记资料降水信息完整性的评估及对其每月可能存在的雨日漏记现象的增补工作。进一步采用 $F$ 检验和 $t$ 检验对《杏西篠榭耳目记》所记 1860—1881 年与吴县东山站 1956—2009 年 1～12 月及全年降水日数的均一性进行评估（日记降水日数为插补后的结果，且只统计降水记录完整的月份，样本量 10～17 个），结果显示，两个时段每月和全年的雨日数在方差、均值上都不存在显著差异（α = 0.05，10 月通过 0.01 显著性检验），一定程度表明该日记降水信息记载的高度完整性。

此外，将《芋园日记》、《海沤日记》所记 1813 年 11 月至 1815 年 1 月，《瓶庐日记》所记 1852 年 2 月每月降水日数均增补 1 天；根据与《管庭芬日记》雨日记录的对比结果，将《鸥声馆日记》所记 1830 年 11 月至 1832 年 2 月汛期（5～9 月）每月增补雨日 2 天，其余月份增补雨日 1 天；安插 1 天、2 天雨日的位置与《拈红词人日记》雨日安插位置相同。至此，本书建立了 1800 年 2 月至 1873 年 12 月完整的逐日降水信息资料集，为之后将其与 1874 年以来的器测资料对接，为建立和分析近 200 年天气序列的研究工作奠定了资料基础。

## ◉ 第六节　本章小结

本章第一节首先介绍了日记资料在历史气候研究中的独特价值，接着第二节分析了日记中天气记录的一些特点，包括重视对天气状况的记载、所记天气信息种类多样、时空覆盖广且分辨率高、记载存在主观随意性及"记异不记常"等特点，这些特点的概括可以为接下来如何评估和利用其中的天气信息提供宏观依据。第三节综述了利用日记开展的历史气候研究工作，指出目前的研究主要是针对某一地点 10 年尺度上天气要素的复原，而且研究时段集中在 19 世纪中叶以后，缺少更早及更长时间尺度上天气序列的重建工作。第四节介绍了本书目标日记收集的技术路线，主要是将日记书目、检索系统寻找 19 世纪中期以前、上海地区时间跨度较长的日记作为主干资料，用其他日记对缺失的年月进行补充。第五节分别对重建气候序列所用 4 种主要长篇日记，即《查山学人日记》《管庭芬日记》《拈红词人日记》《杏西篠榭耳目记》，附带对用于插补的日记进行了介绍。其后，透过两种日记同一年份、相同地点（或邻近地点）雨日记录的逐日对比、日记每月多年平均降水日数与器测资料时期每月多年平均的对比，发现本书所用 4 种主要日记雨日记录均非常完整，但都存在漏记雨日的现象，《查山学人日记》、《管庭芬日记》和《杏西篠榭耳目记》缺失很少，《拈红词人日记》缺失相对较多。

　　雨日缺失的可能原因归纳起来主要有三个方面：（1）漏记微量或短时降水历程，可能是由于该日降水强度不大、降水过程历时很短致使著者失察。（2）漏记夜间降水。古人不可能像现代气象观测设备那样做到全天候室外观测，因此漏记夜雨的情况在所难免。按照现代地面气象观测规范，如果同一场降水过程跨越了日期分界线（20：00时），则降水分属两个雨日，而古人记日记通常以叙事为主，记日记的时刻一般是在临睡之前，那么每条日记内容的时间分界线应是在该条日记写作完成之时，可以认为大致是在上半夜，尽管日记中常见对夜间降水的记载，如"阴，午后雨……夜雨不止"（《查山学人日记》1801 年 10 月 23 日）、"薄阴……中宵有雨即止"（《管庭芬日记》1841 年 1 月 13 日）、"半晴大暖，夜雨"（《拈红词人日记》1867 年10 月 31 日）、"晴……夜雨潇潇"（《杏西篠榭耳目记》1872 年 5 月 2日），但因就寝入眠等客观原因，日记作者不可能完全知道夜晚的降水状况，如果没有其他辅助证据，如地表干湿、空气湿度、天气实况、友朋分享等帮助推测上一晚是否发生降水，将会导致在当天记日记时漏记昨晚发生的降水（假定昨晚有降水），降水日缺记因此难以避免。（3）主观原因。作者记天气存在随意性，往往只关注印象深刻且强度较强的降水现象，一般性降水付之阙如是常有之事，这或许是明知有降水发生，但因雨量小、历时短而认为没有必要书写，或许还受个人情绪、身体健康状况等影响。如果出现漏记强度明显较大而历时又长的降水，则可能系遗忘等所致，但这样的缺记类型所占比例很小。由于没有高时间分辨率器测数据作为参照，要精准推断日记作者雨日记录缺失程度尚有不小难度，不过透过日记与器测资料的对比、日记之间的对比我们也能够大致估算出整部日记及其不同月份漏记雨日的程度，相应地采取增补方案无疑将会大大降低根据日记降水信息重建结果的不确定性。

总体来说，日记漏记的降水多为微量降水、短时降水或夜间降水三种类型，并不是由日记作者主观上的重大疏漏造成，也反映出本书研究所利用的 4 种主要日记天气记录均非常完整。进一步采用 F 检验和 t 检验对插补后每个月的降水日数与现今气象观测资料每月降水日数的均一性进行了评估，结果表明，日记所记每月降水日数与器测资料每月降水日数在方差、均值上都不存在显著差异，这一定程度印证了日记降水信息的高度完整性，同时也表明在进行天气序列的构建时，可以将插补后的日记降水序列和现今器测降水序列两种不同类型的资料源进行衔接。

| 第二章 |

基于日记资料重建气象要素的
可靠性研究：1800—1813 年上海地区
梅雨特征和汛期降水量的复原

## ◉ 第一节　研究目的

在 IGBP（国际地圈生物圈计划）的核心计划中，2000 年以来的气候变化一直是研究的重点。① 中国季风环境在不同尺度上的演化历史是核心科学问题之一，故而对历史时期梅雨活动的复原及研究有重要价值，由于受观测数据长度的限制，大多数研究关注的是近现代，而我国拥有海量的历史文献数据，基于历史文献数据揭示梅雨的变动历史对于深入认识东亚季风气候系统的演变有重要意义。②

这一章拟通过在上海图书馆发现的《查山学人日记》中的雨日记录为指标复原日记史料相对缺乏的 19 世纪早期（1800—1813）上海地区的梅雨特征和汛期降水量，进而将结果分别与《雨雪分寸》重建的结果、区域旱涝等级和东亚夏季风强弱变化指示的降水空间变化特征进行对比分析和相关分析，充分论证本书复原方法和结果的可靠性。利用单部日记对 10 年时间尺度上梅雨序列和汛期降水量序列的准确重建可以为之后利用多种长篇日记建立更长时段天气序列提供成功案例及方法依据，同时也希望这一章的研究能增进我们对小冰期后期上海地区 10 年尺度上梅雨变化和干湿状况的认识。

---

① 满志敏. 历史自然地理学发展和前沿问题的思考 [J]. 江汉论坛，2005(1)：95－97.

② 满志敏，李卓仑，杨煜达. 《王文韶日记》记载的 1867—1872 年武汉和长沙地区梅雨特征 [J]. 古地理学报，2007，9（4）：431－438；Ge Q S, Guo X F, Zheng J Y, et al. Meiyu in the middle and lower reaches of the Yangtze River since 1736 [J]. Chinese Science Bulletin, 2008, 53 (1)：107－114.

## ● 第二节　资料和方法

　　首先以雨日（本书将雨日定义为：在日记当天的记录中，只要有记载所在地发生了降水现象，如表 1–2 中 2 月 12 日、7 月 3 日的记录，就将该日计为一个雨日）为主要指标，划定 1951—1998 年上海龙华站梅雨期，并分析划定办法的可靠性；然后采用相同的梅雨期划定方案，利用《查山学人日记》（以下正文文字中简称为《日记》），辅以《鸥雪舫日记》《蔬香馆日记》《樗寮日记》中逐日天气记录（这四种日记资料的基本情况及天气信息完整性分析、天气信息与现代器测资料均一性的评估详见第一章第五节，日记天气信息涉及的地点见图 2–1），复原 1800—1813 年上海地区的梅雨期；将日记每日天气信息区分为 5 个降水等级，同时把 1951—1998 年器测日降水量划分为与日记每日降水记录相匹配的 5 个级别降水强度，建立 1951—1998 年梅雨期、汛期 5 个级别降水强度所对应的降水日数与降水量之间的逐步回归方程，依据回归方程重建 1800—1813 年的梅雨量和汛期降水量。

　　为了对复原结果的可靠性进行验证，将复原的 1800—1813 年梅雨特征量与利用《雨雪分寸》档案得出的结果进行对比，同时探讨了1800—1813 年梅雨期特征量、汛期降水量与区域旱涝状况之间的关系。最后将复原的梅雨期特征量、汛期降水量与 1951—1998 年各年代的情况进行比较，分析了其阶段特征。

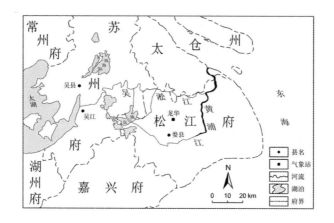

**图 2-1 《查山学人日记》记录的主要区域**

（据 CHGIS4.0 版中资料绘制）

## 一、划定梅雨期的方案及其合理性的验证

从大气环流的角度来看，梅雨是一个区域性的概念，在国内天气业务的实践中，关于梅雨的标准（特别是入、出梅日期的确定）至今未能统一起来，事实上，即便是同一类标准，由于所处的地理位置不同，划分标准的具体指标也不尽相同。[①] 上海中心气象台中长期组曾在 1980 年制定了上海地区的梅雨标准，整理出历年的梅雨数据，该梅雨标准一直沿用至今，具体如下：（1）入梅标准：入梅前 5 天，副热带高压在 120°E 上的脊线 ≥18°N，且 5 天中至少有 3 天的日平均气温 ≥22℃；入梅后前 5 天中必须有 4 天雨日；若梅雨有分段现象，则

---

① 梁萍，丁一汇，何金海，等. 江淮区域梅雨的划分指标研究 [J]. 大气科学，2010，34（2）：418-428.

每段梅雨结束后的气温均≥22℃。(2) 出梅标准：梅雨结束前后的副
热带高压脊线≥27°N 或副热带高压中心在 120°~130°E，25°N 以北，
且日平均气温≥27℃。(3) 空梅标准：梅雨期不满 7 天且雨量 <
80 mm，或者梅雨期≤4 天。① 概括来讲，主要是通过当地的雨日、雨
量、气温以及副高的位置来确定的，这也是目前在各省、市天气预报业
务中采取的办法。因上海的梅雨和长江中下游地区梅雨存在一定程度的
一致性，②借鉴张德二和王宝贯、满志敏等、Ge 等主要利用雨日在一
段时间内的分布划定梅雨期的思路，③ 同时参考长江中下游地区的办
法，④ 本书将上海龙华站梅雨期的划定标准确定如下：(1) 雨日：日
降水量≥0.1 mm 的降水日。(2) 降水集中期：5~8 月间，在每一段
降水集中期起讫两端，即自开端（结束）日向后（前）算的任何连续
时间（≤10 天）内，雨日数所占比例均不小于 50%，降水集中期中
雨日数不少于 5 天，若降水集中期≥10 天则其中任何 10 天的雨日
数≥4 天，且非雨日的连续日数≤4 天；将 6 月 15 日前结束的降水集

① 梁萍，丁一汇. 上海近百年梅雨的气候变化特征 [J]. 高原气象，2008，27 (S1)：
76 – 83.
② 梁萍，丁一汇. 上海近百年梅雨的气候变化特征 [J]. 高原气象，2008，27 (S1)：
76 – 83；梁萍，丁一汇，何金海，等. 江淮区域梅雨的划分指标研究 [J]. 大气科
学，2010，34 (2)：418 – 428.
③ 张德二，王宝贯. 用清代《晴雨录》资料复原 18 世纪南京、苏州、杭州三地夏季月
降水量序列的研究 [J]. 应用气象学报，1990，1 (3)：260 – 270；满志敏，李卓
仑，杨煜达. 《王文韶日记》记载的 1867 – 1872 年武汉和长沙地区梅雨特征 [J]. 古
地理学报，2007，9 (4)：431 – 438；Ge Q S, Guo X F, Zheng J Y, et al. Meiyu in
the middle and lower reaches of the Yangtze River since 1736 [J]. Chinese Science Bulletin,
2008，53 (1)：107 – 114.
④ 陈兴芳，赵振国. 中国汛期降水预测研究及应用 [M]. 北京：气象出版社，2000：
142 – 153；徐群，杨义文，杨秋明. 近 116 年长江中下游的梅雨（一）[J]. 暴雨·灾
害，2001 (11)：44 – 53.

中期定为春雨，7月10后开始的降水集中期定为夏雨，其余的降水集中期定为梅雨。（3）入、出梅日期：梅雨期中第一段降水集中期的首日定为入梅日，最后一段降水集中期末日的次日为出梅日。（4）空梅：未有降水集中期出现以及所有的降水集中期在6月15日以前结束或7月10日以后开始。

根据上述标准得到1951—1998年龙华站梅雨期，在48年中有46年出现了梅雨降水集中期，1958年、1965年两年为空梅。由于部分年份往往春雨、梅雨相连，降水没有明显中断，导致本书个别年份的入梅日期与其他文献划定的结果有较大差异，[①] 这样的年份有1954年和1956年两年，考虑到这两年降水情况的特殊性，参考长江中下游地区的入梅日期，[②] 分别将入梅日期从1954年的5月3日修正为6月5日，1956年的5月5日修正为6月4日。由于空梅年数占总年数的比例仅为4.2%，为研究方便，本书将空梅视为梅雨期短或梅雨量少，将龙华站1958年和1965年的梅雨期用《上海气象志》划定的结果代替（《上海气象志》梅雨期划定标准与前述上海中心气象台使用的标准基本相同）。将重建的结果与《上海气象志》、Ge等、杨义文等划定的结果进行对比，如表2-1所示。

一元方差分析显示，重建的1951—1990年龙华站的平均入出梅日期、梅期长度与《上海气象志》编纂委员会、Ge等、杨义文等确定

---

① 钮福民，张超．上海的梅雨气候［J］．自然杂志，1979（6）：54－58；《上海气象志》编纂委员会．上海气象志［M］．上海：上海社会科学院出版社，1997：186－190．

② 杨义文，徐群，杨秋明．近116年长江中下游的梅雨（二）［J］．暴雨·灾害，2001（11）：54－65．

的结果基本一致（α = 0.05），入梅日期相关系数分别为 0.57、0.58、0.48，出梅日期相关系数分别为 0.67、0.59、0.68，梅期长度相关系数分别为 0.63、0.61、0.61，置信水平均超过 99%。空梅年略有不同，但大体一致。

表 2 - 1　笔者划定的龙华站 1951—1990 年梅雨期
与其他 3 种文献划定结果的比较

| 数据源 | 平均入梅日期（月/日） | 平均出梅日期（月/日） | 梅期平均长度/天 | 空梅年份 |
|---|---|---|---|---|
| 本书 | 6/15（10.3） | 7/11（11.5） | 26.3（13.7） | 1958、1965 |
| 《上海气象志》 | 6/17（9.7） | 7/8（10.5） | 21.5（11.8） | 1958、1964、1965 |
| Ge 等（2008） | 6/15（9.3） | 7/11（11.7） | 25.6（13.3） | 1965 |
| 杨义文等（2001） | 6/19（8.2） | 7/12（13.1） | 22.4（14.5） | 1958、1965、1978 |

注：出梅日期统一为梅雨期结束日的第二日，梅雨特征量平均值右侧数据为标准偏差。

与《上海气象志》编纂委员会确定的梅雨期逐年对比显示（表 2 - 2），二者所确定的入梅日期、出梅日期、梅期长度相差 1 候以内的年数分别占总年数的 65.0%、77.5%、57.5%。也有一些年份相差较大，如 1953 年、1961 年、1971 年、1981 年、1984 年和 1987 年的入梅日期，1952 年、1953 年、1955 年和 1977 年的出梅日期，1952年、1955 年、1961 年、1971 年、1977 年、1981 年、1984 年、1986 年和 1987 年的梅期长度，相差日数超过 15 天。入梅日期提前的年数比延后的年数多 8 年，出梅日期提前年数和延后的年数大致相当，分别为 8 年和 11 年，梅期增长的年数比减短的年数多 8 年。总体上看，本书划定的入梅日期比《上海气象志》略有偏早，出梅日期互有早晚，梅期长度稍有偏长，但二者结果大体一致。出现差异的主要原因应当是划定标准侧重不同，本书确定梅雨期主要依据降水实况，可以看成根据雨带的变化作出的判定；《上海气象志》的梅雨期是综合雨日、雨量、温度、副高位置等因素确定的，而雨带的停留与温度的变化、副高的移动等并非完全对应。

表 2 - 2　笔者划定的龙华站 1951—1990 年梅雨期
与《上海气象志》结果的逐年比较

| 相差天数/天 | 入梅日期 | | 出梅日期 | | 梅期长度 | |
|---|---|---|---|---|---|---|
| | 出现年数/年 | 所占比例/% | 出现年数/年 | 所占比例/% | 出现年数/年 | 所占比例/% |
| 0 | 24 | 60.0 | 21 | 52.5 | 14 | 35.0 |
| 1~5 | 2 | 5.0 | 10 | 25.0 | 9 | 22.5 |
| 6~10 | 5 | 12.5 | 2 | 5.0 | 4 | 10.0 |
| ≥11 | 9 | 22.5 | 7 | 17.5 | 13 | 32.5 |
| +/- | 12/4 | 40.0 | 8/11 | 47.5 | 17/9 | 65.0 |

注："+"表示比《上海气象志》提前或增长，"-"表示延后或减短。

需要指出的是，本书与 Ge 等划定的梅雨期各项指标非常接近，所用数据和划定办法比较相似是重要原因，与杨义文等划定的长江中下游地区的梅雨期有一定差异，平均入梅日期早 4 天，出梅日期早 1 天、梅期长 3.9 天，二者的差别应当是因讨论区域、所选网站和划定办法的不同产生的系统性误差。综上所述，根据本书划分标准得出的梅雨期与综合雨日、雨量、温度、副高位置等要素划定的结果大体是一致的，因此以雨日为主要指标划定梅雨期是基本合理的。为了保证重建序列的均一性和可比性，采用同样的办法划定 1800—1813 年的梅雨期。

### 二、梅雨量和汛期降水量的重建

为了将日记中的降水记录反演为梅雨量，可以考虑通过梅期长度、梅期雨日数与降水量之间的统计关系进行复原，[①] 但雨日数的增减并不意味着降水量同步增减。[②] 张德二等利用《晴雨录》复原梅雨量、月降水量等的研究表明，通过确定《晴雨录》每日降水等级，采用各等级降水日数作为回归因子反演降水量可以提高拟合精度，[③] 本书的思路与之相似，即考虑将日记中逐日天气记录划分为若干个降水等级，并将现代器测日降水量划分为与之匹配的相同个数降水等级，然后建立龙华站 1951—1998 年各级雨日数与降水量的逐步回归方程，统计 1800—1813 年各级雨日数并代入相应回归方程，从而复原 1800—1813 年的梅雨量和汛期降水量。

尽管日记不像《晴雨录》载有降水日的降水类型和起止时辰，难以有效区分出 7~8 个"降水时数 – 降水类型"组合和降水级别，但

---

① Ge Q S，Guo X F，Zheng J Y，et al. Meiyu in the middle and lower reaches of the Yangtze River since 1736 [J]. Chinese Science Bulletin，2008，53（1）：107 – 114；晏朝强，方修琦，叶瑜，等. 基于《己酉被水纪闻》重建 1849 年上海梅雨期及其降水量 [J]. 古地理学报，2011，13（1）：96 – 102.

② 顾骏强，施能，薛根元. 近 40 年浙江省降水量、雨日的气候变化 [J]. 应用气象学报，2002，13（3）：322 – 329. 王颖，封国林，施能，等. 江苏省雨日及降水量的气候变化研究 [J]. 气象科学，2007，27（3）：287 – 293.

③ 张德二，王宝贯. 用清代《晴雨录》资料复原 18 世纪南京、苏州、杭州三地夏季月降水量序列的研究 [J]. 应用气象学报，1990，1（3）：260 – 270；张德二，王宝贯. 18 世纪长江下游梅雨活动的复原研究 [J]. 中国科学（B 辑），1990，20（12）：1333 – 1339；张德二，刘月巍. 北京清代"晴雨录"降水记录的再研究——应用多因子回归方法重建北京（1724 – 1904 年）降水量序列 [J]. 第四纪研究，2002，22（3）：199 – 208；张德二，刘月巍，梁有叶，等. 18 世纪南京、苏州和杭州年、季降水量序列的复原研究 [J]. 第四纪研究，2005，25（2）：121 – 128.

日记时常有比较细致的关于降水强度的定性、半定量描述，往往也记录降水过程的各个阶段、起止时间等，如"晴……酉刻雨，夜不止"（1802 年 4 月 29 日）、"晴阴……午后遇雨，夜饭后归，大雨至天明后止"（1807 年 4 月 19 日），"晴……酉戌刻之际雷电交作，大雨骤至，约两时许，已三四寸矣"（1813 年 8 月 12 日）等描述，对因降水而产生的社会面貌，如旱涝、收成、粮价、灾赈等也时常有所反映，类似记录都能够帮助我们推定降水强度，提高判断的准确性。为避免因对降水等级划分太细，出现"欲求其精，反得其粗"的结果，根据日记当天天气记录措辞，综合考虑降水大小、降水时长、社会响应等要素，将日降水记录划分为 5 个降水等级（表 2-3）。分级的标准是：若当天无降水记录，定为 0 级；微量降水日如"小雨""微雨"等无论其降水时间长短，一律定为 1 级；当记载有"雨""阴雨"等一般性降水时，若能判断降水时间较短（1 个时辰以内），则定为 1 级，若降水时间较长（6 个时辰以上），定为 3 级，其余为 2 级，另外，对插补的雨日按一般性降水等级 2 级处理；当有描述雨势较大的字词如"大""甚""颇""透"等出现时，若降水时间较短，则定为 2 级，降水时间较长者定为 4 级，其余为 3 级；当有描述雨情特别大如"如注""倾盆""水涨"等词出现时，若降水时间较短，则定为 3 级，其余为 4 级，因降水造成洪涝灾害的也定为 4 级；一日之内若有不同等级的降水，以最高等级为基准，综合各等级予以判定。

表 2 – 3  《查山学人日记》中天气记录划分为降水等级的方案

| 天气记录措辞举例 | 降水等级 |
| --- | --- |
| 晴、阴、晴湿、阴湿、阴晴、晴热甚、天有雨意、天有雷雨之势 | 0 |
| 微雨、小雨、雨即晴、雨即霁、晨雨即晴、雷雨即霁、阵雨忽作即止 | 1 |
| 雨、雨晴、晴雨、阴雨、晚雨、夜雨、遇雨、雷雨、风雨、雨不止、晴雨不定 | 2 |
| 大雨、雨甚大、大风雨、雷雨大作、雨势甚大、大雨竟日、透雨竟日、雨日夜不止 | 3 |
| 大雨如注、雨势倾盆、雨多水涨、大雨竟日夜、大雨不止……夜大雨达旦、午后大雷雨，晚霹雳复雨，阅建木文，雨多水涨闻低田多淹没者 | 4 |

要建立 5 个级别降水日数与降水量之间的回归关系，就涉及如何将现代器测日降水量划分为与日记对应的 5 个降水等级。现代北京、南京、苏州、杭州等地降水量资料的统计表明，同一月份各级降水日数的比例分布，在不同的 20 年、30 年时段内大致不变。① 遵循这一特点，笔者做过多次修正调试，最后确定如下划分方案。0 级：$0.0 \text{ mm} \leqslant R < 0.1 \text{ mm}$；1 级：$0.1 \text{ mm} \leqslant R < 1 \text{ mm}$；2 级：$1 \text{ mm} \leqslant R < 25 \text{ mm}$；3 级：$25 \text{ mm} \leqslant R < 50 \text{ mm}$；4 级：$50 \text{ mm} \leqslant R$（R 为日降水量）。采取这样的方案得出的 1800—1813 年汛期各月和梅雨期 5 个降水等级的平均

① 张德二，刘月巍. 北京清代 "晴雨录" 降水记录的再研究——应用多因子回归方法重建北京（1724—1904 年）降水量序列 [J]. 第四纪研究，2002，22（3）：199 – 208；张德二，刘月巍，梁有叶，等. 18 世纪南京、苏州和杭州年、季降水量序列的复原研究 [J]. 第四纪研究，2005，25（2）：121 – 128.

降水日数之间的比例分布能够与现代基本相符（图2-2），而且这也比较接近现今天气预报采用的小雨、中雨、大雨、暴雨的划分习惯。

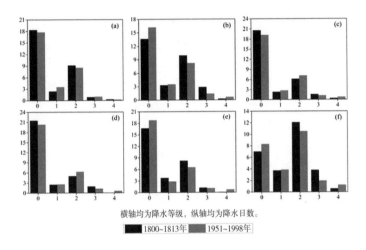

横轴均为降水等级，纵轴均为降水日数。

■ 1800~1813年　　■ 1951~1998年

**图2-2　上海地区1800—1813年与1951—1998年汛期和**

**梅雨期5个降水等级的雨日分布**

（a——5月；b——6月；c——7月；d——8月；e——9月；f——梅雨期）

按此方案，统计1951—1998年龙华站梅雨期各级雨日数、雨日总数、梅期长度等特征量，与梅雨量之间建立逐步回归方程，得到4种方程，综合考虑各回归方程的方差解释量、残差标准偏差、$F$值和$P$值等，选定方程（3）重建梅雨量。不难看出，回归因子的系数能够很好地反映各级降水强度所代表的日降水量。为了探讨汛期降水量与旱涝情形之间的可能关系，依据相同的回归方程择取原则得到5~9月各级降水日数与降水量之间的回归方程，同时建立汛期各级降水总日数与总降水量之间的回归方程，取（5）＋（6）＋（7）＋（8）＋（9）和方程（10）两种算法的平均值作为汛期降水量（表2-4）。

表 2 - 4 　1951—1998 年龙华站各级雨日数与梅雨量、

汛期降水量之间的回归方程

| 重建对象 | 回归方程 | 方程编号 | $R^2$ | $F$ | $P$ |
|---|---|---|---|---|---|
| 梅雨量 | $Y_1 = 6.66L + 62.23$ | (1) | 0.45 | 37.7 | 0.00 |
|  | $Y_2 = 10.71D + 46.55$ | (2) | 0.47 | 40.8 | 0.00 |
|  | $Y_3 = 6.37 X_2 + 34.22 X_3 + 78.51 X_4 + 5.96$ | (3) | 0.94 | 211.8 | 0.00 |
|  | $Y_4 = -34.46 X_1 - 27.76 X_2 + 44.29 X_4 + 34.22D + 6.08$ | (4) | 0.94 | 155.2 | 0.00 |
| 5 月降水量 | $Y_5 = 8.58 X_2 + 34.36 X_3 + 57.5 X_4 - 6.63$ | (5) | 0.85 | 81.2 | 0.00 |
| 6 月降水量 | $Y_6 = 5.85 X_2 + 38.05 X_3 + 58.79 X_4 + 23.45$ | (6) | 0.89 | 123.0 | 0.00 |
| 7 月降水量 | $Y_7 = 6.7 X_2 + 26.91 X_3 + 79.66 X_4 + 9.89$ | (7) | 0.96 | 367.1 | 0.00 |
| 8 月降水量 | $Y_8 = 8.49 X_2 + 31.8 X_3 + 71.82 X_4 + 4.89$ | (8) | 0.91 | 143.2 | 0.00 |
| 9 月降水量 | $Y_9 = 6.13 X_2 + 39.36 X_3 + 73.56 X_4 + 3.65$ | (9) | 0.89 | 119.0 | 0.00 |
| 5—9 月降水量 | $Y_{10} = 5.92 X_2 + 37.38 X_3 + 74.37 X_4 + 48.77$ | (10) | 0.92 | 169.1 | 0.00 |

注：$L$ 表示梅期长度，$D$ 表示梅期雨日总数，$X_1$、$X_2$、$X_3$ 和 $X_4$ 分别代表 1 级、2 级、3 级和 4 级降水日数，$Y_1 \sim Y_{10}$ 为各方程的降水量，$R^2$、$F$ 和 $P$ 分别为回归方程的方差解释量、回归均方和与残差均方和的比值和回归系数显著性水平。

## ◉ 第三节　结果与分析

### 一、重建的梅雨期特征量和汛期降水量

按前述第二节的方法重建1800—1813年梅雨期，将从日记中提取的各级雨日数代入表2-4中拟合方程得到梅雨量和汛期降水量，并与利用《雨雪分寸》重建的结果进行比较（表2-5）。

由表2-5可见，1800—1813年上海地区出现了比较显著的梅雨期，梅雨期各特征量存在明显的年际变化。平均入梅日期为6月10日，均方差9.5天，Ge等的平均入梅日期为6月9日，均方差10.9天，平均入梅日期比本书提前1天，二者入梅日期相关系数为0.54，置信水平达95%，其中有7年相差在1候以内，占50%。从出梅日期来看，本书平均为7月7日，均方差7.0天，Ge等为7月6日，均方差9.6天，平均出梅日期比本书早1天，二者出梅日期相关系数为0.46，置信水平达90%，有9年相差在1候以内，占64.3%。从入梅日期与出梅日期的早晚对应关系来看，本书入、出梅日期的相关系数为0.23，Ge等为0.38，均未通过$\alpha = 0.1$显著性检验，表明1800—1813年入梅日期、出梅日期早晚对应关系一般，即入梅日期偏早或偏晚，出梅日期不一定偏早或偏晚。本书梅期平均长度为27.1天，均方差10.4天，Ge等为27.8天，均方差11.4天，平均梅期长度比本书长0.7天，二者梅期长度相关系数为0.62，置信水平达95%，有7年相差在1候以内，占50%。本书梅雨量平均值为257.3 mm，均方差

112.8 mm，郭熙凤为 305.7，均方差 129.9 mm，① 平均梅雨量比本书
多 48.4 mm，二者梅雨量相关系数为 0.36，未通过 α = 0.1 显著性检
验，有 6 年相差 ≥100 mm，占 42.9%，梅雨量有较大差异可能与拟合
梅雨量时使用不同回归因子有关（后者通过梅期长度与梅雨量之间的
关系进行推算）。整体上看，二者在平均入出梅日期、梅期长度、梅雨
量等方面的重建结果基本一致（α = 0.1），二者结果（特别是梅雨量）
在各年的差异可能是因所用数据和重建方法不同而产生的系统性偏差。

表 2–5　上海地区 1800—1813 年梅雨期特征量和汛期降水量
及其与《雨雪分寸》重建结果的比较

| 年份 | 入梅日期（月/日） | 出梅日期（月/日） | 梅期雨日数/天 | 梅期长度/天 | 梅雨量/mm | 汛期降水量/mm |
| --- | --- | --- | --- | --- | --- | --- |
| 1800 | 6/13 | 7/6 | 19 | 23 | 129.4 | 411.0 |
| 1801 | 6/9 | 7/12 | 25 | 33 | 257.5 | 659.0 |
| 1802 | 5/20 | 7/2 | 27 | 43 | 283.0 | 611.8 |
| 1803 | 6/10 | 7/16 | 25 | 36 | 382.7 | 822.0 |
| 1804 | 6/12 | 7/9 | 25 | 27 | 419.6 | 1045.2 |
| 1805 | 6/13 | 7/8 | 19 | 25 | 157.2 | 703.0 |
| 1806 | 6/6 | 6/20 | 12 | 14 | 91.2 | 721.0 |
| 1807 | 6/30 | 7/5 | 5 | 5 | 115.0 | 662.2 |
| 1808 | 6/11 | 7/20 | 30 | 39 | 374.0 | 621.5 |
| 1809 | 6/2 | 7/6 | 25 | 34 | 322.0 | 757.6 |

① 郭熙凤. 1736 年以来长江中下游地区梅雨特征变化分析 [D]. 北京：中国科学院地理科
学与资源研究所 2008 年博士学位论文.

续表

| 年份 | 入梅日期<br>（月/日） | 出梅日期<br>（月/日） | 梅期雨<br>日数/天 | 梅期<br>长度/天 | 梅雨<br>量/mm | 汛期降<br>水量/mm |
|---|---|---|---|---|---|---|
| 1810 | 6/6 | 7/8 | 24 | 32 | 415.6 | 620.9 |
| 1811 | 6/11 | 7/7 | 17 | 26 | 244.5 | 630.0 |
| 1812 | 6/15 | 7/13 | 17 | 28 | 212.9 | 486.8 |
| 1813 | 6/24 | 7/9 | 12 | 15 | 197.5 | 620.3 |
| 本书<br>平均 | 6/10 | 7/7 | 20.1 | 27.1 | 257.3 | 669.5 |
| Ge 等<br>（2008） | 6/9 | 7/6 | — | 27.8 | 305.7□ | — |

注："□"标记的数据由郭熙凤的数据计算，其重建的入、出梅日期与 Ge 等的相同。

　　根据表 2-5 中 14 年梅雨资料，不妨以本书重建的 1951—1998 年龙华站梅雨期特征量平均值 ±1 个标准偏差（参见表 2-1，入梅日期取 10 天，出梅日期取 11 天，梅期长度取 13 天）为界，将其划分为两种梅雨类型。一种为同时满足入梅日期在 6 月 5 日至 6 月 25 日、出梅日期在 6 月 29 日至 7 月 21 日，梅期长度在 13~39 天等条件的年份，这与现代典型梅雨的特征比较接近，这样的年份有 1800 年、1801 年、1803 年、1804 年、1805 年、1808 年、1810 年、1811 年、1812 年、1813 年共 10 年。其余年份视为非典型梅雨，即异常梅雨，包括入梅早梅期偏长（1802 年和 1809 年）、入梅晚梅期过短（1807 年）和出梅过早（1806 年）3 种情况。可见 1800—1813 年典型梅雨年份相对较多，梅雨特征明显。

## 二、梅雨特征量、汛期降水量与旱涝状况的关系

目前可以对本书复原结果进行验证的气候数据有中国近 500 年的旱涝等级序列。尽管旱涝等级数据的评定原则比较粗疏，[①] 而且旱涝的形成除受自然因素如降水、地形影响外，社会、人为因子也是不可忽略的，然而旱涝等级是根据春、夏、秋三季的旱情、雨情的出现时间、范围、严重程度等因素综合评定的结果，基本能够反映 5 ~ 9 月间降水的异常程度和空间分布特征。[②] 为了对重建结果的可靠性进行评估，统计《中国近五百年旱涝分布图集》[③] 中 1800—1813 年扬州、南京、苏州、上海、杭州、宁波 6 个站点的旱涝等级（大致代表长三角地区），将同一年上述 6 个网站的旱涝等级的平均值定义为上海地区的旱涝等级值（空缺网站按正常级别 3 级处理），探讨其与梅雨特征量、汛期降水量之间的关系。

计算显示，1800—1813 年梅期雨日数、梅期长度、梅雨量、梅雨强度与旱涝等级的相关系数分别为 - 0.24、- 0.03、- 0.15、0.19，均未通过 α = 0.05 显著性检验，而"梅期雨日数和梅期长度"与旱涝等级的相关系数较高，为 0.67（回归方程：$Y = 0.052L - 0.082D + 3.040$，$Y$ 为旱涝等级，$L$ 为梅期长度，$D$ 为梅期雨日数，通过 α =

---

① 张德二，王宝贯. 用清代《晴雨录》资料复原 18 世纪南京、苏州、杭州三地夏季月降水量序列的研究 [J]. 应用气象学报，1990，1 (3)：260 - 270.

② 张德二. 重建近五百年气候序列的方法及其可靠性 [A]. 见：国家气象局气象科学研究院编. 气象科学技术集刊 4（气候与旱涝）[M]. 北京：气象出版社，1983：17 - 26；王绍武，赵宗慈. 近五百年我国旱涝史料的分析 [J]. 地理学报，1979，34 (4)：329 - 341.

③ 中央气象局气象科学研究院. 中国近五百年旱涝分布图集 [M]. 北京：地图出版社，1981：327 - 329.

0.05 显著性检验）；与陈家其确定的太湖流域旱涝等级的相关系数分别为 -0.51、-0.33、-0.59、-0.09,[①] 仅梅雨量通过 $\alpha = 0.05$ 显著性检验，而"梅期雨日数和梅期长度"与旱涝等级的相关系数相对较高，为 0.69（$Y = 0.196L - 0.378D + 6.866$，通过 $\alpha = 0.05$ 显著性检验）。"梅期雨日数和梅期长度"与旱涝等级之间的统计关系显示梅期长度内雨日偏多（少）则区域偏涝（旱），一定程度反映出梅雨期长短、梅雨量多寡等复合因子与旱涝状况密切相关的特点。[②]

　　由图 2-3（a）、图 2-3（b）可见，1800—1813 年的旱涝等级以趋于正常或偏涝为主，汛期降水量变率（-0.386~0.561）与旱涝等级有较好的对应关系，大体呈现出降水量适中旱涝等级趋于正常级别，降水量增加而偏涝的趋势。图 2-3（a）中二者相关系数为 -0.38，未通过 0.1 的显著性检验，比较不一致有 1800 年、1808 年、1812 年 3 例，表现为降水偏少或适中而旱涝等级偏涝；以《中国近五百年旱涝分布图集》中根据汛期降水量划分旱涝等级的标准评定了 1800—1813 年逐年旱涝等级，将其与上海地区旱涝等级比较发现，二者除 1800 年相差 2.3 个等级外，其余年份仅有 0~1.3 个等级值的出入，可视为在允许的误差范围内。图 2-3（b）中二者相关系数为 -0.63，置信水平达 95%，太湖流域旱涝情况对汛期降水变率的响应似更明显，有 4 年比较不一致，表现为降水偏少而偏涝（1801 年和 1808 年）或正常（1812 年）和降水偏多而偏旱（1809 年）；将 1800—

① 陈家其. 从太湖流域旱涝史料看历史气候信息处理［J］. 地理学报，1987，42（3）: 231-242.
② 叶笃正，黄荣辉. 长江黄河流域旱涝规律和成因研究［M］. 济南: 山东科学技术出版社，1996: 69-104.

1813 逐年旱涝等级与太湖流域旱涝等级值（将 9 级制换算为 5 级制）比较发现，除 1800 年和 1808 年分别相差 1.7 个和 2.3 个等级外，其余年份相差不大，仅 0.2～1.3 个等级。值得指出的是，汛期降水量变率与上海单站旱涝等级的相关系数仅为 -0.19，表明 1800—1813 年上海地区汛期降水量对区域、流域旱涝状况的反映相比单站更加稳健。旱涝等级与汛期降水量依据的是不同的资料体系和推求办法，虽然都能够反映主要降水季节的雨量丰歉程度，但二者的含义并不相同，不可能一一对应，况且上海地区的降水对大的区域、流域降水的代表性毕竟有限，不过上述梅雨期特征量、汛期降水量与旱涝等级之间较好的对应关系，某种程度上反映出本书划定梅雨期以及通过日记各级雨日数换算降水量的办法具有较高的可靠性；相比于旱涝等级，在确保史料翔实完备、复原具有科学依据的前提下，汛期降水量这一角度对历史天气气候状况能够作出更加细致、定量化的揭示，某种意义上更加直观、实用，例如复原的汛期降水量一定程度可以为辨识、剖析历史极端天气事件提供另一有力佐证，如 1804 年发生在太湖流域的洪涝灾害，[①] 上海地区汛期降水量达 1045.2 mm（表 2-5），略低于龙华站 1951—1998 年最高值 1063.0 mm（1993 年），与旱涝等级序列 [图 2-3（a）、2-3（b）中分别为 2.2、1] 也可以相互订正和补充。

---

① 陈家其. 太湖流域历史洪水排队 [J]. 人民长江，1992（3）：30-33.

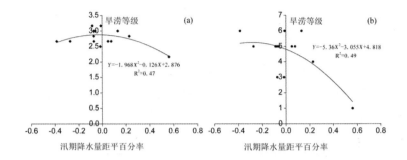

**图 2 - 3　1800—1813 年上海地区汛期降水量距平百分率**

**与旱涝等级的关系**

（a——《中国近五百年旱涝分布图集》中的旱涝等级；

b——陈家其确定的旱涝等级）

郑景云和赵会霞利用《雨雪分寸》重建的清代中后期江苏四季降水等级序列显示[①]，1800—1809 年松江府地区春、夏两季降水以正常或偏多为主，在 1810—1814 年间降水偏少，与本书重建的汛期降水量的变化趋势基本相符 ［图 2 - 4 （b）］。郑斯中等重建的上海地区公元201 年到 1970 年每 10 年的湿润指数序列[②]和张德二等重建的苏杭区近千年干湿序列[③]同样支持本书的复原结果。反映东亚夏季风强弱变化的综合石笋氧同位素序列显示，1800—1813 年处在东亚夏季风近 300

① 郑景云，赵会霞．清代中后期江苏四季降水变化与极端降水异常事件 ［J］．地理研究，2005，24（5）：673 - 680．

② 郑斯中，张福春，龚高法．我国东南地区近两千年气候湿润状况的变化 ［A］．见：中央气象局研究所．气候变迁和超长期预报文集 ［C］．北京：科学出版社，1977：29 - 32．

③ 张德二，刘传志，江剑民．中国东部 6 区域近 1000 年干湿序列的重建和气候跃变分析 ［J］．第四纪研究，1997，17（1）：1 - 11．

年间相对较弱的时期;① 据尹义星等研究，东亚夏季风在 20 世纪 70 年代末以来减弱的趋势使太湖流域梅期长度和雨量增加;② 郭其蕴等的研究表明在东亚夏季风弱的阶段，多雨带更容易发生在长江中下游地区。③ 1800—1813 年梅雨期偏长、梅雨量偏丰、梅雨强度偏强、汛期降水量在适中水平的重建结果能够获得上述研究结论的进一步印证。

### 三、重建结果与 1951—1998 年各年代的比较

在年代际尺度上，将本书重建的结果与龙华站 1951—1998 年各年代进行对比（表 2 - 6），可以看出，1800—1813 年平均入梅日期较1951—1998 年各年代早 3 ~ 6 天；平均出梅日期仅比 20 世纪 60 年代晚1 天，与 50 年代相差较大，提前 10 天，比其余各年代提前 2 ~ 4 天；平均雨日数比各年代多 0.2 ~ 5.0 天；平均梅期长度分别比 50 年代、80 年代少 3.2 天、0.6 天，比其余各年代长 1.4 ~ 5.8 天；梅雨量平均值分别比 50 年代、90 年代低 28.3 mm、31.9 mm，比其余年代偏多37.1 ~ 81.8 mm，各年的情况普遍高于现代多年平均值［图 2 - 4(a)］；梅雨强度（采用梅雨强度 = 梅雨量/梅期长度）仅比 90 年代低2.8 mm/天，较其余年代偏高 0.1 ~ 1.6 mm/天。一元方差分析显示1800 ~ 1813 年平均入梅日期、出梅日期、梅期雨日数、梅期长度、梅雨量、梅雨强度与 1951—1998 年各年代均无显著差异（α = 0.05）。

①　杨保，谭明. 近千年东亚夏季风演变历史重建及与区域温湿变化关系的讨论［J］. 第四纪研究，2009，29（5）：880 - 887.

②　尹义星，许有鹏，陈莹. 1950 - 2003 年太湖流域洪旱灾害变化与东亚夏季风的关系［J］. 冰川冻土，2010，32（2）：381 - 388.

③　郭其蕴，蔡静宁，邵雪梅，等. 1873 - 2000 年东亚夏季风变化的研究［J］. 大气科学，2004，28（2）：206 - 215.

表 2-6 上海地区 1800—1813 年梅雨期特征量、汛期降水量
与华龙站 1951—1998 年各年代的比较

| 年代 | 入梅日期（月/日） | 出梅日期（月/日） | 雨日数/天 | 梅期长/天 | 梅雨量/mm | 梅雨强度/（mm/天） | 汛期降水量/mm |
|---|---|---|---|---|---|---|---|
| 1800—1813 | 6/10 | 7/7 | 20.1 | 27.1 | 257.3 | 9.5 | 669.5 |
| 1951—1960 | 6/16 | 7/17 | 19.9 | 30.3 | 285.6 | 9.4 | 761.0 |
| 1961—1970 | 6/14 | 7/6 | 15.1 | 21.3 | 175.5 | 8.2 | 622.4 |
| 1971—1980 | 6/14 | 7/10 | 17.7 | 25.7 | 211.3 | 8.2 | 696.8 |
| 1981—1990 | 6/13 | 7/11 | 18.1 | 27.7 | 220.2 | 7.9 | 730.4 |
| 1991—1998 | 6/16 | 7/9 | 16.6 | 23.6 | 289.2 | 12.3 | 747.7 |
| 1951—1998 | 6/15 | 7/11 | 17.5 | 25.8 | 234.2 | 9.1 | 710.2 |

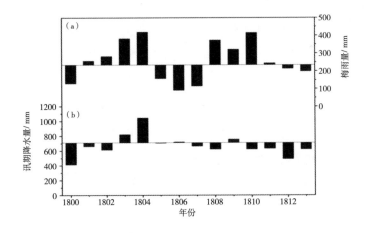

图 2-4 1800—1813 年上海地区的梅雨量和汛期降水量

（a——梅雨量；b——汛期降水量；细直线为 1951—1998 年平均值）

采用 $t$ 检验将 1800—1813 年梅雨各项特征量分别与 1951—1998 年各年代进行比较，结果显示，1800—1813 年梅雨特征量与 20 世纪 80 年代和 90 年代最相近（方差、均值都能通过 $\alpha=0.1$ 显著性检验）。

据徐群研究，1885 年以来长江中下游梅雨期在 20 世纪 70 年代末发生了一次强年代际突变，从 1958—1978 年的弱梅雨时段突变为1979—1999 年的强梅雨时段，后 21 年梅雨量比前 21 年平均增加了 66%。[①] 该结论印证了 1800—1813 年梅雨量偏丰、梅雨偏强的重建结果。从汛期降水量来看，1800—1813 年除比 60 年代高 47.1 mm 外，比其余年代偏少 27.3 ~ 91.5 mm，一元方差分析显示汛期降水量在各年代间无显著差异($\alpha = 0.1$)，逐年的情况与现代多年平均值也相差不大［图 2 - 4（b）］，可以认为在适中水平。

根据第一章第五节所述，日记存在漏记雨日现象，尽管本书根据《查山学人日记》与《樗寮日记》雨日数的对比结果对 1800—1813 年雨日数采取每月增加 1 天的办法进行弥补，但这只是根据 1 年（1822年）的资料作的近似估计，很难保证雨日与真实情况没有偏差。由于本书所使用的日记天气记录非常完整，雨日数的漏记可以被视为随机事件，因此可以认为通过插补获得的天气序列能够客观反映梅雨期特征量、汛期降水量及其整体变化特征。要准确补充天气记载的漏缺尚需综合其他相关数据加以推断。

## ● 第四节　本章小结

由上述分析可以得到以下认识：

（1）采用日记中的雨日为主要指标划定 1800—1813 年的梅雨期，

---

① 徐群. 121 年梅雨演变中的近期强年代际变化［J］. 水科学进展，2007，18（3）：327 - 335.

通过分级处理日记中降水记录，利用各级雨日数反演降水量是基本合理的。

（2）1800—1813 年的梅雨相对比较典型，平均入梅日期为 6 月 10 日，出梅日期为 7 月 7 日，梅期雨日数 20.1 天，梅期长度 27.1 天，梅雨量 257.3 mm。与利用《雨雪分寸》重建的逐年入出梅日期、梅期长度大体一致，梅雨量有较大差异。汛期平均降水量为 669.5 mm。

（3）复原的"梅期雨日数和梅期长度"、汛期降水量与区域旱涝状况均有较好的对应关系；1800—1813 年梅雨偏强、汛期降水量在适中水平的重建结果与东亚夏季风偏弱时太湖流域梅雨偏强，中国东部多雨带多位于长江中下游地区的降水空间分布特征也大体相符。

（4）与 1951—1998 年龙华站各年代相比，1800—1813 年平均入、出梅日期有所提前，意味着这一时段夏季风来临早，梅期雨日数和梅期长度略有增加，呈现出梅雨量偏丰、梅雨强度偏强的特点；汛期平均降水量稍有偏少，在适中水平。1800—1813 年的梅雨特征量、汛期降水量与现代各年代不存在显著差异，与 1981—1990 年和 1990—1998 年最相近。

（5）复原的结果能够获得《雨雪分寸》重建结果、区域旱涝等级和东亚夏季风指数强弱变化指示的降水空间分布特征的检验，反映出本书复原天气序列所用日记资料以及复原的方法和结果具有较高的可靠性，进一步说明理想的高分辨率日记资料在重建天气气候序列时具有很高的利用价值以及整合多种日记资料延长大气序列具有很高的可行性。

# 第三章

# 1800—2015 年上海地区梅雨序列的变化研究

## ◉ 第一节　梅雨变化研究概述

历史时期温度、干湿变化研究是历史气候研究中开展较早且成果比较突出的领域，随着资料的开拓和研究的深入，历史气候研究从温度、干湿序列的重建和特征诊断进一步拓展至天气—气候系统及其变化的复原研究，历史时期梅雨活动的复原研究即是一例。长江中下游地区梅雨的起讫迟早、长度和雨量等特征量是反映中国东部地区夏季风变动特征和度量夏季旱涝的重要指标，分析梅雨特征量序列的多年演变对于深入认识中国东部季风气候变迁的过程、特征、机理，进而预测其未来趋势等十分必要。[①]

针对梅雨参数长期演变的研究可以追溯至 20 世纪 60 年代中期，徐群较早提出了梅雨期划分标准，将长江中下游地区长度为 80 年（1885—1964 年）的梅雨区分为早梅雨和典型梅雨两种类型，同时分析了梅雨参数的概率分布和波动特征，[②] 21 世纪初他们又在此前工作基础上完善了梅雨期划分标准并分析了更长时间（1885—2000 年）梅雨参数的统计特征，并对早梅雨现象、出梅日与长江中下游入夏的关系、梅雨间歇期、梅雨量与长江中下游的夏涝的联系进行了系统研

---

① 杨义文，徐群，杨秋明. 近 116 年长江中下游的梅雨（二）[J]. 暴雨·灾害，2001（11）：54–65.
② 徐群. 近八十年长江中下游的梅雨 [J]. 气象学报，1965，35（4）：507–518.

究。① 随后一些学者综合利用多种气象统计方法对徐群等建立的近 116
年梅雨参数序列的变化做了进一步分析，增进了我们对百年时间尺度
上梅雨变化特征，包括年际—年代际振荡、阶段性、突变性、周期性
以及影响梅雨变化的环流背景等特征的认识。② 此后徐群、杨静等补
充了近年数据，对近 121 年（1885—2005 年）的梅雨序列的变化再次
进行了特征诊断。③ 目前利用器测资料建立的时段最长的梅雨序列工
作的是梁萍等的《上海近百年梅雨的气候变化特征》一文，该文分析
了上海地区近 132 年（1875—2006 年）梅雨参数的概率分布型、变化
趋势和周期特征，④ 为了解上海地区百年尺度上梅雨的变化特征及其
与长江中下游地区梅雨变化的关系提供了参考。

　　梅雨的演变是连续的长时间过程，考察已有基于观测资料的梅雨
变化研究成果不难发现，目前分析的梅雨序列长度不过 132 年，制约
了对百年际尺度以上梅雨变化特征的认识，而利用文献资料可以重构

①　徐群，杨义文，杨秋明. 近 116 年长江中下游的梅雨（一）［J］. 暴雨·灾害，2001
　　（11）：44 – 53.
②　杨义文，徐群，杨秋明. 近 116 年长江中下游的梅雨（二）［J］. 暴雨·灾害，2001
　　（11）：54 – 65；陈艺敏，钱永甫. 116a 长江中下游梅雨的气候特征［J］. 南京气象学
　　院学报，2004，27（1）：65 – 72；魏凤英，张京江. 1885 – 2000 年长江中下游梅雨特
　　征量的统计分析［J］. 应用气象学报，2004，15（3）：313 – 321；魏凤英，宋巧云.
　　全球海表温度年代际尺度的空间分布及其对长江中下游梅雨的影响［J］. 气象学报，
　　2005，63（4）：477 – 484；魏凤英，谢宇. 近百年长江中下游梅雨的年际及年代际振
　　荡［J］. 应用气象学报，2005，16（4）：492 – 499；毛文书，王谦谦，葛旭明，等
　　. 近 116 年江淮梅雨异常及其环流特征分析［J］. 气象，2006，32（6）：84 – 90.
③　徐群. 121 年梅雨演变中的近期强年代际变化［J］. 水科学进展，2007，18（3）：
　　327 – 335；杨静，钱永甫. 121a 梅雨序列及其时变特征分析［J］. 气象科学，2009，
　　29（3）：285 – 290.
④　梁萍，丁一汇. 上海近百年梅雨的气候变化特征［J］. 高原气象，2008，27（S1）：
　　76 – 83.

更早、更长时间尺度上的梅雨序列，这方面的研究也取得了一些进展。利用史料研究历史时期长时段梅雨变化较早的一项成果是《18 世纪长江下游梅雨活动的复原研究》，该文利用清代南京、苏州、杭州三处的《晴雨录》资料，复原并分析了 1723—1800 年长江下游地区的梅雨序列,[①] 为利用文献资料科学分析历史时期梅雨的各项统计特征提供了典范。最近，葛全胜等、郭熙凤利用清代档案中的《雨雪分寸》资料将长江中下游梅雨序列时间上限前推至 1736 年，并分析了梅雨变化的阶段、突变和周期等特征,[②] 是历史梅雨变化研究中重建时段最长、精度较高的重要成果，但由于所用《雨雪分寸》档案中留存的天气信息涉及时段有限，且资料并不完整，因此其中的天气资料所能支撑的重建长度，尤其是时间精度还存在较大的提升空间。

全球气候变化研究中的核心内容之一是尽可能延长高分辨率历史气候序列，更长时段、更高精度气候序列的建立能够促进我们对气候变迁过程、现代气候的形成、不同时间尺度气候的变化特征、规律以及自然地理环境变化过程的了解，此外，从气候预测的角度考虑，只有不断提升气候序列的长度和精度，才能优化气候模型参数，提升预报的时效和准确率。有鉴于此，本章拟利用收集到的日记资料，将其与器测资料对接，从而延长并分析高分辨率梅雨特征量序列，丰富我们对梅雨长期演变特征的认识。

---

① 张德二，王宝贯. 18 世纪长江下游梅雨活动的复原研究 [J]. 中国科学（B 辑），1990，20（12）：1333 – 1339.

② 葛全胜，郭熙凤，郑景云，等. 1736 年以来长江中下游梅雨变化 [J]. 科学通报，2007，52（23）：2792 – 2797；郭熙凤. 1736 年以来长江中下游地区梅雨特征变化分析 [D]. 北京：中国科学院地理科学与资源研究所 2008 年博士学位论文.

## ● 第二节　资料与方法

重建 1800—2015 年上海地区梅雨特征量序列采用的两类数据：
（1）日记资料。日记资料复原的时段为 1800—1873 年，无缺记年份，
复原年数 74 年。日记资料的来源、重建时段、涉及地点等基本信息
以及对其天气记录完整性的评估、缺记雨日的插补办法等详见第一章
第五节。需要指出的是，重建时段中仅 1830 年 11 月至 1832 年 2 月所
使用的《鹂声馆日记》中天气为非逐日记录，其余年份所用日记中天
气均为逐日记录；《鹂声馆日记》记天气的基本特点是"记异不记
常"，本书先将无天气记录的日子视作无雨，然后再按本书制定的雨
日弥补方案对雨日进行插补。由此来看，本研究复原梅雨序列所用日
记资料中天气信息的分辨率均能精确到"日"时间尺度，很大程度上
保证了重建结果的连续性和准确性；从天气记录涉及的地点来看，主
要分布在娄县、吴县、吴江、海宁、杭州、山阴等地，基本属于上海
及其毗邻地区，其梅雨特征基本一致，距上海相对较远的是安徽省青
阳县（重建时段 1815 年 2 月 9 日—1815 年 3 月、1816 年 11 月—1820
年 2 月），不过从气候区划、梅雨特征上看，青阳与上海也是基本一
致的。[①]

（2）器测资料。有器测资料的时段为 1874—2015 年，无空缺年
月，年数 142 年。其中 1874—1876 年逐日降水量资料取自徐家汇观象

---

① 丁一汇主编．中国气候［M］．北京：科学出版社，2013：1（中国气候区划图）.

台，该资料收集于徐家汇藏书楼；[①] 1877—1949 年逐日降水量取自
《长江流域长江下游干流区和鄱阳湖区降水量（1877—1949）》中徐家
汇观象台资料，[②] 需要说明的是，该时段中徐家汇站 1910 年 1 月和 2
月资料缺失，本书用邻近站台前海关镇江气象站数据进行插补，另
外，1936 年 8 月 31 日原始数据为 7.4mm，雨量被标注偏小，将其与
邻近站台黄浦江松江气象站同一日的雨量（0.0mm）进行对照后推测
该日徐家汇地区降水量不大，该日降水量原始记录虽标注偏小，但误
差估计不大，故不予纠正；1950 年逐日降水数据取自黄浦江松江气象
站；[③] 1951—1998 年降水量取自中国 752 个基本、基准地面气象观测
站及自动站日值数据集中上海龙华站资料；1999—2015 年降水量取自
中国地面国际交换站气候资料日值数据集中上海宝山气象站资料。[④]
本书所用器测资料涉及的观测站点虽不尽相同，但徐家汇观象台、龙
华气象站、宝山气象站站址相距不远，均属于同一气候区，其月、年
降水日数、梅雨特征量等气象要素及其变化特征基本一致，因此本书
将这三个站点视作一个站点。根据第一章中对日记每月降水日数与器
测资料每月降水日数的 $F$ 检验和 $t$ 检验结果，日记和器测数据两种不
同资料来源的 1～12 月降水日数序列在方差、平均值上均无显著差
异，因此可以将两类天气序列进行衔接。综上分析，本书所用日记资
料、器测资料中的天气信息能够作为准确重建上海地区 1800—2015 年

①　Observatoire de Zi‐Ka‐Wei. Observations Mé té orologique（1874－1876）.

②　长江水利委员会．长江下游干流区和鄱阳湖区降水量（1877—1949）［M］．武汉：长江
水利委员会，1957：77－162.

③　江苏省水利厅．历年长江流域水文资料（太湖区水位、潮水位、流量、含沙量、降水
量、蒸发量）［M］．南京：江苏省水利厅，1957：246－248.

④　中国气象数据网：http：//data.cma.cn/site/index.html.

梅雨序列理想的代用资料。

关于梅雨期的划定方案及其合理性验证详见本书第二章第二节。至此，得到1800—2015 年共216 年上海地区梅雨的 6 个特征量序列，包括入梅日期、出梅日期、梅期长度、梅期雨日数、梅雨量和梅雨强度（梅雨强度采用徐群等设计的计算方案：梅雨强度指数 = 梅雨量 × 梅期雨日数/梅期长度，该指数能较好地反映初夏降水的集中程度及累积影响）。[①] 研究内容主要是运用线性回归、相关系数、累积距平、滑动 t 检验、小波分析等手段对梅雨参数时间序列演变的趋势性、突变性、阶段性和周期性等特征进行揭示。

## ◉ 第三节　结果与分析

### 一、重建的梅雨参数及其基本统计量

图 3 - 1 给出了 1800—2015 年上海地区梅雨特征量序列重建结果，表 3 - 1 和表 3 - 2 统计了梅雨各参数的气候特征和极端值。1800—2015 年共有 7 个空梅年份，分别为 1835 年、1860 年、1861 年、1897 年、1934 年、1958 年和 1965 年，为研究方便，本书将空梅年份视作梅雨期短来看待，其梅雨期的确定办法是选取该年 6 月下旬相对集中的一段降雨过程。

---

① 徐群，杨义文，杨秋明. 近 116 年长江中下游的梅雨（一）[J]. 暴雨·灾害，2001（11）：44 – 53.

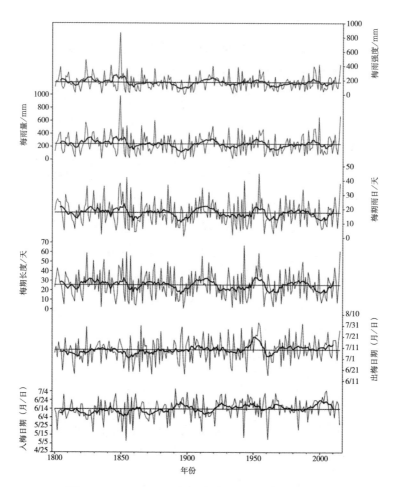

**图 3 - 1　1800—2015 年上海地区的梅雨特征量序列**

（细折线：梅雨特征量序列；粗曲线：序列 10 年移动平均；

细横直线：序列平均值）

　　根据梅雨各项参数的统计结果，1800—2015 年上海地区平均在 6

月 13 日入梅，最早入梅时间为 5 月 8 日（1854 年），最晚为 7 月 8 日

(1818 年)。入梅出现在 6 月第 3 候的频次最多,为 42 年,占 19.4%,其次为 6 月第 4 候、6 月第 2 候和 6 月第 5 候,出现年数分别为 37 年、35 年和 31 年,分别占 17.1%、16.2% 和 14.4%,其余各候出现的年数均未超过 22 年,可见入梅日期集中出现于 6 月第 2—5 候,达到 67.1%。在年代际上,入梅日期每 10 年平均最早为 6 月 6 日,出现在 1820—1829 年和 1850—1859 年,最晚为 6 月 22 日,出现在 2000—2009 年。

平均出梅日期为 7 月 9 日,最早 6 月 16 日,出现于 1961 年,最晚 8 月 3 日,出现在 1954 年。出梅以 7 月第 2 候出现频次最多,达 47 年,占 21.8%,其次为 7 月第 3 候、7 月第 4 候、7 月第 1 候和 6 月第 6 候,出现年数分别为 34 年、33 年、28 年和 27 年,分别占 15.7%、15.3%、13.0% 和 12.5%,其余各候出现年数相对较低,均不大于 13 天,可见出梅日期集中出现于 6 月第 6 候至 7 月第 4 候,在此期间发生的概率达到 78.2%。年代际上,出梅日期每 10 年平均最早为 7 月 3 日,出现在 1850—1859 年和 1960—1969 年,最晚为 7 月 18 日,出现于 1950—1959 年。

最早和最晚入、出梅日期相差分别可达 61 天、48 天,反映出梅雨活动具有很大的年际差异。每 10 年最早和最晚入、出梅日期相差分别达 16 天、15 天,反映出梅雨活动还具有很大的年代际波动。

表 3-1  上海地区 1800—2015 年及其分段梅雨参数的平均值

| 时段 | 入梅日期 (月/日) | 出梅日期 (月/日) | 梅期长度/天 | 梅期雨日/天 | 梅雨量/mm | 梅雨强度/mm |
|---|---|---|---|---|---|---|
| 1800—1873 年 | 6/10 (10.9) | 7/6 (9.5) | 26.2 (14.5) | 18.1 (9.3) | 254.5 (166.6) | 183.5 (132.5) |
| 1874—1950 年 | 6/14 (11.0) | 7/9 (10.6) | 24.7 (13.9) | 17.0 (8.5) | 229.8 (133.3) | 163.7 (93.1) |

续表

| 时段 | 入梅日期<br>（月/日） | 出梅日期<br>（月/日） | 梅期长<br>度/天 | 梅期雨<br>日/天 | 梅雨量<br>/mm | 梅雨强度<br>/mm |
|---|---|---|---|---|---|---|
| 1951—2015 年 | 6/16<br>（10.1） | 7/11<br>（10.2） | 25.4<br>（13.4） | 17.3<br>（8.4） | 239.0<br>（145.2） | 165.3<br>（95.8） |
| 1800—2015 年 | 6/13<br>（10.9） | 7/9<br>（10.3） | 25.4<br>（13.9） | 17.5<br>（8.8） | 241.0<br>（148.6） | 171.0<br>（108.8） |

注：括号内数据为标准差。

表 3 - 2 上海地区 1800—2015 年梅雨参数的极端值

| 梅雨特征 | 最小值 | 每 10 年最小值 | 最大值 | 每 10 年最大值 |
|---|---|---|---|---|
| 入梅日期 | 5/8（1854） | 6/6（1820—1829、<br>1850—1859） | 7/8（1818） | 6/22<br>（2000—2009） |
| 出梅日期 | 6/16（1961） | 7/3（1850—1859、<br>1960—1969） | 8/3（1954） | 7/18<br>（1950—1959） |
| 梅期长度 | 5（1807、<br>1846、1856） | 17.8（2000—2009） | 67（1943） | 32.3<br>（2010—2015） |
| 梅期雨日 | 5（1807、1846、<br>1856、1940、1971） | 12.3（1890—1899） | 45（1954） | 22.0<br>（2010—2015） |
| 梅雨量 | 22.8（1856） | 132.0（1890—1899） | 978.1（1849） | 335.6<br>（1840—1849） |
| 梅雨强度 | 15.3（1898） | 88.1（1890—1899） | 864.4（1849） | 262.6<br>（1840—1849） |
| 空梅年份 | （1835、1860、1861、1897、1934、1958、1965） | | | |

注：空梅年份不参与最小（大）值统计，但参与每 10 年最小（大）值统计，扩号内数据为极值出现的年份。

梅期长度平均为 25.4 天，最短的仅 5 天，包括 1807 年、1846 年和 1856 年；最长的发生于 1943 年，达 67 天；梅期长度每 10 年平均最短为 17.8 天，出现于 2000—2009 年；最长为 32.3 天，出现在 2010—2015 年，其次为 32.2 天，出现在 1910—1919 年。梅雨期降水日数平均 17.5 天，最少仅 5 天，共有 5 年，分别是 1807 年、1846 年、1856 年、1940 年和 1971 年；最多的是在 1954 年，达 45 天。梅雨量平均 241.0mm，最少 22.8mm，出现在 1856 年；最多 978.1mm，出现在 1849 年。梅雨强度平均 170.9mm，最小的是 1898 年的 15.3mm；最大的为 1849 年的 864.4mm。

就全时域的变化趋势而言，入、出梅日期均有显著的推迟趋势（α=0.05），线性倾向率分别为 0.395 天/10a、0.282 天/10a，梅期长度、梅期雨日、梅雨量、梅雨强度线性倾向率分别为 -0.113天/10a、-0.089 天/10a、-0.964mm/10a、-1.028mm/10a，这四项梅雨参数均呈不显著减小趋势。根据重建梅雨序列资料来源的不同将整个时间域划分为三个子时段分别对其变化趋势进行分析，并计算各时段梅雨参数的平均值和标准差（表 3-1）。从三个时段梅雨特征量的平均值来看，入梅和出梅均呈现逐渐推迟的阶段变化趋势，这与整个序列的变化趋势一致，其余四项参数均表现为先减小后又增大的阶段变化特点，与整个序列的变化趋势有所不同；从变化幅度来看，入梅日期、梅期长度和梅期雨日呈减小趋势，出梅日期先增后减，而梅雨量、梅雨强度先减后增。

计算梅雨各参数之间的相关系数（表 3-3），发现各参数间的相关系数绝对值在 0.14~0.96 区间，均超过 95% 置信水平相关系数 0.13，可见梅雨各参数间的相关性都比较显著。从相关系数的符号来看，比较明显的特点是入梅早（晚），则出梅早（晚），梅期长度偏长（短），梅期雨日和梅雨量偏多（少），梅雨强度偏强（弱）。从相关系数绝对值大小观察，入梅日期与出梅日期之间的相关系数最低，为 0.14，尚未达到 0.01 显著性水平相关系数 0.17，表明入梅与出梅之间没有十分显著的早晚对应关系，此外入梅和出梅分别与梅雨另外 4

项参数的相关系数整体上也相对偏低，显示出入梅、出梅与梅雨其他
参数间既相互联系又相对独立，某种程度上也说明这两项参数是表征
梅雨特征的最重要参数之一。梅期长度、梅期雨日、梅雨量、梅雨强
度 4 个参数之间的相关系数相对较大，其中相关性最好的是梅期长度
与梅期雨日、梅雨量与梅雨强度，这是因为梅期长度变化很大程度上
包含了梅期雨日的变化，梅雨量的变化很大程度上包含了梅雨强度的
变化；在这 4 个参数之间，梅期长度、梅雨量分别与另外 3 个参数的
相关性相对较高，因此可以把梅期长度、梅雨量视作表征梅雨的重要
特征量。

表 3 - 3    上海地区 1800—2015 年梅雨各参数之间的相关系数

|  | 入梅日期 | 出梅日期 | 梅期长度 | 梅期雨日 | 梅雨量 | 梅雨强度 |
|---|---|---|---|---|---|---|
| 入梅日期 | 1.00 | 0.14 | - 0.68 | - 0.67 | - 0.47 | - 0.38 |
| 出梅日期 | 0.14 | 1.00 | 0.63 | 0.60 | 0.51 | 0.41 |
| 梅期长度 | - 0.68 | 0.63 | 1.00 | 0.96 | 0.74 | 0.60 |
| 梅期雨日 | - 0.67 | 0.60 | 0.96 | 1.00 | 0.80 | 0.71 |
| 梅雨量 | - 0.47 | 0.51 | 0.74 | 0.80 | 1.00 | 0.96 |
| 梅雨强度 | - 0.38 | 0.41 | 0.60 | 0.71 | 0.96 | 1.00 |

## 二、上海地区 1800—2015 年梅雨变化的突变特征

累积距平曲线图在一定程度上可以大致判断序列的突变位置，但
曲线走势的变化容易受个别异常值大小的干扰，从而掩盖了趋势转变
信息，而滑动 t 检验能够定量评估整个序列不同分界点前后均值的突
变情况，并给出突变发生的具体年份，因此本书采用滑动 t 检验对梅

雨序列的突变特征进行分析。本书选用 10 年、20 年、30 年、40 年和
50 年 5 个长度的子序列分析梅雨参数的年代际突变情况，给定显著性
水平 α = 0.05（表 3 - 4）。

表 3 - 4　滑动 $t$ 检验得出的 1800—2015 年
上海地区梅雨参数的突变点

| 时间尺度 | 10 年 | 20 年 | 30 年 | 40 年 | 50 年 |
|---|---|---|---|---|---|
| 入梅日期 | 1821，1887，1890，1900—1901，1919，1921—1922，1994—1996，2005 | 1885，1887—1890，1921—1922，1989，1991—1995 | 1876 | 1887，1890 | 1887，1890，1919，1921—1922 |
| 出梅日期 | 1945—1947，1955—1960 | 1959 | — | — | — |
| 梅期长度 | 1821，1900，1902，1919—1921，1956—1958，1973 | 1900，1920—1922，1993 | — | — | — |
| 梅期雨日 | 1810—1811，1821—1822，1890，1900，1902，1904—1905，1919—1920，1957，1973，2005 | 1887，1900—1908，1920—1922 | — | — | — |
| 梅雨量 | 1820—1822，1887，1889—1890，1900，1902，1905，1923—1924，1957—1958，1961 | 1887，1900，1902—1910，1957—1958，1960—1961 | 1851，1905 | 1854，1859—1860 | 1850—1852，1854—1855，1857—1858，1905，1907 |
| 梅雨强度 | 1810—1811，1820—1822，1887—1891，1900，1902，1904—1907，1923—1924，1957—1958，1961 | 1885—1887，1899—1900，1902—1913，1957—1958，1961 | 1851，1898—1908 | 1854，1857—1860，1905—1908 | 1849—1859，1904—1909，1957 |

表 3 - 4 显示，入梅日期在各类子序列长度上都存在突变，以 10 年、20 年和 50 年尺度上突变点居多，总体上看，在不同子序列长度上共同出现的突变点集中在 1887—1890 年、1919—1922 年两处，均是由入梅提前突变为延后，距今最近的一次突变发生在 1994—1995 年，也是由提前转为延后。出梅日期的变化比较平稳，仅在 1959 年检测到共同突变点，是由出梅偏晚变为偏早。梅期长度主要在 1900 年、1920—1921 年两处检测到突变信号，分别发生由短变长、由长变短的突变。梅期雨日数的突变位置集中在 1900—1905 年、1920 年两处，突变特征分别为由少变多、由多变少。梅雨量产生突变的位置相对较多，不同的子序列长度上均有发现，大体而言，突变位置集中在 1851—1854 年、1900—1905 年、1957—1961 年三处，在 1900—1905 年梅雨量发生偏丰的突变，其他两处则变为偏枯。梅雨强度整体上在 1851—1859 年、1900—1908 年、1957 年三处存在突变，1900—1908 年由弱变强，其余两处反之。整体上看，梅雨特征量的突变位置有一定的相似性，共同的突变点大体分布在 1851—1854 年、1900—1905 年、1919—1922 年和 1957—1959 年四处，其中 1900—1905 年、1919—1922 年的突变分别与北半球和全球气温在 19 世纪末、20 世纪 20 年代发生的突变有很好的时间上的对应关系，1957—1959 年的突变与中国气温在 1955 年附近的突降时间点比较吻合。①

从梅雨各参数突变点出现的数量来看，入梅日期、梅雨量和梅雨

① 魏凤英，曹鸿兴. 中国、北半球和全球的气温突变分析及其趋势预测研究 [J]. 大气科学，1995，19（2）：140 - 148；于淑秋，林学椿，徐祥德. 中国气温的年代际振荡及其未来趋势 [J]. 气象科技，2003，31（3）：136 - 139.

强度三项参数相对较多，在 5 类子序列长度上均有体现，反映出其具有多种时间尺度上的年代际变化特征，也在一定程度上反映出控制梅雨的东亚季风气候系统存在复杂的多年代际尺度波动。出梅日期、梅期长度和梅期雨日只在 10 年、20 年子序列长度上检测到突变信号，而在更长的子序列长度上均未有突变发生，反映出梅雨的这三个参数在相对较长的时间尺度上具有较强的稳定性，也反映出影响梅雨变化的东亚季风系统在几十年的年代际尺度上可能存在稳定性的一面。

### 三、上海地区 1800—2015 年梅雨的变化阶段

由图 3-1 可见，梅雨的各项特征量具有明显的年际变化特征，各参数 10 年滑动平均曲线反映出梅雨序列也具有明显的年代际变化特征。在 1890 年以前入梅以偏早为主，约存在 3 个周期性波动，1891—2015 年整体偏晚，年代际变幅在 1891—1931 年和 1983 年以后有所增大。出梅日期在 1898 年之前以偏早为主，且整体变化比较平稳，1899 年以后以偏晚为主，其中 1941—1959 年入梅日期明显偏晚。梅雨长度在 1847 年前变化相对平稳，1848 年后年代际变幅增大，且具有明显的周期性波动。梅期雨日、梅雨量和梅雨强度的走势及波动与梅期长度均非常相似，这符合四者之间密切相关的特点。

通过梅雨序列及其滑动平均变化曲线可以大致判断出梅雨参数变化的阶段特征，但还难以准确揭示出各个阶段起讫的具体年份，而累积距平曲线的变化趋势能够反映序列距平值（原始值）的增减，曲线上升表示该时段距平值（原始值）以增加为主，曲线下降则表示以距平减少为主，不仅可以从整体上细分出序列变化趋势的若干发展阶

段，也可以诊断出发生突变的大致时间。下面拟通过梅雨参数的距平曲线、累积距平曲线的变化趋势，同时结合前一部分揭示出的梅雨各参数在 10 ~ 50 年 5 类子序列上发生突变的位置进一步对 1800—2015 年上海地区梅雨变化的阶段及其特征进行分析。

由于入梅日期和出梅日期是梅雨的两项主要特征量，且这两项参数分别与其他 5 项参数的相关性相对较小，具有一定的独立性，因此在划分梅雨变化阶段时将这两项参数的变化趋势作为主要判据。此外还选取梅期长度和梅雨量的变化作为阶段划分的辅助依据，这是因为梅期长度、梅期雨日、梅雨量和梅雨强度累积距平曲线的波动趋势比较相似，另外正如第三节第一部分所述，在这四个参数中，梅期长度、梅雨量分别与其他三个参数的相关性最好，具有很好的代表性。因此本书在区分梅雨的变化阶段时，重点考虑入梅日期、出梅日期、梅期长度和梅雨量四个参数的变化，另外两项参数仅作为参考。综合分析梅雨参数的距平曲线、累积距平曲线和突变位置，辨识出 1821 年、1854 年、1887 年、1905 年、1921 年、1957 年、1973 年和 1994 年共 8 个阶段节点，将近 216 年梅雨特征量的演变划分为 9 个阶段（图 3 - 2），计算每个阶段梅雨参数的平均值与整个序列平均的距平值（表3 - 5），分析其变化的阶段特征。

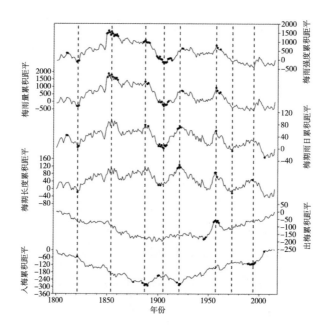

**图 3 - 2　1800—2015 年上海地区梅雨参数的**

**累积距平曲线**

（圆点为滑动 $t$ 检验得出的突变点，

竖虚线为梅雨变化阶段的分割年份）

**表 3 - 5　1800—2015 年 9 个阶段梅雨参数平均值的距平值**

| 阶段 | 入梅距平/天 | 出梅距平/天 | 梅期长度距平/天 | 梅期雨日距平/天 | 梅雨量距平/% | 梅雨强度距平/% |
|---|---|---|---|---|---|---|
| 1800—1821 年 | -2.4 | -3.3 | -0.8 | 0.2 | -5.9 | -1.5 |
| 1822—1854 年 | -4.7 | -0.7 | 4.1 | 2.8 | 26.7 | 28.8 |
| 1855—1887 年 | -2.4 | -2.5 | -0.1 | -0.6 | -5.9 | -8.6 |
| 1888—1905 年 | 4.4 | -0.6 | -5.0 | -4.3 | -37.5 | -42.2 |
| 1906—1921 年 | -4.9 | 1.7 | 6.6 | 4.6 | 26.5 | 26.6 |

续表

| 阶段 | 入梅距平/天 | 出梅距平/天 | 梅期长度距平/天 | 梅期雨日距平/天 | 梅雨量距平/% | 梅雨强度距平/% |
|---|---|---|---|---|---|---|
| 1922—1957 年 | 3.9 | 2.8 | -1.1 | -0.4 | 2.4 | 4.6 |
| 1958—1973 年 | 3.1 | -3.8 | -6.9 | -4.2 | -34.4 | -32.4 |
| 1974—1994 年 | -0.7 | 2.5 | 3.2 | 1.6 | -3.6 | -9.0 |
| 1995—2015 年 | 5.5 | 3.3 | -2.2 | -1.2 | 11.2 | 11.4 |

梅期长度与梅期雨日数的距平符号和变化幅度基本一致，这是因为二者有包含关系，梅雨量与梅雨强度亦是如此。由于入梅日期、出梅日期、梅期长度和梅雨量四个参数的变化相对独立，因此分析阶段特征时，重点抓住这四个参数的变化特征。

第一阶段为 1800—1821 年，持续 22 年，主要特点是入梅和出梅均提前，梅雨量略偏少；第二阶段为 1822—1854 年，持续 33 年，平均入梅异常提前近 1 个候，达 4.7 天，梅期长度和梅雨日数增加，梅雨量偏丰，梅雨强度偏强；第三阶段为 1855—1887 年，持续 33 年，其特点与第一阶段基本一致；第四阶段为 1888—1905 年，持续 18 年，其特点是入梅异常偏晚，平均达 4.4 天，梅期长度和梅期雨日异常减少，分别偏少 5.0 天和 4.3 天，梅雨量异常偏少达 37.5%，强度异常偏弱达 42.2%；第五阶段为 1906—1921 年，持续 16 年，该时段与第二阶段的变化特点基本一致，略有不同的是这一阶段的出梅略晚，丰梅年的特征更加典型；第六段为 1922—1957 年，持续 36 年，突出特点是入梅和出梅均推迟，其余参数变化不明显；第七段为 1958—1973 年，持续 16 年，该阶段与第四阶段的变化特点基本一致，其典型枯梅年的特征表现得非常明显，即入梅推迟，出梅提前，梅期长度和雨日减少，梅雨量减少，强度减弱，且各参数的变幅很大；第八阶段为 1974—1994 年，持续 21 年，主要特点是出梅略偏晚，梅期长度和雨日略有增加；距今最近的一个时段为 1995—2015 年，共 21 年，该时段的梅雨显得十分异常，入梅明显推迟，达 5.5 天，是 9 个阶段中平均推迟天数最多的时期，出梅日期也明显延迟，达 3.3 天，延迟天数在所有推迟时段中最大，梅期长度和雨日虽略有减少，但梅雨量和梅雨强度却有 11.2% ~ 11.4% 的增加。

整体上看，各个阶段持续年数为 16 ~ 36 年，梅雨各参数均呈现减少—增加（或增加—减少）交替演变的年代际波动特征。

### 四、上海地区 1800—2015 年梅雨的变化周期

气候要素常具有多时间尺度变化特征，大小尺度互相包含，显得杂乱无章，用传统或经典的周期提取方法，如谐波分析、方差分析、功率谱分析很难辨识其不同时间尺度上的周期演变特征，而小波分析基于放射群的不变性，即平移和伸缩的不变性，允许把一个信号分解为对时间和频率的贡献，能够用于揭示大气变量在时域和频域上的结合特征，是一种全新的时频局部化分析工具，被誉为"数学显微镜"。①

本书采用 Morlet 小波变换法对复原的 1800—2015 年梅雨的 6 个参数（入梅日期、出梅日期、梅期长度、梅期雨日、梅雨量和梅雨强度）标准化时间序列的时频结构特征进行分析，小波变换实部等值线

① 徐建华. 现代地理学中的数学方法（第 2 版）[M]. 北京：高等教育出版社，2002：419；黄嘉佑，李庆祥. 气象数据统计分析方法 [M]. 北京：气象出版社，2015：457；李湘阁，胡凝. 实用气象统计方法 [M]. 北京：气象出版社，2015：241.

见图 3 - 3，横坐标为年份，纵坐标为时间尺度，某一时间尺度上小波系数实部值随年份的变化能够反映原始变量在该时间尺度上随年份的变化，等值线闭合中心（绝对值越大）表示其对应时间尺度上的子波越盛行，正值中心一般对应于原始变量的高值时段，负值中心则对应于低值时段。小波方差图能够揭示周期的振荡能量在不同时间尺度上的分布，通过小波方差峰值可以识别振荡的主周期，因此同时可以绘制小波方差图分析梅雨变化的准周期（图 3 - 4）。

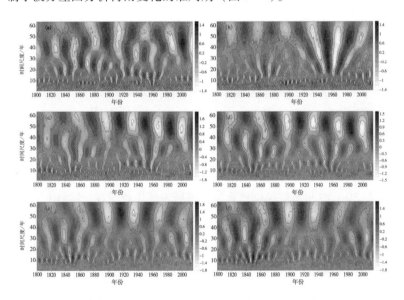

**图 3 - 3　1800—2015 年上海地区标准化梅雨参数的**

**小波变换实部等值线**

（a——入梅日期；b——出梅日期；c——梅期长度；

d——梅期雨日；e——梅雨量；f——梅雨强度）

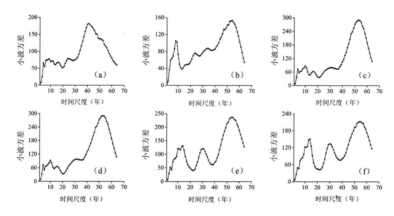

**图 3 – 4　1800—2015 年上海地区梅雨参数**

**不同时间尺度上的小波方差**

（a——入梅日期；b——出梅日期；c——梅期长度；

d——梅期雨日；e——梅雨量；f——梅雨强度）

　　入梅日期存在多时间尺度的周期变化特征，主要有 1～10 年、10～20 年、20～30 年、30～50 年和 50～60 年 5 类尺度周期。其中 1～10 年、30～50 年尺度的周期在整个时域表现比较明显，1～10 年的周期主要体现在 20 世纪 10 年代之前和 80 年代以后，30～50 年周期在 19 世纪 90 年代至 20 世纪 20 年代变长为 50～60 年；10～20 年的周期主要分布在 20 世纪初期至 70 年代后期，20～30 年尺度周期主要分布于 19 世纪 30 年代初期至 90 年代末期。入梅日期小波方差有 6 个较为明显的峰值，峰值最大处对应的时间尺度为 41 年，表明 41 年是主导入梅变化的第一主周期，第二至第五个主周期依次为 51 年、24 年、9 年、16 年和 4 年。出梅日期的周期波动信号主要体现在 1～10 年、40～60 年尺度上，这两类尺度的周期基本贯穿了整个时间域，在 19 世纪 50 年代至 80 年代，1～10 年尺度的周期变长为 10～20 年，40～60 年的周期信号在 20 世纪 20 年代之前较弱，20 年代之后该信号明显增强。此外，出梅还存在 20～40 年尺度上较强的周期变化信号，主要分布在 30 年代至 70 年代。小波方差图显示，出梅的变化周期由主到次分别为 54 年、8 年、34 年和 24 年。

梅期长度也具有多尺度周期变化特征，整体而言，主要有 1～10 年、20～35 年和 50～60 年三类尺度上的振荡信号，1～10 年的周期信号主要分布于 20 世纪 60 年代以前，20～35 年的周期分布于 19 世纪 40 年代至 80 年代以及 20 世纪 30 年代之后，50～60 年的周期几乎贯穿了整个时间序列，19 世纪 70 年代之前周期信号相对较弱，之后振荡信号明显增强，且周期长度呈现缓慢缩小的趋势。小波方差显示，梅期长度的变化周期由主到次分别为 53 年、10 年、31 年、4 年和 17 年。梅期雨日具有的周期及其分布特征与梅期长度基本一致，其周期信号由主到次分别为 53 年、31 年、10 年、4 年和 15 年。

梅雨量与梅期长度、梅期雨日在周期大小及其分布特征方面大体一致，有所不同的主要出现在 20 世纪 60 年代以后的时段，梅期长度和梅期雨日主要表现为准 53 年尺度的振荡，而梅雨量主要是 30 年左右尺度的振荡。小波方差显示梅雨量变化的准周期由主到次分别为 54 年、14 年、10 年、30 年和 4 年。梅雨强度与梅雨量的变化周期及其分布基本一致，小波方差揭示梅雨强度的变化周期由主到次分别为 54 年、14 年、30 年、10 年和 4 年，可见梅雨强度与梅雨量的准周期完全相同，只是 10 年和 30 年准周期的主次顺序相反。

综合来看，梅雨特征量若干个低层级的变化周期大都包含于高层级变化周期之中；除入梅日期的第一准周期为 41 年外，梅雨其余各参数的第一准周期均为 53～54 年时间尺度，梅雨 53～54 年时间尺度的周期与全球温度序列 40～60 年的振荡信号、潮汐 54～56 年的周期、热带地区降水 60 年左右的周期、太平洋年代际振荡（PDO）50～70 年的周期、北太平洋和北美地区海气耦合系统 50～70 年的周期比较吻合；[①] 梅雨参数的第一准周期总体上在 19 世纪 60 年代之前较弱，之后转强，周期长度在 20 世纪 90 年代开始变短；此外，梅雨参数主要还共同存在 4 年、8～16 年和 24～34 年的振荡周期，其中准 4 年的年际周期与地球自转 3～4 年周期、Elnino 事件准 4 年的变化周期较为一致，8～16 年、24～34 年的变化周期与大气涛动（如南方涛动指数、北大西洋涛动指数、北太平洋涛动指数）和北半球重要大气环流系统（如东亚大槽强度、北美大槽强度、西太平洋副高强度、南亚季风指数）所具有的 10—20 年和 30 多年的年代际振荡周期较为吻合。[②] 已有研究揭示出梅雨近百年时间上主要在 2～6 年、8～16 年、20～28 年和 30～40 年四类时间尺度上存在变化周期，[③] 将本书提取的周期与之比

---

[①] 江志红，屠其璞，施能. 年代际气候低频变率诊断研究进展［J］. 地球科学进展，2000，15（3）：342－347；杨冬红，杨学祥. 全球气候变化的成因初探［J］. 地球物理学进展，2013，28（4）：1666－1677.

[②] 穆明权，李崇银. 大气环流的年代际变化 I——观测资料的分析［J］. 气候与环境研究，2000，5（3）：233－241.

[③] 徐群. 近八十年长江中下游的梅雨［J］. 气象学报，1965，35（4）：507－518；张德二，王宝贯. 18 世纪长江下游梅雨活动的复原研究［J］. 中国科学（B 辑），1990，20（12）：1333－1339；杨义文，徐群，杨秋明. 近 116 年长江中下游的梅雨（二）［J］. 暴雨·灾害，2001（11）：54－61；陈艺敏，钱永甫. 116 a 长江中下游梅雨的气候特征［J］. 南京气象学院学报，2004，27（1）：65－72；魏凤英，张京江. 1885－2000 年长江中下游梅雨特征量的统计分析［J］. 应用气象学报，2004，15（3）：313－321；杨静，钱永甫. 121a 梅雨序列及其时变特征分析［J］. 气象科学，2009，29（3）：285－290；梁萍，丁一汇. 上海近百年梅雨的气候变化特征［J］. 高原气象，2008，27（S1）：76－83.

较，不难发现通过近 216 年的梅雨序列还检测出 53—54 年更长时间尺度上的显著变化周期，这一特点增进了我们对梅雨多时间尺度周期变化特征的认识，并对预测未来更长时间尺度上梅雨的演变趋势具有指导意义。

　　下面根据梅雨 6 项参数的第一和第二主周期预测未来一段时间上海地区的梅雨变化趋势（图 3 - 5）。就入梅日期而言，41 年和 51 年分别为其变化的第一和第二准周期，因此绘制这两类周期的小波系数实部值逐年变化图，辨识、计算两类时间尺度上入梅变化存在的平均周期，进而预估其未来趋势。入梅日期在 41 年时间尺度上约经历 8 个早晚转换，统计该尺度周期信号较为稳定时段的长度和该时段的周期个数，计算变化的平均周期约为 26.6 年，从 2008 年到 2009 年小波系数值由正转负，此后一直处于负值区，意味着入梅日期在目前以提前为主，根据入梅变化的平均周期推测入梅提前的情况可能会持续至 2021 年左右，之后 10 年左右以推迟为主。在 51 年时间尺度上，入梅变化的平均周期约 35.0 年，在最近的一个变化周期，小波系数从 2008 年到 2009 年由正转负，根据平均周期推测入梅提前的情况可能会持续至 2026 年左右。出梅日期在 54 年时间尺度上的平均演变周期为 35.5 年左右，从 2009 年开始，小波系数由之前的持续负值变为持续正值，意味着出梅推迟，由平均周期推测未来出梅会延迟至 2026 年；在 8 年的时间尺度上，出梅演变的平均周期约 5.7 年，2014 年至 2015 年，小波系数由负转正，由此推算出梅将推迟至 2017 年左右。

　　梅期长度在 53 年时间尺度上变化的平均周期为 35.5 年左右，小波系数于 2009 年开始转为正值，代表梅期长度变长，按照平均周期变化规律推算，梅雨期变长的现象将持续至 2026 年左右；10 年时间尺度上，梅期长度变化周期平均约 6.8 年，小波系数在 2015 年开始转为正值，则梅期长度的增加在这一变化周期上可能会持续到 2017 年。对梅期降水日数而言，在 53 年时间尺度上，其演变周期平均约 35.5 年，在 2009 年小波系数开始转为正值，表示雨日数增加，根据平均周期推算，雨日增加的趋势将会持续至 2026 年；在 31 年尺度上，梅期雨日数变化的平均周期为 20.5 年，小波系数在 2011 年开始转为正值，该尺度周期上雨日增加的情况估计会持续至 2020 年。

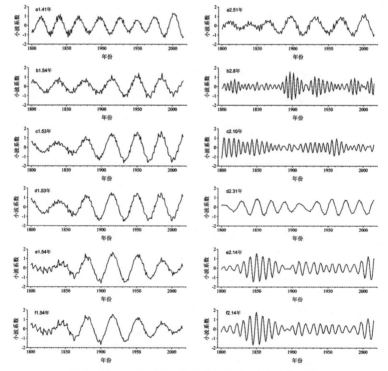

**图 3 – 5　1800—2015 年上海地区梅雨参数前两个主周期的小波系数实部过程线**

（a ~ f 依次为入梅日期、出梅日期、梅期长度、梅期雨日、梅雨量和梅雨强度）

梅雨量变化的第一主周期为 54 年，其次为 14 年，54 年时间尺度上梅雨量变化的平均周期为 35.6 年左右，从 2012 年开始小波系数变为正值，即梅雨量开始增加，根据变化的平均周期估计梅雨量增加的现象将会持续至 2029 年；梅雨量在 14 年尺度上变化的周期平均约 9.8 年，小波系数从 2014 年开始转为正值，则梅雨量偏多的情况可能会持续至 2018 年。梅雨强度在 54 年和 14 年时间尺度上变化的平均周期以及小波系数转正开始的年份（分别为 2012 年、2014 年）均与梅雨量完全相同，则根据平均周期推测，梅雨强度偏强的现象在两类周期控制下的截止时间分别为 2029 年、2018 年。

根据上述梅雨各参数在第一和第二准周期上变化的平均周期，结合目前其在准周期变化过程中所处的位相，推测未来 10 年（2016—2025 年）上海地区的入梅日期以提前为主，出梅日期以推迟为主，梅期长度偏长，梅期降水日数、降水量偏多，梅雨强度偏强。这也意味着未来 10 年上海地区防洪防涝形势将会非常严峻。

## ◉ 第四节 本章小结

为了解上海地区百余年来梅雨的长期变化特征，将该地区日记资料记录的 1800—1873 年天气信息与 1874—2015 年的器测降水数据进行衔接，以由雨日确定的降水集中期的分布为主要指标划定了梅雨期，建立了上海地区近 216 年（1800—2015 年）梅雨 6 项特征量序列，并对其气候特征及演变的突变性、阶段性和周期性进行诊断，得到以下结论：

（1）1800—2015 年上海地区平均在 6 月 13 日入梅，最早入梅日期为 5 月 8 日（1854 年），最晚为 7 月 8 日（1818 年）；平均出梅日期为 7 月 9 日，最早 6 月 16 日（1961 年），最晚 8 月 3 日（1954 年）。最早和最晚入、出梅日期相差分别可达 61 天、48 天，反映出梅雨活动具有很大的年际差异。近 216 年，入梅主要出现于 6 月第 2～5 候，占 67.1%，在 6 月第 3 候的频次最多，为 42 年，占 19.4%；出梅集中出现于 6 月第 6 候至 7 月第 4 候，占 78.2%，以 7 月第 2 候出现频次最多，达 47 年，占 21.8%。

入梅日期每 10 年平均最早为 6 月 6 日，出现于 1820—1829 年和 1850—1859 年；最晚为 6 月 22 日，出现于 2000—2009 年。出梅日期每 10 年平均最早为 7 月 3 日，出现于 1850—1859 年和 1960—1969 年；最晚为 7 月 18 日，出现于 1950—1959 年。每 10 年最早和最晚入、出梅日期相差分别达 16 天、15 天，反映出梅雨活动还具有很大的年代际波动。

（2）1800—2015 年入、出梅日期有显著的延迟趋势，另外四项参数均呈不显著减小趋势。从三个子时段梅雨特征量的均值来看，入梅和出梅均呈现为逐渐推迟的阶段变化趋势，这与全时间域的变化趋势相一致，其余四项参数均表现为先减小后又增大的阶段变化特点，与整个序列的变化趋势有所不同；从变化幅度来看，入梅日期、梅期长度和梅期雨日有减小趋势，出梅日期先增后减，而梅雨量、梅雨强度先减后增。通过对梅雨参数之间相关性的分析，入梅日期、出梅日期相对独立，梅期长度、梅雨量具有很好的代表性，这四项参数是表征梅雨特征的主要参数。

（3）梅雨特征量的突变位置有一定的相似性，共同的突变点大体分布在 1851—1854 年、1900—1905 年、1919—1922 年和 1957—1959 年四处，突变时间点与中国区域、北半球气温的突变较为吻合。具体来看，入梅在 5 个子序列长度上共有的突变点集中在 1887—1890 年、1919—1922 年，均由提前突变为推迟；出梅的变化相对平稳，仅在 1959 年检测到共同突变点，由偏晚变为提早；梅期长度突变信号出现在 1900 年、1920—1921 年两处，前者由短变长，后者由长变短；梅期雨日主要在 1900—1905 年、1920 年出现突变，前者由少变多，后者反之；梅雨量突变位置集中在 1851—1854 年、1900—1905 年和 1957—1961 年三处，在 1900—1905 年发生偏多的突变，另外两处变少；梅雨强度在 1851—1859 年、1900—1908 年和 1957 年存在突变，1900—1908 年由弱变强，另外两处反之。

（4）通过梅雨各参数的距平曲线、累积距平曲线和滑动 $t$ 检验揭示出的各参数在 5 类子序列长度上的突变位置，重点考虑入梅日期、出梅日期、梅期长度和梅雨量四个参数的变化特征，将近 216 年梅雨特征量的演变区分为 9 个阶段。

第 1 段（1800—1821 年）和第 3 段（1855—1887 年）梅雨变化的阶段特征比较相似，共同的特点是入梅和出梅偏早，梅雨量略偏少。第 2 段（1822—1854 年）和第 5 段（1906—1921 年）比较相似，入梅早而出梅晚，梅期长度和雨日增加，梅雨量偏多，梅雨强度偏强，表现出典型的丰梅年特征。第 4 段（1888—1905 年）和第 7 段（1958—1973 年）比较相似，入梅偏晚而出梅早，梅期长度和雨日减少，梅雨量偏少，梅雨强度偏弱，显现为典型的枯梅年特征。距今最近的一个阶段 1995—2015 年的梅雨十分异常，入梅和出梅均异常推迟，且平均推迟天数是所有时段中最多的，分别达 5.5 天、3.3 天，梅期长度和雨日虽略有减少，但梅雨量和梅雨强度却有一定程度增加。整体上看，各个阶段持续年数为 16～36 年，梅雨各参数均呈现出减少—增加（或增加—减少）交替演变的年代际波动特征。

（5）用小波分析方法检测了梅雨各参数变化的周期性，不同时间尺度的周期在时间域上的分布有所不同。入梅日期主周期由主到次分别为 41 年、51 年、24 年、9 年、16 年和 4 年，出梅日期分别为 54 年、8 年、34 年和 24 年，梅期长度分别为 53 年、10 年、31 年、4 年和 17 年，梅期雨日分别为 53 年、31 年、10 年、4 年和 15 年，梅雨量分别为 54 年、14 年、10 年、30 年和 4 年，梅雨强度与梅雨量变化的主周期完全一致，只是 10 年和 30 年周期的主次顺序相反。从第一主周期来看，除入梅日期为 41 年之外，梅雨另外 5 项参数均为 53～54 年，53～54 年尺度的长周期在已有的对百年尺度上梅雨序列的研究中未曾被检测到；梅雨的第一准周期振荡信号总体上在 19 世纪 60 年代之前较弱，之后转强，在 20 世纪 90 年代该周期有变短的趋势。此外，梅雨特征量主要还共同存在 4 年、8～16 年和 24～34 年的演变周期。梅雨的变化周期与地球自转、潮汐活动、Elnino、全球温度、大气涛动、大气环流系统等所具有的振荡周期具有一致之处。

根据梅雨 6 项参数的第一和第二准周期推测未来 10 年（2016—2025 年）入梅日期将以提前为主，出梅日期以推迟为主，梅期长度偏长，梅期降水日数和降水量增多，梅雨强度偏强。

| 第四章 |

# 1800—2015 年上海地区
# 降水量的变化研究

## ● 第一节　基于历史文献的上海地区 降水变化研究概述

　　上海地区长时段降水序列的建立不仅有助于认识区域降水的多时间尺度特征，也能为预测未来降水的变化趋势、水资源的管理利用和预防旱涝灾害提供科学依据，对分析季风降水的时空差异及其原因也能起到促进作用。对上海地区百年尺度上降水变化的研究主要依靠的是历史文献资料，其中较早利用的是地方志，20 世纪七八十年代，中央气象局气象科学研究院主持 30 多家单位系统收集并科学量化了地方志中历史气候信息，编制了中国 120 个站点公元 1470 年以来近 500年逐年旱涝等级图集，其中就包括上海站。[①]《中国近五百年旱涝分布图集》的编制开创了一个里程碑，将中国气候变化研究提高到新的水平，鼓励了全国的气候学研究。[②] 基于近 500 年旱涝等级资料，许多文献进一步分析了上海地区旱涝变化的阶段特征和周期性。[③] 由于中国公元 1470 年之前的史料时空分辨率较低，无法建立单站分辨率到

① 中央气象局气象科学研究院. 中国近五百年旱涝分布图集［M］. 北京：地图出版社，1981：1 - 332.

② 王绍武. 全新世气候变化［M］. 北京：气象出版社，2011：148 - 151.

③ 王绍武，赵宗慈. 我国旱涝 36 年周期及其产生机制［J］. 气象学报，1979，37（1）：64 - 73；施宁. 宁苏扬地区 500 多年来的旱涝趋势及近期演变特征［J］. 气象科学，1998，18（1）：28 - 34；朱益民，孙旭光，陈晓颖. 小波分析在长江中下游旱涝气候预测中的应用［J］. 解放军理工大学学报（自然科学版），2003，4（6）：90 - 93；徐新创，张学珍，刘成武，等. 1470—2000 年长江中下游夏半年干湿变化的频谱分析［J］. 华中师范大学学报（自然科学版），2012，46（2）：245 - 249.

年的旱涝序列，为了延长近500年旱涝等级序列，研究者将站点进行分区或合并，建立了上海地区所在子区域近1000年、近1500年或近2000年旱涝等级（或干湿指数）序列并对它们变化的干湿阶段、突变点、振荡周期、气候背景等进行了分析。①

基于旱涝等级或干湿指数数据的研究虽然已经取得了诸多对上海地区降水长期变化特征的认识，但旱涝等级/干湿指数主要反映夏季雨量丰枯，并不能反映其余季节的降水情况，而且旱涝等级/干湿指数只是半定量的等级值，并不是量化程度更高的降水量数值。清代《雨雪分寸》档案空间覆盖范围广，其中有关降水的雨分寸、雪分寸记录量化程度高，已被用于建立石家庄、黄河中下游地区、江苏、南京、昆明等地区近300年的季、年降水量（降水等级）序列，② 就上海地区所处的长江下游而言，目前只建立了南京一个地区长约300年的降水量序列。据介绍，基于《雨雪分寸》重建降水量的办法主要是

---

① 吴达铭.1163－1977年 （815年）长江下游地区梅雨活动期间旱涝规律初步分析 [J].大气科学，1981，5（4）：376－387；张丕远主编.中国历史气候变化 [M].济南：山东科学技术出版社，1996：227－322；张德二，刘传志，江剑民.中国东部6区域近1000年干湿序列的重建和气候跃变分析 [J].第四纪研究，1997，17（1）：1－11；Zheng J Y，Wang W C，Ge Q S，et al. Precipitation variability and extreme events in eastern China during the past 1500 years [J]. Terrestrial Atmopheric and Oceanic Science，2006，17（3）：579－592.

② 郑景云，郝志新，葛全胜.重建清代逐季降水的方法与可靠性——以石家庄为例 [J].自然科学进展，2004，14（4）：117－122；郑景云，郝志新，葛全胜.山东1736年来逐季降水重建及其初步分析 [J].气候与环境研究，2004，9（4）：551－566；郑景云，赵会霞.清代中后期江苏四季降水变化与极端降水异常事件 [J].地理研究，2005，24（5）：673－680；郑景云，郝志新，葛全胜.黄河中下游地区过去300年降水变化 [J].中国科学（D辑），2005，35（8）：765－774；杨煜达，满志敏，郑景云.1711－1911年昆明雨季降水的分级重建与初步研究 [J].地理研究，2006，25（6）：1041－1049；伍国凤，郝志新，郑景云.1736年以来南京逐季降水量的重建及变化特征 [J].地理科学，2010，30（6）：936－942.

利用降水入渗试验模拟出的降水深度和降水量之间的回归关系，重建结果的量化程度较基于地方志获得的旱涝等级有很大改进，但《雨雪分寸》资料中的天气信息时间分辨率低，且存在很大程度的缺记现象，由于火灾、战乱、偷盗和自然损失等原因，部分年份记录甚至完全丢失，导致出现不同时期资料的详略多寡不均一等系统性偏差，因此据其重建的降水量的精度还不够。清代众多文献中，《晴雨录》档案是重建降水量非常可靠的一类史料来源，因为其中的天气为逐日记录，一般覆盖了全年的时间，且记载系统翔实，通过对天气记录的科学处理，研究者获得了更完整、能精确到"月"的年内降水量数据。如张德二等通过对《晴雨录》中逐日天气记录的等级化处理，复原了南京、苏州、杭州三个地区 18 世纪月、季和年降水量。① 然而上海所在的长江下游地区只在 1723—1806 年间有《晴雨录》资料，尚不能与 1874 年以来的器测资料进行衔接从而建立连续的更长时段高分辨率降水量序列。

地方志、《雨雪分寸》和《晴雨录》均存在时空分辨率的局限，因此收集利用其他类型的代用资料弥补其不足就成为历史气候研究的重要课题，其中一类非常理想的代用资料就是日记。日记中天气信息的时间精度与《晴雨录》相同，都能精确到"日"，所不同的是，《晴雨录》为官方定点观测，记录比较系统规范，而日记为私人定点或不定点的观测，记录相对个性化，此外留存下来的日记资料在时空

----

① 张德二，王宝贯. 用清代《晴雨录》资料复原 18 世纪南京、苏州、杭州三地夏季月降水量序列的研究［J］. 应用气象学报，1990，1（3）：260 - 270；张德二，刘月巍，梁有叶，等. 18 世纪南京、苏州和杭州年、季降水量序列的复原研究［J］. 第四纪研究，2005，25（2）：121 - 128.

分布上要更加宽广，并不局限于清代北京、南京、苏州和杭州少数地区，利用日记资料复原历史时期的降水量尽管已经取得了一些成果，但基本上都是针对个别年份或 10 年时间尺度上的研究，且研究时段集中于 19 世纪中期以后，缺乏更早、更长时间序列的建立。有鉴于此，本章拟利用系统收集到的上海地区的日记资料，借鉴前人的研究方法，以期尽可能前推上海地区降水量序列并增进我们对其季、年降水量变化特征的认识。

## ◉ 第二节　资料与方法

资料分为两类。1. 日记资料。利用日记重建降水量的时段为 1800—1873 年，所用日记包括《查山学人日记》、《管庭芬日记》、《拈红词人日记》和《杏西篠榭耳目记》等 10 种日记，各种日记覆盖的时段、涉及地点、天气信息等情况详见表 1 – 1。2. 器测资料。本书所用上海地区器测逐日降水量资料时段为 1874—2015 年，资料的构成情况在第三章第二节有详细介绍，不再赘述。此外还使用了平湖气象站 1954—2009 年和吴县东山气象站 1956—2009 年逐日降水量资料。

研究方法的关键在于如何将日记中 1800—1873 年有关降水的定性记录准确地转换为定量的降水量。首先，根据日记当天降水记录措辞，综合考虑降水大小、降水时长、社会响应等要素，将日记每日降水信息划分为 5 个降水等级（表 4 – 1），即将日记降水信息半定量化，划定的方案及分级的个数非常适合日记中降水信息的记录特点，以此为基础重建的降水量的可靠性能够获得其他代用指标如旱涝等级的检验（见第二章第三节）。

分级的具体标准如下（第二章第二节已经涉及对日记降水记录的分级标准，但因研究时间为 5～9 月，尚未涉及对冬半年降雪日的定级，以下标准则包含了对降雨、降雪记录的等级化方案）：

①若当天无降水记录，定为 0 级；微量降水如"小雨""微雨"等无论其降水时间长短，一律定为 1 级；当记载有"雨""阴雨"等一般性降水时，若能判断降水时间较短（不足 1 个时辰），则定为 1 级，若降水时间较长（6 个时辰以上），定为 3 级，其余为 2 级；当有描述雨势较大的字词如"大""甚""壮""厉"等出现时，若降水时间较短，则定为 2 级，较长者定为 4 级，其余为 3 级；当有描述雨势特别大如"如注""倾盆""如泼""极大"等词出现时，若降水时间较短，则定为 3 级，其余为 4 级，因降水直接造成洪涝灾害的也定为 4 级。②对于降雪的情况，若无积雪厚度，则将一般性降雪和大雪不足 1 个时辰的定为 1 级（将无持续时长信息的降雪均认为是在 1 个时辰以上），大雪 1 个时辰以上和暴雪不足 1 个时辰的定为 2 级，暴雪 1 个时辰以上和大暴雪不足 1 个时辰的定为 3 级，大暴雪 1 个时辰以上者定为 4 级；若记有积雪厚度，先将积雪厚度与降水量按15∶1的比例换算，① 然后定级，经估算将积雪不足 3 寸的定为 1 级，3 寸以上未达到 1.5 尺的定为 2 级，1.5 尺以上未超过 2.5 尺的定为 3 级，2.5 尺以上者定为 4 级。③一日之内若有不同等级的降水，以最高等级为基准，综合各等级予以判定。

---

① 伍国凤，郝志新，郑景云.1736 年以来南京逐季降水量的重建及变化特征［J］.地理科学，2010，30（6）：936－942.

表 4 - 1    日记中天气记录降水等级的划分方案

| 天气记录措辞 | 降水等级 |
|---|---|
| 晴、阴、阴晴不定、天有雨意 | 0 |
| 雪、微雨、小雨、下雨一阵、微雨即止、雷雨即止、晨雨即晴 | 1 |
| 雨、阴雨、夜雨、大雪、晴雨无定、晨大雷雨逾二刻许方止 | 2 |
| 雨甚大、雨声壮、大雷雨、雨日夜不停、夜半雨声甚厉 | 3 |
| 雨势极大、雨甚大，竟日如泼、大雨如注，竟日夜不住点、雨不住点，竟日夜声势转大，彻宵不停，所退无几之水，今复上岸矣 | 4 |

其后，将与日记资料涉及地点相同（或邻近）地区的器测资料时段的逐日降水量划分为与日记各个降水等级相匹配的 5 个级别。那么如何将日记中各降水等级与降水量进行对应？现代北京、南京、苏州、杭州等地降水量资料的统计表明，同一月份各级降水日数的比例分布，在不同的 20 年、30 年时段内大致不变。[①] 遵循这一特点，以《管庭芬日记》为例，作者做过多次修正调试，最后确定了日记中各降水等级对应的降水量范围，即 0 级：$0.0 \text{ mm} \leqslant R < 0.1 \text{ mm}$；1 级：$0.1 \text{ mm} \leqslant R < 1 \text{ mm}$；2 级：$1 \text{ mm} \leqslant R < 25 \text{ mm}$；3 级：$25 \text{ mm} \leqslant R < 50 \text{ mm}$；4 级：$50 \text{ mm} \leqslant R$（R 为日降水量），因为采取这种划分方案得出的《管庭芬日记》所记海宁地区 1815—1866 年每月、汛期、全年的 5 个降水等级的平均降水日数之间的比例分布能够与平湖 1954—2009 年基本相符（图 4 - 1，取 1 月、4 月、7 月、10 月分别代表冬、

---

① 张德二，刘月巍. 北京清代 "晴雨录" 降水记录的再研究——应用多因子回归方法重建北京（1724 - 1904 年）降水量序列 [J]. 第四纪研究，2002，22（3）：199 - 208；张德二，刘月巍，梁有叶，等. 18 世纪南京、苏州和杭州年、季降水量序列的复原研究 [J]. 第四纪研究，2005，25（2）：121 - 128.

春、夏、秋四季情况，《管庭芬日记》每月、汛期、全年各等级平均雨日数由数据完整的年份计算，参与统计的年份 40 ~ 47 个），而且这也比较接近现今天气预报采用的小雨、中雨、大雨、暴雨的划分习惯。

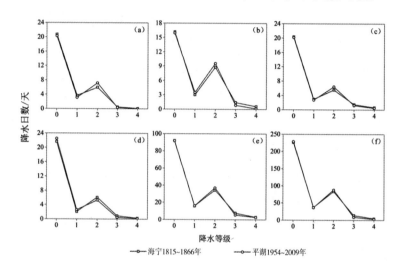

**图 4 - 1　海宁 1815—1866 年与平湖 1954—2009 年 1—12 月、**

**汛期和全年 5 个降水等级平均雨日数的对比**

（a——1 月，b—— 4 月；c——7 月；d——10 月；e——汛期；f——全年）

日记降水等级和各等级对应的雨量区间确定后，利用器测数据（时段采用资料条件有根本改善的 20 世纪 50 年代以后），以月为单元，建立 5 个级别降水日数与月降水总量之间的多元逐步回归方程，将日记每个月 0 ~ 4 级降水日数代入回归方程便获得逐月降水量。

本书所用日记资料主要涉及上海、海宁和吴县三个地区（表 1 - 1），尽管三个地点的气候特征基本一致，但考虑到不同地区的气候特征的差异性以及提高重建结果的准确性，分别建立了与日记资料涉及地点临近的 3 个气象站点 1~12 月 5 个等级降水日数与月降水量的回归方程（表 4 - 2、表 4 - 3 和表 4 - 4）。在选择回归方程重建日记资料覆盖时段的降水量时，选取与日记涉及地点最近且气候特征最相似的气象站点所建回归方程，例如复原《查山学人日记》所记娄县地区的降水量采用龙华站的回归方程（表 4 - 2），复原《管庭芬日记》、《鹂声馆日记》、《芋园日记》、《海沤日记》和《瓶庐日记》所记海宁州、平湖、杭州、山阴地区的降水量采用平湖站的回归方程（表 4 - 3），复原《鸥雪舫日记》、《蔬香馆日记》、《拈红词人日记》和《杏西簃樹耳目记》所记吴县、吴江地区的降水量采用吴县东山站的回归方程（表 4 - 4）。此外，《查山学人日记》所记青阳地区的降水量采用龙华站的回归方程计算。

需要指出的是，由于 1807 年 3 月、1819 年 11 月、1822 年 8 月、1828 年 11 月、1829 年 10 月、1852 年 12 月、1855 年 12 月、1856 年 7 月、1858 年 11 月、1859 年 12 月、1862 年 2 月和 1864 年 11 月大于 1 级降水等级的降水日数非常少，致使利用表 4 - 2、表 4 - 3 和表 4 - 4 中回归方程重建的这些月份的降水量为负值，本书采用该月另一通过显著性检验的回归方程重新计算，最终都得到不小于 0 的降水量。

**表 4 - 2　龙华气象站 1951—1998 年 1—12 月各级雨日数**
**与月降水量之间的回归方程**

| 重建对象 | 回归方程 | 方程编号 | $R^2$ | $F$ | $P$ |
|---|---|---|---|---|---|
| 1 月降水量 | $Y_1 = 37.79D - 37.64\ X_1 - 31.62\ X_2 - 0.52$ | (1) | 0.85 | 82.7 | 0.00 |
| 2 月降水量 | $Y_2 = 23.21D - 23.76\ X_1 - 15.46\ X_2 - 0.10$ | (2) | 0.79 | 55.9 | 0.00 |

续表

| 重建对象 | 回归方程 | 方程编号 | $R^2$ | $F$ | $P$ |
|---|---|---|---|---|---|
| 3 月降水量 | $Y_3 = 32.85D - 31.87\ X_1 - 24.01\ X_2 - 13.48$ | (3) | 0.83 | 73.8 | 0.00 |
| 4 月降水量 | $Y_4 = 77.11D - 78.52X_1 - 68.41\ X_2 - 52.57\ X_3 + 2.43$ | (4) | 0.79 | 41.2 | 0.00 |
| 5 月降水量 | $Y_5 = 8.58\ X_2 + 34.36\ X_3 + 57.5\ X_4 - 6.63$ | (5) | 0.85 | 81.2 | 0.00 |
| 6 月降水量 | $Y_6 = 5.85\ X_2 + 38.05\ X_3 + 58.79\ X_4 + 23.45$ | (6) | 0.89 | 123.0 | 0.00 |
| 7 月降水量 | $Y_7 = 6.7\ X_2 + 26.91\ X_3 + 79.66\ X_4 + 9.89$ | (7) | 0.96 | 367.1 | 0.00 |
| 8 月降水量 | $Y_8 = 8.49\ X_2 + 31.8\ X_3 + 71.82\ X_4 + 4.89$ | (8) | 0.91 | 143.2 | 0.00 |
| 9 月降水量 | $Y_9 = 6.13\ X_2 + 39.36\ X_3 + 73.56\ X_4 + 3.65$ | (9) | 0.89 | 119.0 | 0.00 |
| 10 月降水量 | $Y_{10} = 7.16\ X_2 + 31.37\ X_3 + 77.87X_4 - 3.12$ | (10) | 0.94 | 234.7 | 0.00 |
| 11 月降水量 | $Y_{11} = 3.96\ X_1 + 7.39\ X_2 + 31.25\ X_3 + 64.1X_4 - 9.88$ | (11) | 0.88 | 80.7 | 0.00 |
| 12 月降水量 | $Y_{12} = 27.45D - 27.26\ X_1 - 20.22\ X_2 - 1.05$ | (12) | 0.85 | 84.5 | 0.00 |

**表 4 - 3　平湖气象站 1954—2009 年 1 ~ 12 月各级雨日数**

**与月降水量之间的回归方程**

| 重建对象 | 回归方程 | 方程编号 | $R^2$ | $F$ | $P$ |
|---|---|---|---|---|---|
| 1 月降水量 | $Y_1 = 33.05D - 34.33\ X_1 - 26.29\ X_2 + 3.82$ | (1) | 0.82 | 78.4 | 0.00 |
| 2 月降水量 | $Y_2 = 26.55D - 25.76\ X_1 - 18.63\ X_2 - 4.07$ | (2) | 0.85 | 99.7 | 0.00 |

续表

| 重建对象 | 回归方程 | 方程编号 | $R^2$ | $F$ | $P$ |
|---|---|---|---|---|---|
| 3 月降水量 | $Y_3 = 40.56D - 33.99\ X_1 - 31.93X_2 - 34.31$ | (3) | 0.90 | 161.1 | 0.00 |
| 4 月降水量 | $Y_4 = 8.12\ X_2 + 27.91\ X_3 + 65.65\ X_4 + 0.68$ | (4) | 0.76 | 56.3 | 0.00 |
| 5 月降水量 | $Y_5 = 8.99\ X_2 + 34.39\ X_3 + 66.85\ X_4 - 10.66$ | (5) | 0.84 | 93.4 | 0.00 |
| 6 月降水量 | $Y_6 = 10.37\ X_2 + 34.86\ X_3 + 67.74\ X_4 - 13.04$ | (6) | 0.94 | 296.3 | 0.00 |
| 7 月降水量 | $Y_7 = 8.90\ X_2 + 37.37\ X_3 + 74.95\ X_4 - 7.28$ | (7) | 0.93 | 214.7 | 0.00 |
| 8 月降水量 | $Y_8 = 10.36\ X_2 + 30.91\ X_3 + 89.29\ X_4 - 17.39$ | (8) | 0.85 | 99.1 | 0.00 |
| 9 月降水量 | $Y_9 = 6.32\ X_2 + 34.75\ X_3 + 101.74\ X_4 + 4.47$ | (9) | 0.83 | 81.8 | 0.01 |
| 10 月降水量 | $Y_{10} = 6.80\ X_2 + 29.21\ X_3 + 72.89\ X_4 - 0.15$ | (10) | 0.90 | 156.9 | 0.00 |
| 11 月降水量 | $Y_{11} = 7.78\ X_2 + 29.34\ X_3 + 60.89\ X_4 - 0.66$ | (11) | 0.85 | 101.0 | 0.00 |
| 12 月降水量 | $Y_{12} = 37.05D - 36.44\ X_1 - 30.27\ X_2 - 2.75$ | (12) | 0.88 | 127.6 | 0.00 |

### 表 4-4　吴县东山气象站 1956—2009 年 1~12 月各级雨日数与月降水量之间的回归方程

| 重建对象 | 回归方程 | 方程编号 | $R^2$ | $F$ | $P$ |
|---|---|---|---|---|---|
| 1 月降水量 | $Y_1 = 38.98D - 39.22\ X_1 - 30.83\ X_2 - 7.72$ | (1) | 0.78 | 59.7 | 0.00 |
| 2 月降水量 | $Y_2 = 28.35D - 26.43\ X_1 - 20.78\ X_2 - 6.41$ | (2) | 0.81 | 70.8 | 0.00 |

续表

| 重建对象 | 回归方程 | 方程编号 | $R^2$ | $F$ | $P$ |
|---|---|---|---|---|---|
| 3 月降水量 | $Y_3 = 8.03 X_2 + 28.76 X_3 + 90.72 X_4 - 2.78$ | （3） | 0.82 | 77.7 | 0.00 |
| 4 月降水量 | $Y_4 = 7.24 X_2 + 33.58 X_3 + 74.9 X_4 + 5.43$ | （4） | 0.83 | 81.2 | 0.00 |
| 5 月降水量 | $Y_5 = 5.57 X_2 + 37.09 X_3 + 60.63 X_4 + 14.52$ | （5） | 0.87 | 115.3 | 0.00 |
| 6 月降水量 | $Y_6 = 6.34 X_2 + 31.92 X_3 + 76.7 X_4 + 14.7$ | （6） | 0.95 | 298.2 | 0.00 |
| 7 月降水量 | $Y_7 = 9.67 X_2 + 33.94 X_3 + 70.2 X_4 - 2.67$ | （7） | 0.93 | 214.6 | 0.00 |
| 8 月降水量 | $Y_8 = 6.96 X_2 + 38.55 X_3 + 66.12 X_4 + 7.5$ | （8） | 0.83 | 80.7 | 0.00 |
| 9 月降水量 | $Y_9 = 7.42 X_2 + 37.58 X_3 + 83.8 X_4 - 8.35$ | （9） | 0.89 | 131.7 | 0.00 |
| 10 月降水量 | $Y_{10} = 5.89 X_2 + 38.13 X_3 + 93.67 X_4 + 0.48$ | （10） | 0.89 | 133.8 | 0.00 |
| 11 月降水量 | $Y_{11} = 6.75 X_2 + 32.2 X_3 + 59.2 X_4 + 0.54$ | （11） | 0.93 | 227.5 | 0.00 |
| 12 月降水量 | $Y_{12} = 24.04 D - 24.16 X_1 - 17.18 X_2 + 1.22$ | （12） | 0.88 | 120.6 | 0.00 |

　　注：表 4 - 2、表 4 - 3 和表 4 - 4 中，$X_1$、$X_2$、$X_3$、$X_4$ 分别代表降水等级为 1 级、2 级、3 级、4 级的降水日数，$D$ 为降水总日数，$Y_1 \sim Y_{12}$ 分别为重建的 1—12 月降水量，$R^2$、$F$ 和 $P$ 分别为回归方程的方差解释量、回归均方和与残差均方和的比值和回归系数显著性水平。

　　与气温在相对广泛的空间具有高度一致性不同，即便是相距非常近的两个地区之间的降水量也常有较大差异，为了将娄县、吴县、吴江、海宁、杭州、平湖、山阴、青阳、龙华、宝山、徐家汇等地区降水量校准为一个代表点，形成单站连续的均一化降水量时间序列，根据各地降水量之间的相关关系，将上述重建的降水量和器测降水量进一步进行转换，将其都校准至资料序列时段最长、可靠性最高且地点有代表性的上海龙华站（徐家汇站与龙华站相距甚近，视作同一站）。其中，吴县、吴江地区的重建降水量使用表 4 - 5 中方程进行转换，海宁、杭州、平湖、山阴地区的重建降水量使用表 4 - 6 中的转换方程，1999—2015 年宝山气象站器测降水量采用表 4 - 7 中方程转换。娄县、青阳地区的降水量因为原本采用的就是表 4 - 2 中龙华站的回归方程进行复原，故不再进行转换；很显然，1874—1950 年徐家汇站和 1951—1998 年龙华站的器测降水量也无须进行转换。需要指出的是，1837 年 1 月的降水量经转换后为负值，本书采用转换前的数据替代。

通过上述复原方案便获得了 1800—2015 年上海地区（以龙华站为基准）逐月降水量资料（缺 1800 年 1 月），据此构建了近 216 年春季（3 ~ 5 月）、夏季（6 ~ 8 月）、秋季（9 ~ 11 月）、冬季（12 月至次年 2 月）、汛期（5 ~ 9 月）和年（3 月至次年 2 月）降水量时间序列（图 4 - 2）。

**表 4 - 5  龙华气象站与吴县东山气象站 1956—1998 年**

**1—12 月降水量之间的转换关系**

| 转换方程 | $R^2$ | $F$ | $P$ | 转换方程 | $R^2$ | $F$ | $P$ |
|---|---|---|---|---|---|---|---|
| $Y_1 = 0.93X_1 - 0.12$ | 0.89 | 342.6 | 0.00 | $Y_7 = 0.96X_7 + 6.65$ | 0.66 | 81.0 | 0.00 |
| $Y_2 = 0.88X_2 + 0.83$ | 0.94 | 672.9 | 0.00 | $Y_8 = 0.67X_8 + 49.62$ | 0.43 | 31.2 | 0.00 |
| $Y_3 = 0.91X_3 + 0.11$ | 0.89 | 342.4 | 0.00 | $Y_9 = 0.72X_9 + 62.16$ | 0.50 | 41.3 | 0.00 |
| $Y_4 = 0.78X_4 + 18.20$ | 0.70 | 95.6 | 0.00 | $Y_{10} = 0.82X_{10} + 5.04$ | 0.72 | 107.3 | 0.00 |
| $Y_5 = 0.82X_5 + 18.22$ | 0.65 | 76.9 | 0.00 | $Y_{11} = 0.91X_{11} + 4.91$ | 0.84 | 215.8 | 0.00 |
| $Y_6 = 0.70X_6 + 47.00$ | 0.58 | 56.0 | 0.00 | $Y_{12} = 1.06X_{12} - 1.81$ | 0.96 | 1045.2 | 0.00 |

表 4 - 6　龙华气象站与平湖气象站 1954—1998 年

1—12 月降水量之间的转换关系

| 转换方程 | $R^2$ | $F$ | $P$ | 转换方程 | $R^2$ | $F$ | $P$ |
|---|---|---|---|---|---|---|---|
| $Y_1 = 0.89X_1 - 1.88$ | 0.92 | 483.9 | 0.00 | $Y_7 = 0.70X_7 + 54.91$ | 0.44 | 33.3 | 0.00 |
| $Y_2 = 0.77X_2 + 3.40$ | 0.91 | 412.5 | 0.00 | $Y_8 = 0.62X_8 + 62.78$ | 0.35 | 23.3 | 0.00 |
| $Y_3 = 0.75X_3 + 12.27$ | 0.77 | 145.6 | 0.00 | $Y_9 = 0.53X_9 + 57.08$ | 0.54 | 50.1 | 0.00 |
| $Y_4 = 0.75X_4 + 12.39$ | 0.66 | 84.8 | 0.00 | $Y_{10} = 0.81X_{10} + 1.95$ | 0.79 | 162.8 | 0.00 |
| $Y_5 = 0.66X_5 + 28.86$ | 0.47 | 37.6 | 0.00 | $Y_{11} = 0.79X_{11} + 9.44$ | 0.76 | 135.1 | 0.00 |
| $Y_6 = 0.52X_6 + 78.31$ | 0.35 | 22.8 | 0.00 | $Y_{12} = 0.90X_{12} + 0.03$ | 0.91 | 447.1 | 0.00 |

表 4 - 7　龙华气象站与宝山气象站 1991—1998 年

1—12 月降水量之间的转换关系

| 转换方程 | $R^2$ | $F$ | $P$ | 转换方程 | $R^2$ | $F$ | $P$ |
|---|---|---|---|---|---|---|---|
| $Y_1 = 1.08X_1 - 3.70$ | 1.00 | 2830.6 | 0.00 | $Y_7 = 1.04X_7 + 46.84$ | 0.54 | 7.1 | 0.05 |
| $Y_2 = 0.96X_2 + 3.76$ | 0.98 | 313.3 | 0.00 | $Y_8 = 0.61X_8 + 39.67$ | 0.89 | 49.9 | 0.00 |
| $Y_3 = 1.07X_3 + 5.32$ | 0.97 | 181.6 | 0.00 | $Y_9 = 1.13X_9 + 3.75$ | 0.73 | 16.1 | 0.01 |
| $Y_4 = 0.89X_4 + 8.28$ | 0.46 | 5.0 | 0.10 | $Y_{10} = 0.82X_{10} + 5.74$ | 0.77 | 19.8 | 0.00 |
| $Y_5 = 1.15X_5 - 4.99$ | 0.93 | 77.2 | 0.00 | $Y_{11} = 1.19X_{11} - 2.58$ | 0.97 | 186.7 | 0.00 |
| $Y_6 = 0.81X_6 + 53.74$ | 0.78 | 21.2 | 0.00 | $Y_{12} = 1.14X_{12} - 2.64$ | 0.97 | 167.4 | 0.00 |

注：表中 $Y_1 \sim Y_{12}$ 为龙华气象站 1—12 月降水量，表 4 - 5、表 4 - 6、表 4 - 7 中 $X_1 \sim X_{12}$ 分别为吴县东山气象站、平湖气象站和宝山气象站 1—12 月降水量，$R^2$、$F$ 和 $P$ 分别为回归方程的方差解释量、回归均方和与残差均方和的比值和回归系数显著性水平。

## ● 第三节　结果与分析

### 一、上海地区 1800—2015 年降水量变化的气候特征

图 4 - 2 显示，1800—2015 年上海地区降水量具有明显的年际变

化特征。从降水量的极值分布来看（表 4 - 8），春季降水量最小值为
119.9mm，出现于 1843 年，最大 708.0mm，出现于 1841 年；夏季最
小为 97.0mm，出现于 1934 年，最大达 936.6mm，出现于 1849 年；
秋季最小 54.0mm，出现于 1955 年，最大 656.9mm，出现于 1841 年；

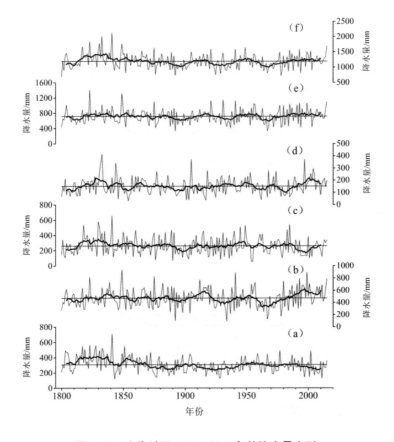

**图 4 - 2　上海地区 1800—2015 年的降水量序列**

（a——春季；b——夏季；c——秋季；d——冬季；e——汛期；f——全年；

细折线为序列值，粗曲线为 10 年滑动平均，细横直线为序列平均）

冬季最小 33.4mm，出现于 1854 年，最大 413.6mm，出现于 1833 年；
汛期降水量最小值 328.7mm，发生在 1967 年，最大值达 1403.7mm，
发生在 1823 年；年降水量最小 695.1mm，出现于 1800 年，最大出现
于 1841 年，达 2136.5mm。除夏季、秋季和汛期降水量最小值出现在
20 世纪中前期外，年内其余各时期降水量的最小（大）值均分布于
19 世纪上半叶，意味着这一时段的降水存在非常巨大的年际波动。各
时期降水量的变差系数显示，冬季降水的年际波动最大，其次分别为
秋季、春季、夏季、汛期，年降水量的年际波动最小。

表 4 - 8　上海地区 1800—2015 年降水量的基本统计特征

| 时期 | 平均值 /mm | 标准差 /mm | 变差系数 /% | 最小值 /mm | 最大值 /mm | 倾向率 （mm/10a） |
|---|---|---|---|---|---|---|
| 春季 | 307.5 | 98.2 | 31.9 | 119.9（1843） | 708.0（1841） | -4.3 |
| 夏季 | 474.4 | 151.1 | 31.9 | 97.0（1934） | 936.6（1849） | 2.0 |
| 秋季 | 260.4 | 110.3 | 42.4 | 54.0（1955） | 656.9（1841） | -1.5 |
| 冬季 | 152.2 | 64.9 | 42.6 | 33.4（1854） | 413.6（1833） | 0.5 |
| 汛期 | 715.1 | 178.0 | 24.9 | 328.7（1967） | 1403.7（1823） | 1.4 |
| 全年 | 1194.5 | 231.6 | 19.4 | 695.1（1800） | 2136.5（1841） | -3.3 |

注：最小（大）值后括号内为出现的年份。

此外，上海地区 1800—2015 年降水量还具有明显的年代际变化特
征。就每 10 年平均降水量的极值而言，在春季，最小值为 234.8mm，
出现于 1920—1929 年，最大值为 389.1mm，出现于 1820—1829 年；
夏季最小 351.2mm，出现于 1960—1969 年，最大 588.1mm，出现于
1990—1999 年；秋季最小 191.4mm，出现于 1990—1999 年，最大
329.3mm，出现于 1830—1839 年；冬季最小 115.2mm，出现于
1850—1859 年，最大 206.9mm，出现于 2000—2015 年，次大值为

195.9mm，出现于 1830—1839 年；汛期最小 620.0mm，出现于 1960—1969 年，最大 797.8mm，出现于 2000—2015 年，次大值为 778.6mm，出现于 1830—1839 年；年降水量每 10 年平均最小值 1043.1mm，出现在 1890—1899 年，最大值为 1427.1mm，出现在 1830—1839 年。可见，降水量每 10 年平均值的极小（大）值主要分布于 19 世纪中前期和 20 世纪 90 年代以来，意味着这两个时段降水量的气候平均态可能发生了较大的年代际变化。

从长期变化趋势来看（表 4 - 8），1800—2015 年春季、秋季和年降水量均呈减少趋势，线性倾向率分别为 - 4.3mm/10a、- 1.5mm/10a 和 - 3.3mm/10a，其中仅春季降水量减少趋势十分显著，达到 0.001 显著性水平，夏季、冬季和汛期降水量均呈增加趋势，线性倾向率分别为 2.0mm/10a、0.5mm/10a 和 1.4mm/10a，但增加趋势都不显著（$\alpha = 0.05$）。

## 二、上海地区 1800—2015 年降水量的突变特征

$t$ 检验是通过考察两组样本均值的差异是否显著来判断突变，基准点和子序列长度设置的不同都会影响突变检验结果。为了对降水量序列的年代际突变进行分析，本书选取了 5 个子序列长度（10 年、20 年、30 年、40 年和 50 年），分别采用滑动 $t$ 检验（给定显著性水平 0.01）对降水量序列的突变特征进行诊断（表 4 - 9）。

表 4 - 9　滑动 $t$ 检验得出上海地区 1800—2015 年
降水量序列的突变点

| 时段 | 10 年 | 20 年 | 30 年 | 40 年 | 50 年 | 相交位置 |
|---|---|---|---|---|---|---|
| 春季 | — | 1868—1873，1940—1941，1944—1945 | 1841—1842，1861，1865—1866，1872—1873，1937—1945 | 1841—1842，1851—1874，1944—1948 | 1850—1883，1885—1886，1945 | 1868—1873，1944—1945 |
| 夏季 | 1921，1923，1957—1958 | 1957—1958，1978—1986 | 1978—1985 | 1972—1975 | — | 1957—1958，1978—1985 |
| 秋季 | 1813，1817 | — | — | — | — | — |
| 冬季 | 1815，1859 | 1988，1994—1995 | 1985 | — | — | — |
| 汛期 | — | — | — | — | — | — |
| 全年 | 1814—1816，1902—1904，1963 | 1819 | 1984 | 1853—1870 | 1851—1855，1857—1873，1875—1876，1879 | 1857—1870 |

　　由表 4 - 9 可见，降水量在不同的时间尺度上检测出的突变结果并不完全一致。春季降水出现突变的位置相对较多，集中出现在 1868—1873 年和 1944—1945 年两处，前一时段雨量由多转少，后者反之；夏雨主要在 1957—1958 年和 1978—1985 年两处存在突变，前者由多变少，后者反之；秋季、冬季降水并未发现突变集中点；汛期降水量在 5 个子序列长度上均未检测到突变现象，表明 1800—2015 年汛期降水量的变化比较平稳；年降水量出现突变的位置主要集中在 1857—1870 年，雨量由多转少。综合来看，集中突变点大体分布在 1814—1816 年、1868—1870 年和 1978—1985 年，其中降水量在 1814—1816 年的突变与中国、全球气温在 1816 年附近的突降时间点

比较契合。[1] 1978—1985 年的突变与北半球气温、东亚夏季风乃至全球大气环流在 20 世纪 70 年代末发生的年代际突变时间点较为一致。[2]

值得指出的是，在 5 类时间尺度上，春季、夏季和年降水量出现突变的位置相对多于年内另外几个时期，表明春季、夏季和年降水量在 1800—2015 年间存在较大的年代际变幅，这一现象也能够从图 4 - 2 中 10 年滑动平均曲线反映出的明显年代际振荡获得印证。

### 三、上海地区 1800—2015 年降水量的变化阶段

综合季、汛期和年降水量序列距平曲线、累积距平曲线和突变检验结果，将降水量的变化划分为七个阶段（图 4 - 3），七个阶段节点分别为 1815 年、1869 年、1904 年、1921 年、1941 年、1984 年、2015 年，统计了各个阶段平均降水量与全时段平均值的距平，列于表 4 - 10。

---

[1]  张丕远主编. 中国历史气候变化 [M]. 济南： 山东科学技术出版社， 1996： 386 - 390.

[2]  彭加毅， 孙照渤， 朱伟军. 70 年代末大气环流及中国旱涝分布的突变 [J]. 南京气象学院学报， 1999， 22 （3）：300 - 304； 于淑秋， 林学椿， 徐祥德. 中国气温的年代际振荡及其未来趋势 [J]. 气象科技， 2003， 31 （3）：136 - 139； 曾刚， 孙照渤， 王维强， 等. 东亚夏季风年代际变化——基于全球观测海表温度驱动 NCAR Cam3 的模拟分析 [J]. 气候与环境研究， 2007， 12 （2）：211 - 224； 曾刚， 倪东鸿， 李忠贤， 等. 东亚夏季风年代际变化研究进展 [J]. 气象与减灾研究， 2009， 32 （3）：1 - 7.

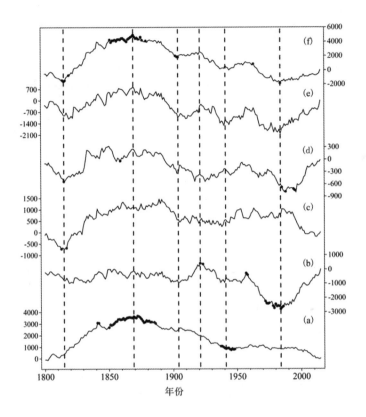

**图 4 - 3　1800—2015 年上海地区降水量序列累积距平**

（a——春季；b——夏季；c——秋季；d——冬季；e——汛期；

f——全年；粗黑圆点表示检测到突变的位置，

竖点状直线为阶段分割年份）

### 表 4 - 10　上海地区 1800—2015 年 7 个阶段降水量
### 平均值的距平百分率

单位:%

| 时段 | 春季 | 夏季 | 秋季 | 冬季 | 汛期 | 全年 |
| --- | --- | --- | --- | --- | --- | --- |
| 1800—1815 | 9.0 | - 10.2 | - 17.1 | - 22.9 | - 8.1 | - 8.4 |
| 1816—1869 | 19.1 | 2.7 | 13.0 | 10.4 | 4.6 | 10.2 |
| 1870—1904 | - 9.9 | - 5.5 | - 6.0 | - 12.1 | - 7.5 | - 7.6 |
| 1905—1921 | - 10.7 | 17.6 | - 1.1 | - 0.7 | 5.6 | 3.9 |
| 1922—1941 | - 18.7 | - 10.2 | 0.5 | 4.3 | - 5.6 | - 8.2 |
| 1942—1984 | - 0.5 | - 11.1 | 1.7 | - 6.0 | - 2.9 | - 4.9 |
| 1985—2015 | - 8.3 | 19.0 | - 9.2 | 13.3 | 9.2 | 5.1 |

第一阶段 1800—1815 年，持续 16 年，降水量最突出的特点是以偏少占主导，除春季降水增加 9.0% 外，年内其余各时期减少 8.1% ~ 22.9%，其中秋季、冬季减少幅度尤大，在七个阶段中均位列第一。第二阶段 1816—1869 年，持续 54 年，该阶段与第一阶段降水量距平符号基本相反，雨量整体偏多，除夏季和汛期降水量增加不明显外，其余各季、年降水量增长幅度大，达 10.2% ~ 19.1%。第三阶段 1870—1904 年，持续 35 年，降水量变化趋势与第二阶段完全相反，雨量整体偏少 5.5% ~ 12.1%，而与第一阶段基本一致，所不同之处在于春季降水，本阶段减少 9.9%，而第一阶段为增加 9.0%，另外这一阶段雨量减少的幅度整体上低于第一阶段，尤其体现在秋季和冬季。第四阶段 1905—1921 年，持续 17 年，降水最明显的特征是春雨偏少，达 10.7%，而夏雨异常偏多，达 17.6%。第五阶段 1922—1941 年，持续 20 年，最突出的特点是春季和夏季降水异常偏少，春雨偏少达

18.7%，在 5 个负距平时段中偏少最多，夏季降水偏少 10.2%，在 4 个负距平时段中位居第二。第六阶段 1942—1984 年，持续 43 年，与第三阶段降水变化趋势非常一致，雨量基本偏少，所不同的是偏少的幅度整体上略低。第七阶段 1985—2015 年，持续 31 年，降水特征与第四阶段比较相似，均表现为春雨异常偏少，夏雨异常偏多，汛期降水量和年降水量在适中水平，所不同之处在于这一阶段秋季降水偏少幅度、冬季降水偏多幅度均远大于第四阶段。

从降水变化的阶段特征来看，各阶段持续时间为 16～54 年，显示出明显的年代际振荡特征；上海地区 1800—1815 年春季降水以 1869 年为界，分为多雨期—少雨期前后两个明显不同的模态，而年内其他时期的降水整体上呈现出少雨期—多雨期三次交替的年代际变化特征。

### 四、上海地区 1800—2015 年降水量序列的周期分析

采用 Morlet 小波变换方法对降水量标准化时间序列的时频结构特征进行分析。小波系数实部等值线如图 4 - 4 所示，某一时间尺度上小波系数的正、负变化一般分别对应该尺度上降水量的丰、枯变化，因此可以透过小波系数数值随时间的变化来认识降水量的波动情况及其变化周期；由于小波方差能够反映序列的波动能量在不同时间尺度的分布状况，通过其明显的峰值能够识别序列的准周期，因此可以同时绘制降水量序列的小波方差图（图4 - 5）。

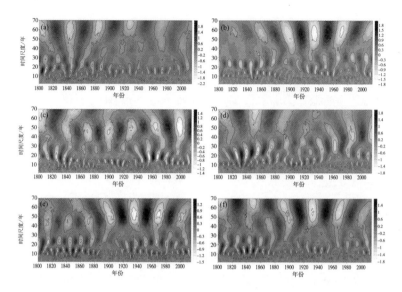

**图 4 - 4　1800—2015 年上海地区标准化降水量序列**

**小波变换实部等值线图**

（a——春季；b——夏季；c——秋季；d——冬季；e——汛期；f——全年）

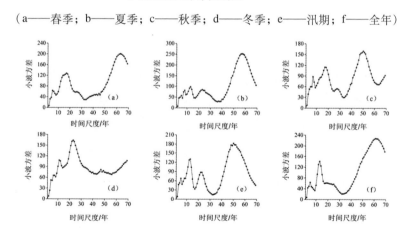

**图 4 - 5　1800—2015 年上海地区降水量序列小波方差**

（a——春季；b——夏季；c——秋季；d——冬季；e——汛期；f——全年）

由图 4-4（a）可见，春季降水在 1~10 年、10~30 年和 50~70 年三类时间尺度上存在比较明显的变化周期，小波方差揭示三类时间尺度对应的准周期分别为 5 年、17 年和 63 年，其中 63 年的第一准周期控制着全时域春雨的丰枯转换，但 20 世纪 40 年代以后此周期信号开始减弱以至近乎消失；17 年为春季降水变化的第二主周期，该周期信号在 19 世纪 50 年代之前较强且呈增长的趋势，之后该信号的强度总体相对较弱，19 世纪 50 年代至 20 世纪初周期长度逐渐变短，20 世纪初后周期长度和强度相对稳定；5 年为春季降水变化的第三主周期，主要体现于 19 世纪 80 年代之前和 20 世纪 30 年代以后。夏季降水在 1~10 年、10~20 年、20~30 年和 50~70 年四类尺度上存在较为明显的演变周期，19 世纪 70 年代之前，20~30 年的变化周期比较凸显，70 年代以后代之以明显的 50~70 年尺度的周期，小波方差揭示夏季降水的准周期由主到次依次为 57 年、13 年、23 年、8 年和 5 年。

秋季降水量也具有多时间尺度上的周期波动特征，主要有 1~10 年、10~25 年、40~55 年三类尺度的周期振荡，小波方差峰值显示这三类时间尺度对应的具体准周期分别为 7 年、17 年和 50 年。50 年的第一准周期几乎贯穿整个时间域，19 世纪 60 年代之前该振荡信号相对较弱；17 年的第二主周期主要体现于 19 世纪 60 年代之前和 20 世纪 40 年代至 80 年代；7 年的变化周期主要分布在 19 世纪 20 年代至 20 世纪 50 年代。冬季降水的周期性体现在 1~10 年、10~15 年、20~30 年和 40~50 年四类时间尺度上，振荡的准周期由主到次分别为 23 年、11 年、47 年和 6 年；23 年的变化周期在 19 世纪 20 年代至 70 年代最明显，且该尺度周期的长度在 20 世纪 10 年代以前呈变长趋势，10 年代之后周期长度又逐渐缩短；11 年的周期主要体现在 20 世纪 40 年代以前，47 年的周期主要体现在 40 年代以后，6 年的波动周期在时间域上的分布比较零碎。

汛期降水在 1～10 年、10～15 年、20～25 年和 40～60 年四类尺度上具有周期演变特点，19 世纪 80 年代以前 10～15 年尺度的周期比较明显，小波方差揭示其对应的准周期为 13 年，80 年代以后 40～60 年尺度的周期占主导，对应的准周期为 50 年，此外汛期降水还具有准 5 年和准 22 年的周期振荡。年降水量在 1～10 年、10～20 年和 45～70 年三类时间尺度上显示出比较明显的周期演变特征，准周期由主到次分别为 61 年、13 年和 5 年，其中强度较为稳定的 61 年准周期主导着年降水量在整个时间域的丰枯旋回，13 年的准周期集中分布于19 世纪 70 年代之前。

综上所述，上海地区 1800—2015 年的降水具有多时间尺度上的周期波动特征，若干个低层级的雨量变化周期包含于高层级的变化周期之中。从降水变化的第一准周期来看，除冬季降水为 23 年外，年内其余时期降水的第一准周期均为 50～63 年时间尺度，该尺度周期与太阳活动 55 年左右的周期、全球温度序列 40～60 年的周期、全球及南北半球温度异常序列准 60 年的波动、热带地区降水 60 年左右的周期、潮汐 54～56 年的周期、太平洋年代际涛动（PDO）50～70 年的周期、北太平洋和北美地区海气耦合系统 50～70 年的振荡具有良好的对应关系；①　此外，各时期降水还普遍存在 5～8 年、11～13 年和 17～23 年的准周期振荡特征，其中 5～8 年的年际变化周期与 Elnino 事件变化周期（一般认为是 2～7 年）较为一致，11～13 年和 17～23 年的周期与太阳活动和潮汐准 11 年、准 22 年的周期、大气涛动（如南方涛动指数、北大西洋涛动指数、北太平洋涛动指数）和北半球重要大气环流系统（如东亚大槽强度、北美大槽强度、西太平洋副高强度、南亚季风指数）10～20 年的变化周期比较一致。②　已有研究多次证实的上海地区近百年降水存在的 35～36 年的变化周期在近 216 年的序列中并未检测到，③　而是代之以明显的 50～63 年更长时间尺度的振荡周期。

## ● 第四节　上海地区 1800—2015 年夏季降水的季节内振荡

### 一、江淮地区夏季降水存在季节内振荡

自从 20 世纪 70 年代初热带大气运动被发现存在 40～50 天准周期

---

① 江志红，屠其璞，施能. 年代际气候低频变率诊断研究进展 [J]. 地球科学进展，2000，15（3）：342 - 347；杨冬红，杨学祥. 全球气候变化的成因初探 [J]. 地球物理学进展，2013，28（4）：1666 - 1677.

② 穆明权，李崇银. 大气环流的年代际变化 I——观测资料的分析 [J]. 气候与环境研究，2000，5（3）：233 - 241.

③ 王绍武. 上海气候振动的分析 [J]. 气象学报，1962，32（4）：322 - 336；王绍武，赵宗慈. 我国旱涝 36 年周期及其产生机制 [J]. 气象学报，1979，37（1）：64 - 73；徐家良. 上海年、季降水演变的奇异谱分析 [J]. 气象科学，1999，19（2）：129 - 135；姚建群. 连续小波变换在上海近 100 年降水分析中的应用 [J]. 气象，2001，27（2）：20 - 24；申倩倩，束炯，王行恒. 上海地区近 136 年气温和降水量变化的多尺度分析 [J]. 自然资源学报，2011，26（4）：644 - 654.

低频振荡以来，大气季节内（30～60 天）振荡已被证实为普遍存在的大气环流系统之一，它的活动及其异常对不少地区的天气和气候都有重大影响，但其活动有明显的地域特征。[①] 对降水季节内振荡的研究可以为提高中期天气预报和短期气候预测的实效提供依据。

　　许多研究已证实中国江淮地区夏季降水具有显著的季节内振荡，[②] 但目前对降水季节内振荡的研究多利用的是 1951 年以来的器测降水资料，那么，在器测资料时段之前，江淮地区夏季降水是否具有同样的低频振荡特征？这一小节拟利用前文建立的 19 世纪以来上海地区的降水序列对这一问题作出解答。

### 二、上海地区夏季降水低频振荡的研究方法

　　由于日记资料时段（1800—1873 年）没有逐日降水量记录，本书将之前确定的 0～4 共 5 个降水等级视作降水量进行分析。为了保证序列的一致性，有器测资料的 1874—2015 年也使用降水等级数据。虽然本书主要研究上海地区夏季（6～8 月）降水的低频特征，但考虑到边界效应的影响，将研究日期前后各延长 1 个月，即研究时段相当于上海地区的汛期（5～9 月），共 153 天。

---

① 李崇银. 热带大气季节内振荡的几个基本问题［J］. 热带气象学报，1995，11（3）：276－288；李崇银，龙振夏，穆明权. 大气季节内振荡及其重要作用［J］. 大气科学，2003，27（4）：518－535.

② 琚建华，钱诚，曹杰. 东亚夏季风的季节内振荡研究［J］. 大气科学，2005，29（2）：187－194；尹志聪，王亚非. 江淮夏季降水季节内振荡和海气背景场的关系［J］. 大气科学，2011，35（3）：495－505；童金，徐海明，智海. 江淮旱涝及旱涝并存年降水和对流的低频振荡统计特征［J］. 大气科学学报，2013，36（4）：409－416；信飞，陈伯民，孙国武. 上海梅汛期强降水的低频特征及延伸期预报［J］. 气象与环境学报，2014，30（6）：61－67.

根据资料来源的不同，将研究时域划分为三个子时段分别进行分析。首先以 1800—2015 年夏季降水量平均值 ±1 个标准差作为典型涝旱年的分界，区分出旱年、涝年和正常年份（表 4 - 11），然后采用合成方法分别求出三个子时段和全时间段旱年、涝年和正常年份 5 月 1日 ~9 月 30 日每日的降水等级平均值，利用 Morlet 小波变换分析旱年、涝年和正常年份降水等级平均值序列的低频振荡周期及其稳定性。

表 4 - 11　上海地区 1800—2015 年三个子时段旱年和涝年划分

| 时段 | 旱年 | 涝年 |
|------|------|------|
| 1800—1873 | 1800、1815、1818、1819、1846、1852、1856、1871 | 1817、1823、1833、1837、1839、1848、1849、1858、1867 |
| 1874—1950 | 1874、1878、1888、1892、1894、1898、1904、1925、1933、1934、1937、1940、1942 | 1875、1882、1886、1889、1891、1912、1915、1916、1917、1919、1921、1938、1941 |
| 1951—2015 | 1953、1959、1961、1964、1967、1968、1970、1972、1978、1979、1984、1992 | 1954、1956、1957、1980、1987、1991、1993、1995、1996、1997、1999、2001、2007、2009、2011、2015 |

### 三、上海地区夏季降水的低频周期

上海地区 1800—2015 年及三个子时段旱年、涝年和正常年份夏季降水的季节内振荡周期列于表 4 - 12。旱年主要存在 8 ~ 14 天和 29 ~ 75 天两类时间尺度上的振荡周期，且这两类周期在三个子时段和全时段表现得非常稳定；从三个子时段第一准周期来看，其周期长度呈现先变短后又增长的现象，周期长度的增长意味着集中降水期之间的间歇期增加，旱灾风险加剧。涝年主要有 8 ~ 14 天、35 ~ 75 天和105 ~

113 天三类时间尺度上的振荡周期,其中 8 ~ 14 天和 35 ~ 75 天两类尺度周期在全时段及三个子时段表现得均比较稳定,105 ~ 113 天尺度的长周期主要体现在后两个子时段;三个子时段的第一准周期呈现先增长后又缩短的现象,周期长度的缩减意味着集中降水期之间的间歇缩短,加大了雨涝灾害风险。夏季降水正常年份的低频周期主要为 95 ~ 113 天,旱年和涝年所表现出的非常明显的准双周振荡和 30 ~ 60 天尺度振荡信号在正常年份中非常微弱。

由此可见,上海地区旱年和涝年的夏季降水都存在准双周和 29 ~ 75 天两类低频振荡周期,这两类低频周期在不同的子时段具有很强的稳定性,涝年降水还具有百天尺度上(105 ~ 113 天)的长周期,而正常年份的降水主要体现为百天尺度上(95 ~ 113 天)的长周期振荡。

表 4 – 12　上海地区 1800—2015 年及其子时段旱年、涝年和正常年份夏季降水的低频周期

单位:天

| 时段 | 旱年 | 涝年 | 正常年份 |
| --- | --- | --- | --- |
| 1800—1873 年 | 75、45、34、15、8 | 53、75、35、14、9 | 113 |
| 1874—1950 年 | 72、30、9、14 | 105、19、49、13 | 105 |
| 1951—2015 年 | 93、61、26、18、10 | 72、113、38、24、8、13 | 95 |
| 1800—2015 年 | 71、49、29、13、8 | 112、74、37、14、20、9 | 104 |

注:表中周期按由主到次顺序排列。

## ● 第五节　本章小结

这一章将日记中每日降水信息量化为 5 个降水等级,并将日记涉及地区的现代器测日降水量划分为与日记每个降水等级相匹配的 5 个

等级，利用器测资料每个月 5 个降水等级对应的降水日数与月降水量的回归关系重建了上海地区 1800—1873 年逐月降水量，将其与器测降水量进行对接，建立了 1800—2015 年季、汛期和年降水量序列，并分析了降水量变化的突变性、阶段性、周期性和季节内振荡特征，得到以下结论：

（1）从年降水量来看，1800—2015 年上海地区平均为 1194.5mm，最小为 695.1mm（1800 年），最大为 2136.5mm（1841 年），最小和最大相差达 1441.4mm，反映出降水具有很大的年际波动；年降水量每 10 年平均最小值 1043.1mm，出现于 1890—1899 年，最大值 1427.1mm，出现于 1830—1839 年，最小和最大相差 384.0mm，反映出降水还具有很大的年代际振荡。

（2）上海地区近 216 年春季、秋季和年降水量均呈减少趋势，其中春季减少趋势十分显著，夏季、冬季和汛期降水量均呈不显著增加趋势。

（3）采用滑动 $t$ 检验对降水量序列在 10~50 年 5 个子序列长度上的突变性进行了检测。结果表明：综合来看，各时期降水的集中突变点大体分布在 1814—1816 年、1868—1870 年和 1978—1985 年三处，突变时间点较好地对应于全球气温、大气环流的突变点。具体来看，春季降水突变点集中出现在 1868—1873 年和 1944—1945 年两处，前一时段雨量由多转少，后者反之；夏季降水主要在 1957—1958 年和 1978—1985 年两处发生突变，前者雨量由多变少，后者相反；秋季、冬季降水并未发现集中突变点；汛期降水序列未检测到任何时间尺度上的突变信号，反映出其变化相对平稳；年降水量出现突变的位置主要集中在 1857—1870 年，雨量由多转少。春季、夏季和年降水量检测到的突变点相对较多，意味着它们在近 216 年中存在较大的年代际变幅。

（4）综合降水量序列距平曲线、累积距平曲线和突变检验结果，将降水量的变化划分为七个阶段。1800—1815 年以雨量偏少为主，除春季降水增加 9.0% 外，年内其余各时期减少 8.1% ~ 22.9%；第二阶段 1816—1869 年与第一阶段降水量距平符号基本相反，雨量整体偏多，除夏季和汛期降水量增加不明显外，其余各季和年降水量增长幅度达到 10.2% ~ 19.1%；第三阶段 1870—1904 年降水量变化趋势与第一阶段基本一致，而与第二阶段完全相反，雨量整体偏少 5.5% ~ 12.1%；第四阶段 1905—1921 年降水最明显的特点是春雨偏少，达 10.7%，而夏雨异常偏多，达 17.6%；第五阶段 1922—1941 年最突出的特点是春季和夏季降水异常偏少，春雨偏少达 18.7%，在 5 个负距平时段中偏少最多；第六阶段 1942—1984 年与第三阶段降水特征非常一致，均以偏少为主，所不同的是偏少的幅度整体上略低；第七阶段 1985—2015 年降水变化趋势与第四阶段比较相似，均表现为春雨异常偏少，夏雨异常偏多，汛期降水量和年降水量在适中水平。从降水变化的阶段特征来看，春季降水以 1869 年为界，分为多雨期—少雨期前后两个明显不同的阶段，而年内其他时期的降水整体上呈现出少雨期—多雨期三次交替的变化特征。

（5）上海地区近 216 年的降水具有多时间尺度上的周期波动特征。除冬季降水的第一准周期为 23 年外，年内其余时期降水的第一准周期均为 50 ~ 63 年时间尺度，已有研究多次证实的上海地区近百年降水存在的 35 ~ 36 年的变化周期在近 216 年的序列中并未检测到，而是代之以明显的 50 ~ 63 年更长时间尺度的振荡周期；各时期降水还普遍存在 5 ~ 8 年、11 ~ 13 年和 17 ~ 23 年的准周期变化特征。降水的变化周期可能与太阳活动、潮汐活动、Elnino、全球温度、大气涛动、大气环流系统、热带地区降水等的振荡周期有关。

（6）以夏季降水量 ±1 个标准差为界区分了上海地区 1800—2015 年中的旱年、涝年和正常年份，并分别分析了其夏季降水的季节内振荡特征，发现在近 216 年及其三个子时段中，旱年和涝年的夏季降水都存在准双周和 29 ~ 75 天两类低频振荡周期，这两类低频周期在不同的时段具有很强的稳定性，涝年降水还具有百天尺度上（105 ~ 113 天）的长周期振荡特征，而正常年份的降水主要体现为 95 ~ 113 天的长周期振荡。

| 第五章 |

# 极端天气事件序列
# 重建与个案剖析

## ● 第一节 1800—2015 年上海地区暴雨日数、 降水强度的演变特征

### 一、研究问题与思路

极端天气气候事件对自然生态系统和人类社会系统往往产生严重以致不可逆的破坏，揭示极端天气气候事件的变化特征并预测其未来变化是气候变化研究中非常具有现实意义的研究课题，这对人类及时采取正确措施减轻它的威胁具有很强的指导作用。近 20 年来不少观测事实与理论研究表明，极端天气气候事件对全球气候变化的响应十分敏感，平均气候的微小变化可能会引起极端天气气候事件频率、强度的较大变化。在气候变暖的背景下极端降水事件变化方面，就全球平均而言，在过去 60 年中降水日数、强降水量以及降水强度均呈现增长趋势，而洪涝和干旱未呈现显著的趋势变化。[①] 全球近几十年的极端降水事件发生了一定的变化，但存在明显区域差异。在中国，平均暴雨和极端强降水事件频率和强度有所增加，特别是长江中下游、东南地区和西北地区，而华北、东北中南部和西南部分地区减少减弱，多数地区小雨频数明显下降，偏轻和偏强降水的强度似有增加。[②]

---

[①] 《第三次气候变化国家评估报告》 编写委员会. 第三次气候变化国家评估报告 [M]. 北京： 科学出版社， 2015： 101 – 104.

[②] 任国玉， 封国林， 严中伟. 中国极端气候变化观测研究回顾与展望 [J]. 气候与环境 研究， 2010， 15 (4)： 337 – 353.

如前所述，极端降水事件在中国表现出一定地区差异，研究区域极端降水事件的变化可以深入揭示小尺度空间范围极端降水变化的细致特征，同时也能为进一步揭示全局极端降水的变化提供参考结论和基础数据。由于上海地区位于东亚季风北推过程中的过渡地带，降水具有明显的年际—年代际变率，极端降水事件亦是如此。极端降水过程雨量往往占全年降水量的很大比重，对洪涝灾害的形成和持续有直接影响，因此是气象学界十分关注的研究课题。现有研究成果主要从频次、强度两个方面分析上海地区极端降水事件的季、年变化特征。例如在极端降水频次变化研究方面，周伟东等较早统计了徐家汇站 1874—2006 年暴雨日数的变化特征，指出其间暴雨日数 423 天，年平均 3.2 天，呈现不显著增加趋势，平均增速 0.1 天/10a；暴雨主要出现在 6~9 月，占 87.5%，以 7 月最多，共出现 104 天，其次为 6 月，2 月和 12 月未出现暴雨，1 月仅 1901 年出现 1 天。[①] 利用近几十年最新数据（1961—2013 年），史军等指出上海年平均暴雨日数 2.8 天，同样呈现缓慢增加趋势。[②] 也有一些文献进一步将暴雨进行分类来分析不同强度的极端降水的频次变化，如顾问等定义了强降水、强降水事件、短（长）持续强降水等概念，利用 1981—2013 年上海地区 11 个基本气象站逐小时降水资料，指出该时期强降水事件共发生 1114 站次，总体呈 2.9 站次/10a 的线性增加的趋势，短持续强降水共发生

① 周伟东，朱洁华，王艳琴，等．上海地区百年农业气候资源变化特征［J］．资源科学，2008，30（5）：642-647.

② 史军，崔林丽，杨涵洧，等．上海气候空间格局和时间变化研究［J］．地球信息科学学报，2015，17（11）：1348-1354.

525 站次，强降水事件的增加主要是由于短持续强降水的增加造成的。① 又如贺芳芳等利用上海地区 11 个气象站 1979—2008 年 5—9 月降水资料，首先自定义了暴雨过程，进而区分了强、中、弱、特长、长、一般、短、特短等几种暴雨类型并分析了其变化特征和构成特征，指出 1995 年以来上海地区暴雨逐渐向强、特短时间方向变化；7 月、8 月暴雨较多，以短时局部性暴雨为主，6 月、9 月次之，6 月长和特长暴雨多于短和特短暴雨，9 月反之，5 月暴雨最少。②

在降水强度变化研究方面，贺芳芳等将 1991—2003 年上海地区的降水资源与 1961—1990 年进行了比较，指出 1991—2003 年年平均降水量增加了 11%，而降水日数略有减少，使降水强度增强 12%，达 9.2mm/d。③ 另有许多文献从不同等级降水的降水日数（或降水量）的构成变化来讨论极端降水强度的变化。如房国良等指出宝山站 1971—2010 年的暴雨级别以上日数平均为 3 天，但雨量可占全年的 1/5，暴雨、大暴雨级别的年降雨量以 12.9mm/10a 的速率增加，潜在危害性有所扩大，而大雨级别的年降雨量也呈增加趋势，增速 31.4mm/10a，向灾害性暴雨转变的风险加大。④ 又如张洁祥等根据 1971—2010 年徐家汇站的日降雨量，分析了不同降水等级（小雨、中雨、大雨、暴雨）的雨日频次的变化，指出小雨所占比例随年代逐渐

① 顾问，谈建国，常远勇.1981-2013 年上海地区强降水事件特征分析［J］.气象与环境学报，2015，31（6）：107-114.
② 贺芳芳，赵兵科.近 30 年上海地区暴雨的气候变化特征［J］.地球科学进展，2009，24（11）：1260-1267.
③ 贺芳芳，徐家良.20 世纪 90 年代以来上海地区降水资源变化研究［J］.自然资源学报，2006，21（2）：210-216.
④ 房国良，高原，徐连军，等.上海市降雨变化与灾害性降雨特征分析［J］.长江流域资源与环境，2012，21（10）：1270-1273.

减少，而暴雨所占比例逐渐增多。① 最近，王轩等分析了上海 10 个地方气象站 1961—2010 年降水量资料，也发现降水强度总体上呈增强趋势，主要表现在暴雨量级以下降水频次变少，但降水总量增加，而暴雨量级以上降水频次增多，同时他们基于百分位和 DFA 两种方法定义了极端降水量的阈值，分析发现各站点年极端降水量也呈显著增加趋势。② 此外，还有学者在综合考虑人类活动的前提下，预估长江口地区未来 50～100 年降水强度年、月均最大值趋于增加，而年均最小值呈明显下降趋势。③

由以上研究可以看出，众多文献从不同角度对上海地区极端降水事件的频次、强度进行了探究，得出了上海地区极端降水事件趋于增长且未来可能仍将增长的重要认识，但他们所用资料的时间上限止于 1874 年，绝大多数文献选取的是 20 世纪 60 年代以来的器测数据，序列长度较短，而通过历史文献资料甄别及提取极端天气事件，前延极端天气事件序列一直以来是历史气候研究的重要课题，利用前文通过日记资料新建的 1800—1873 年降水资料，有望获得对上海地区更长时间尺度极端降水事件变化特征的新认识。

## 二、资料与方法

资料包括两类，一类为日记，涉及时段 1800—1873 年，另一类是

---

① 张洁祥，张雨凤，李琼芳，等.1971－2010 年上海市降水变化特征分析［J］. 水资源保护，2014，30（4）：47－52.

② 王轩，尹占娥，迟潇潇，等.1961－2010 年上海市各量级降水的多尺度变化特征研究［J］. 地球环境学报，2015，6（3）：161－167.

③ 陶涛，信昆仑，刘遂庆. 气候变化下 21 世纪上海长江口地区降水变化趋势分析［J］. 长江流域资源与环境，2008，17（2）：223－226.

器测降水量数据，涉及时段 1874—2015 年。资料的具体介绍详见本书第三章第二节。

极端天气气候事件变化的研究通常有两种途径，较常见的一种办法是首先定义与极端事件的频率、强度、持续时间等有关的指数，进而统计分析其变化特征，另一种办法主要是分析极值变量概率分布等统计特征的变化。[①] 在研究极端降水事件方面，定义相关指标的办法比较常见，一段时期内的极端降水日数、极端降水量、降水强度（暴雨强度）、极端降水集中率等往往作为研究极端天气事件变化的常用指标，[②] 这一节拟利用前文整理出的日记和器测资料中 0～4 个级别的降水等级和复原的降水量数据，通过暴雨日数、降水强度两个指标探讨上海地区季、汛期和年极端降水事件的长期变化趋势。其中春季为 3～5 月、夏季为 6～8 月、秋季为 9～11 月、冬季为 12 月至次年 2 月、汛期为 5～9 月、年为 3 月至次年 2 月。

1. 暴雨日的定义

在本书第四章第二节，作者对日记每日降水记录进行了分级处理，获得了 1800—1873 年逐日降水等级（0～4 共 5 个级别）数据集。日记中每日降水等级的划定综合考虑了降水大小、降水时长、降水的社会响应等文字描述，并分别对应于一定区间的降水量，降水等级的划定方案、对应的降水量范围经实证研究检验合理可靠，其中第 3 级降水对应于 25.0～49.9mm 的降水量，相当于上海地区现代气象站确

---

① 《第三次气候变化国家评估报告》编写委员会. 第三次气候变化国家评估报告 [M]. 北京：科学出版社，2015：101.

② 张剑明，廖玉芳，段丽洁，等.1960 - 2009 年湖南省暴雨极端事件的气候特征 [J]. 地球科学进展，2011，30（11）：1395 - 1402.

定的大雨级别，第 4 级对应于 50mm 及其以上的降水量，相当于现今的暴雨级别。由于气候条件具有区域差异，不同地区的极端降水事件（如暴雨日的确定）并不一定完全采用固定的日降水量（如 50mm 及以上）来界定，此外为了降低在区分日记第 3 级和第 4 级降水等级过程中可能由日记本身或划分方法的缺陷导致的系统偏差，本书在定义暴雨日指标时，将日记中第 3 级和第 4 级降水等级进行合并，均视作暴雨日，以降低极端降水日数与真实情况的偏差。对于器测资料时段（1874—2015 年），将暴雨日定义为日降水量 25.0mm 及其以上的降水日。

2. 降水强度的定义

天气事件异常的强度可以用绝对指标表征，也可以用相对指标表征，如干旱、洪涝、暴雨、连阴雨等灾害性天气事件与降水量或降水日数的多少有关，也与单位时间内的降水量有关，利用降水强度这一相对指标有助于更精细地刻画天气事件的发生强度及其长期变动规律。按照降水强度的常规定义思路，将一段时间内的平均降水量定义为降水强度，即季（汛期、年）降水强度＝季（汛期、年）降水量/季（汛期、年）降水日数。

### 三、暴雨日数变化的趋势和突变特征

1800—2015 年季、汛期和年暴雨日数均呈减少趋势，平均每 10 年减少 0.022～0.312 天，其中春季、秋季、冬季和年暴雨频次减少趋势非常显著。根据资料来源和形成年代的不同，将研究时段划分为 3 个子时段分别对暴雨频次的趋势性进行分析。1800—1873 年除冬季暴

雨日数有增加趋势外，年内其他时期均呈减少趋势，每 10 年减少幅度平均为 0.064 ~ 0.160 天，但增加或减少趋势都不显著；1874—1950年除夏季有减少趋势外，其余时期均呈增加趋势，平均增加 0.036 ~ 0.154 天/10a，但减少或增加趋势均不显著；1951—2015 年除春季、秋季平均分别减少 0.108 天/10a、0.095 天/10a 外，其余时期均趋于增加，平均增长幅度 0.163 ~ 0.508 天/10a，其中夏季、冬季增加趋势比较显著（表 5-1）。总体来看，1800—1873 年各时期暴雨频次以减少为主，1874—1950 年和 1951—2015 年以增加为主，距今最近的时段 1951—2015 年平均增长幅度整体上高于 1874—1950 年。

表 5-1 上海地区 1800—2015 年及各分段暴雨日数的
线性倾向率

单位：天/10a

| 时段 | 春季 | 夏季 | 秋季 | 冬季 | 汛期 | 全年 |
|---|---|---|---|---|---|---|
| 1800—1873 年 | -0.092 | -0.074 | -0.064 | 0.070 | -0.121 | -0.160 |
| 1874—1950 年 | 0.081 | -0.022 | 0.059 | 0.036 | 0.117 | 0.154 |
| 1951—2015 年 | -0.108 | 0.508 * | -0.095 | 0.163 * | 0.310 | 0.468 |
| 1800—2015 年 | -0.181 ** | -0.022 | -0.063 ** | -0.046 ** | -0.051 | -0.312 ** |

注：** 标记数据表示线性趋势通过 0.01 显著性水平检验，* 标记的为通过 0.05 显著性水平检验。

从各分段暴雨日数的平均水平来看（表 5-2），1800—1873 年各时期的暴雨日数整体上在三个子时段中位居最大，其次为 1951—2015 年，最少为 1874—1950 年，可见 1800—2015 年暴雨日数的阶段变化经历了一个由多变少再转多的旋回。

表 5 - 2　上海地区 1800—2015 年及各分段暴雨日数的平均值

| 时段 | 春季 | 夏季 | 秋季 | 冬季 | 汛期 | 全年 |
|---|---|---|---|---|---|---|
| 1800—1873 年 | 5.08 | 6.92 | 3.65 | 1.64 | 10.23 | 17.28 |
| 1874—1950 年 | 1.97 | 6.01 | 2.45 | 0.66 | 8.34 | 11.10 |
| 1951—2015 年 | 2.25 | 6.45 | 2.69 | 0.77 | 9.34 | 12.15 |
| 1800—2015 年 | 3.12 | 6.45 | 2.94 | 1.03 | 9.29 | 13.54 |

　　关于极端天气事件，人们比较关心的是与历史情况相比现今它是否发生了显著改变，为了揭示季、汛期和年暴雨日数在年代际尺度上是否存在突变现象，采用 Mann - Kendall 检验法分别对其进行诊断。Mann - Kendall 法是一种常用的非参数突变检验方法，其优点在于不需要样本遵从一定的分布，也不受少数异常值的干扰，可以确定突变开始的时间和突变区域。在分析时分别绘制正序列 $UF_k$ 和逆序列 $UB_k$ 统计量曲线，若 $UF_k$ 值大于（小于）0，表明序列呈上升（下降）趋势；当它们超过显著性水平临界值时，表明上升或下降趋势显著；若 $UF_k$ 与 $UB_k$ 曲线出现交点，且交点在临界值之间，则交点对应的时刻便是突变开始的时间。[①]

　　图 5 - 1 为各时期暴雨日数的 M - K 统计量曲线。春季暴雨日数在 19 世纪 90 年代以后呈现显著的下降趋势，且两统计量曲线在 1897 年和 1979 年两处出现交点，交点虽未在 0.05 显著性水平临界线之间，但在 0.01 显著性水平临界线之间，因此可以认为春季暴雨日数在 1897 年和 1979 年均发生了从正距平向负距平的显著年代际跃变。从

---

① 魏凤英. 现代气候统计诊断与预测技术（第 2 版）［M］. 北京：气象出版社，2007：63 - 64.

夏季暴雨日数检验结果来看，尽管两统计量曲线在 20 世纪 20 年代前期和 80 年代中期出现明显的交点，且交点均位于 0.05 显著性水平临界线之间，但暴雨日数在整个时域内下降或上升趋势并不显著，因此不能说明 20 年代前期和 80 年代中期是上海地区夏季暴雨日数的突变点，不过由检验结果能够看出暴雨日数在 20 年代前期发生由正距平转为负距平的变化特征，而在 80 年代中期变化趋势则相反；秋季和冬季的两统计量曲线均未产生交点，表明秋季和冬季暴雨日数未出现显著的年代际跃变。

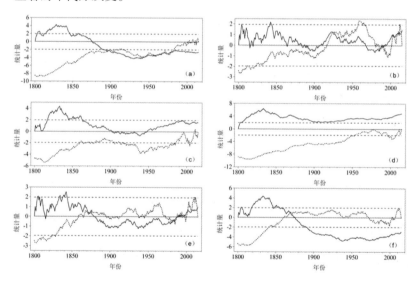

**图 5 – 1　上海地区 1800—2015 年季、汛期和年暴雨日数**

**序列 M – K 统计量曲线**

（a ~ f 分别为春季、夏季、秋季、冬季、汛期、全年；实曲线：$UF_k$ 线；

虚曲线：$UB_k$ 线；水平线状虚线：0.05 显著性水平临界线）

汛期暴雨日数的两统计量曲线虽在 19 世纪 70 年代、20 世纪 80 年代出现较为明显的交点，且交点位于 0.05 显著性水平临界值之间，但整体上看，暴雨日数在整个时段内下降或上升趋势不显著，因此这两处交点不能认为是跃变发生的时间点。年暴雨日数两统计量曲线在 19 世纪 60 年代末出现交点，且 90 年代以来，暴雨日数减少趋势均远超过 0.05 显著性水平临界线，表明减少趋势非常显著，可见暴雨日数在 60 年代末产生了一次显著年代际跃变，具体是从 1869 年开始的。

综上所述，1800—2015 年春季暴雨日数在 1897 年和 1979 年两处出现了由正距平向负距平的显著年代际跃变，年暴雨日数从 1869 年开始也发生了由多转少的非常显著的年代际突变，而夏季、秋季、冬季和汛期暴雨频次未检测出年代际跃变信号。

### 四、降水强度变化的趋势和突变特征

利用线性回归对 1800—2015 年季、汛期和年降水强度的趋势进行分析，发现整个时间域除春季降水强度显著减弱外，年内其余时期均呈不显著增强趋势。就三个子时段而言，1800—1873 年除夏季和汛期降水强度平均每 10 年分别有 0.194mm/d、0.107mm/d 的不显著增强趋势外，其余时期减弱 0.008～0.219mm/d，其中春季的减弱趋势比较显著；1874—1950 年和 1951—2015 年各时期的降水强度均趋于增强，其中 1951—2015 年夏季、冬季、汛期和年降水强度增强趋势非常显著，且各时期降水强度的平均增长幅度整体上高于 1874—1950 年（表 5-3）。

表 5 – 3　上海地区 1800—2015 年及各分段降水强度的线性倾向率

单位：mm · d⁻¹/10a

| 时段 | 春季 | 夏季 | 秋季 | 冬季 | 汛期 | 全年 |
|---|---|---|---|---|---|---|
| 1800—1873 年 | – 0. 219 * | 0. 194 | – 0. 008 | – 0. 089 | 0. 107 | – 0. 055 |
| 1874—1950 年 | 0. 098 | 0. 097 | 0. 115 | 0. 025 | 0. 139 | 0. 070 |
| 1951—2015 年 | 0. 128 | 0. 611 ** | 0. 269 | 0. 305 ** | 0. 460 ** | 0. 374 ** |
| 1800—2015 年 | – 0. 064 ** | 0. 022 | 0. 025 | 0. 024 | 0. 039 | 0. 006 |

注：** 标记数据表示线性趋势通过 0.01 显著性水平检验，* 标记的为通过 0.05 显著性水平检验。

从三个子时段降水强度的平均水平来看（表 5 – 4），1874—1950 年整体偏弱，1951—2015 年整体偏强，1800—1873 年的强度介于二者之间，可见 1800—2015 年降水强度大致经历了强—弱—强的一次旋回。

表 5 – 4　上海地区 1800—2015 年及各分段降水强度的平均值

单位：mm/d

| 时段 | 春季 | 夏季 | 秋季 | 冬季 | 汛期 | 全年 |
|---|---|---|---|---|---|---|
| 1800—1873 年 | 8. 75 | 13. 19 | 8. 93 | 5. 38 | 11. 82 | 9. 28 |
| 1874—1950 年 | 7. 22 | 12. 82 | 8. 86 | 5. 27 | 11. 53 | 8. 77 |
| 1951—2015 年 | 7. 78 | 13. 09 | 9. 15 | 5. 70 | 12. 11 | 9. 24 |
| 1800—2015 年 | 7. 91 | 13. 03 | 8. 97 | 5. 44 | 11. 80 | 9. 09 |

降水强度在三个子时段的线性趋势、平均值的统计特征与前文暴雨日数的统计特征比较相似，即暴雨频次、降水强度整体上都在 1800—1873 年趋于减少，在 1874—1950 年和 1951—2015 年两个时期均转为增加趋势，且 1951—2015 年的平均增幅普遍高于 1874—1950 年；此外，三个子时段暴雨频次、降水强度的平均态势整体上都经历

了由大变小再转大的波动。值得指出的是，在三个时段中，距今最近的一个时段在各时期，尤其是与区域旱涝有直接关联的夏季和汛期的暴雨日数、降水强度整体上都趋于快速增加态势，且平均水平居于三个时段中最大或次大地位，产生这样情形的原因是否与全球变暖的气候背景有关，值得进一步研究。

利用 Mann – Kendall 法对降水强度的突变性进行检验（图 5 – 2），发现上海地区春季降水强度在 19 世纪 40 年代前期附近有一次显著的由强转弱的年代际跃变，发生突变的具体年份为 1839 年，且从 60 年代至今，这种减弱的趋势大大超过 0.05 显著性水平临界线，表明春

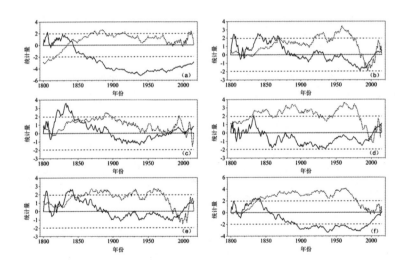

**图 5 – 2　上海地区 1800—2015 年季、汛期和**

**年降水强度序列 M – K 统计量曲线**

（a ~ f 分别为春季、夏季、秋季、冬季、汛期、全年；实曲线：$UF_k$ 线；

虚曲线：$UB_k$ 线；水平线状虚线：0.05 显著性水平临界线）

季降水强度的减弱趋势十分显著。夏季降水强度在 1815 年发生了由弱转强的年代际突变，约持续至 40 年代。秋季降水强度在 1812 年有由弱转强的年代际突变信号，转强趋势持续至 40 年代。冬季降水强度序列并未检测到突变信号。汛期降水强度在 1816 年发生了由弱转强的年代际突变，约持续至 40 年代。年降水强度在 1837 年发生了一次由强转弱的年代际跃变，转弱的趋势从 19 世纪 90 年代开始非常显著，一直延续至 20 世纪 90 年代。从突变开始的年份来看，秋季最早，夏季、汛期稍晚，全年和春季最晚。

## 五、小结

本节首先对日记和器测降水资料中暴雨日数和降水强度两个指标进行了界定，从而建立了上海地区近 216 年暴雨日数和降水强度序列，并利用线性回归和 Mann – Kendall 法对其变化趋势和突变情况进行了分析。

### 1. 暴雨日数的变化

上海地区近 216 年季、汛期和年暴雨日数总体上均呈减少趋势，其中春季、秋季、冬季和全年减少趋势显著。就三个子时段而言，1800—1873 年除冬季呈不显著增加趋势外，其余时期均表现出不显著减少趋势。1874—1950 年除夏季有不显著减少趋势外，其余时期均呈不显著增加趋势。1951—2015 年除春季、秋季减少外，其余时期均趋于增加，其中夏季、冬季增加趋势显著。归纳来讲，1800—1873 年各时期的暴雨频次以减少为主，而后两个时段以增加为主，1951—2015年各时期的增幅普遍高于 1874—1950 年；三个子时段暴雨日数平均值显示，1800—2015 年的暴雨日数经历了一个由多变少再转多的旋回。

近 216 年上海地区春季暴雨日数在 1897 年和 1979 年两处均出现由多变少的显著突变，年暴雨日数在 1869 年开始也出现非常显著的由多转少的年代际跃变，而夏季、秋季、冬季和汛期未检测出年代际突变信号。

2. 降水强度的变化

近 216 年除春季降水强度显著减弱外，年内其余时期均呈不显著增强趋势。分段来看，1800—1873 年除夏季和汛期降水强度呈增强趋势外，其余时期均呈减弱趋势；1874—1950 年和 1951—2015 年各时期的降水强度均趋于增强，其中 1951—2015 年夏季、冬季、汛期和年降水强度增强趋势非常显著，且各时期降水强度的平均增长幅度整体上高于 1874—1950 年。1800—2015 年降水强度的平均水平大致经历了由强转弱再变强的一次旋回。

降水强度的突变情况为：春季，在 1839 年有一次显著的由强转弱的年代际跃变；夏季，突变在 1815 年，由弱转强；秋季，突变在 1812 年，由弱转强；冬季降水强度序列并未检测到突变信号；汛期，突变在 1816 年，由弱转强；全年，突变在 1837 年，由强转弱。从突变开始的时间来看，秋季最早，夏季、汛期略晚，全年和春季最晚。

## ◉ 第二节　1823 年太湖流域极端雨涝事件的
　　　　　　重建与特征分析

### 一、研究进展

极端天气气候事件对人类社会经济、自然生态系统有严重影响，是各界十分关注的研究课题。对历史极端天气气候事件的研究不仅有助于辨识当前极端事件发生特征（特别是强度和频率）的地位，也可为极端天气气候事件的灾害风险管理和气候变化适应提供历史借鉴，因而被 IPCC（2012）的极端事件评估特别报告列为重要科学问题。利用丰富的历史气候资料，中国开展了大量历史极端天气气候事件的辨识、重建案例及其变化特征等研究，并取得了显著进展。[①]

区域或流域性历史极端降水、洪涝灾害自古以来一直是人类的最大威胁之一，因其破坏性强、灾损大、影响深远而备受关注。[②] 道光三年（1823）中国发生大范围、多流域严重雨涝，海河流域、长江中下游均有大片大涝区，这是在小冰期寒冷气候背景下具有代表性的重大气象灾害和极端气候事件，[③]《清史稿·食货志二》对其灾害性评估："国初以来，承平日久，海内殷富，为旷古所罕有……至道光癸

① 郑景云，葛全胜，郝志新，等. 历史文献中的气象记录与气候变化定量重建方法[J]. 第四纪研究，2014，34（6）：1186–1196；郑景云，郝志新，方修琦，等. 中国过去 2000 年极端气候事件变化的若干特征[J]. 地球科学进展，2014，33（1）：3–12.
② 骆承政，乐嘉祥主编. 中国大洪水[M]. 北京：中国书店，1996：1–4.
③ 张德二，陆龙骅. 历史极端雨涝事件研究——1823 年我国东部大范围雨涝[J]. 第四纪研究，2011，31（1）：29–35.

未（1823年）大水，元气顿耗，然犹勉强枝梧者十年。"① 此次大水清廷财政损失高达2400余万两白银，超过常年财政收入50%以上，对当时社会经济发展造成极大影响，② 李伯重认为它是"道光萧条"的一个诱因，③ 余新忠则从受灾与救灾角度，探讨特大水灾年苏州地区国家、官府、社会各层面在地方灾赈事务中的关系及担负角色的变化。④

　　更多的研究主要利用档案、地方志从气象灾害角度重点揭示某片区乃至全国范围的包括雨情、水情、灾情、致灾因素、气候背景等问题。张家诚等概述了海河流域和长江中下游地区的降水时段、水情演变和水灾分布，并从中国南北同涝的历史概率、地形条件、水利失修等三个方面探寻成灾原因。⑤ 此后满志敏细致分析了华北地区的降雨过程和水灾形成过程，指出华北地区大水至少由六场暴雨组成，整个雨季淫雨连绵，与长江流域的梅雨期十分相似，并讨论了水灾的气候背景。⑥ 潘威等主要复原了太湖以东地区降雨的时间进程，并对吴淞江部分江段1827年大修前后的河床容积变化进行估算，认为1823年

① 赵尔巽主编·清史稿［M］·北京：中华书局，1976：3540.
② 倪玉平，高晓燕·清朝道光"癸未大水"的财政损失［J］·清华大学学报（哲学社会科学版），2014，29（4）：99－109.
③ 李伯重·"道光萧条"与"癸未大水"［J］·社会科学，2007（6）：173－178.
④ 余新忠·道光三年苏州大水及各方之救济［A］·见：张国刚主编·中国社会历史评论（第1卷）［M］·天津：天津古籍出版，1999：198－208.
⑤ 张家诚，王立·道光三年（1823年）华北大水初析［J］·灾害学，1990（4）：55－59；张家诚·1823年（清道光三年）我国特大水灾及影响［J］·应用气象学报，1993，4（3）：379－384.
⑥ 满志敏·中国历史时期气候变化研究［M］·济南：山东教育出版社，2009：471－480.

水灾是雨带异常和河流排涝功能萎缩共同作用的结果。①《历史极端雨涝事件研究——1823 年我国东部大范围雨涝》一文对全国范围的降雨实况、涝灾分布、伴生灾害和成灾的可能外界因子等展开了系统剖析，指出华北夏季雨期长、多大雨，北京 6～8 月雨日 53 天，降水量 663mm，超过 1971—2000 年平均值五成，而长江中下游全年多雨，梅雨期长，低地积涝 4 个多月，比 1804 年的水灾更严重，华南夏秋多雨。② 北京的降水情况能够定量重建有赖于《晴雨录》资料，但对于长江中下游地区，由于缺乏《晴雨录》等高分辨率天气史料，要翔实、定量、准确地再现雨日数、降水量等方面的实况尚有难度，也制约了全面了解该年中国南北两地降水格局。

中国气候史料颇丰，历史气候研究的每一次推进往往都与新史料的挖掘和利用密切相关。我们在收集清代长江中下游地区天气气候史料的过程中，发现保留有 1823 年天气信息的 3 种高分辨率日记资料，涉及地点均在太湖流域，可以突破以往研究主要利用的档案、地方志时间分辨率低的局限支撑更为丰富的重建内容和更加精细的重建结果。因此，拟通过日记复原流域某地逐月降水量，进而综合日记、档案、地方志等分析太湖流域的降水过程、水位演变和水灾分布特征，最后探讨极端雨涝事件的天气气候背景，以期增进我们对该年太湖流域雨情、水情、灾情、致灾因素和气候背景方面的认识，同时为认定、评估该年雨涝的极端性提供新的定性和定量证据。

---

① 潘威，王美苏，杨煜达 . 1823 年（清道光三年）太湖以东地区大涝的环境因素［J］. 古地理学报，2010，12（3）：364 – 370.
② 张德二，陆龙骅 . 历史极端雨涝事件研究——1823 年我国东部大范围雨涝［J］. 第四纪研究，2011，31（1）：29 – 35.

## 二、资料与方法

### 1. 资料来源

本书所用资料包括历史文献和器测数据。其中，史料主要来自两个部分：

（1）私人日记。保存 1823 年及相关年份天气信息的日记有《管庭芬日记》①、《鹂声馆日记》② 和《樗寮日记》③。《管庭芬日记》由管庭芬著，浙江图书馆古籍部藏，现已由张廷银点校，中华书局 2013 年出版，涉及地点主要在海宁州，天气为逐日记录，1823 年 365 天中仅 5 月 17 日缺记，本书用《樗寮日记》同一天的天气进行插补；《鹂声馆日记》由黄金台著，上海图书馆古籍部藏，未出版，涉及地点主要在平湖县，天气非逐日记录，1823 年记录数 129 天；《樗寮日记》由姚椿著，复旦大学图书馆古籍部藏，未出版，涉及地点主要在娄县，天气为逐日记录，1823 年 8 月 22 日之前有日记，天气无缺记，记录数 233 天。以上 3 种日记对天气现象的记录均比较全面，大致包括晴、阴、雨、雪、霰、雾、霜、风、沙、雷、电等，还有物候以及天气对社会、经济的影响等方面的记载，其中有关降水的记录最多，每条有天气记录的日记都蕴含着降水大小信息，常有降水时间、降水时长等更加细致的内容。

作者在前期工作中，已就 3 种日记所记降水信息的完整性进行了

---

① 管庭芬. 管庭芬日记 [M]. 北京：中华书局，2013：1–1828.
② 黄金台. 鹂声馆日记，上海图书馆古籍部藏善本稿本.
③ 姚椿. 樗寮日记，复旦大学图书馆古籍部藏善本稿本.

评估，主要办法是从手中掌握的多种日记中选取年份相同、地点相同（或邻近）的日记对其所载降水情况（分雨日和非雨日两类）逐日进行互较，考察雨日记录的一致性和雨日缺记的多寡程度等，互较的结论是3种日记降水信息均相对完整，《管庭芬日记》降水信息的完备程度高于其余二者。现以《管庭芬日记》、《鹂声馆日记》（由于黄金台记天气往往"记异不记常"，为研究方便，将无天气记录的日子视作无雨日）所记1823年的天气资料为例略做说明。该年365天中，二者有286天降水情况一致，有65天《管庭芬日记》记载有雨而《鹂声馆日记》为无雨，有14天《鹂声馆日记》为有雨而《管庭芬日记》为无雨。假定该年海宁、平湖两地每日的降水情况完全相同且通过对两种日记缺记雨日的互补能够构成完整准确的年内雨日序列，则《管庭芬日记》该年平均每月缺记雨日1.2天，缺记的14天中包括3天微量降水（微雨、小雨、历时短且强度小的降水等）和5天夜间降水等不易察觉的雨日，并不是由日记著者主观上的重大疏漏造成，另有6天雨日缺记尚不能用降水比较特殊的客观原因来解释；《鹂声馆日记》平均每月缺记雨日较多，为5.4天，缺记的65天中除20天微量降水和20天夜间降水等比较特殊的雨日外，尚有多达25天的雨日缺记。此外，我们还随机抽取两种日记1821年、1827年、1833年的降水记录进行互较，得出的结果的基本特征与1823年基本一致。由于《管庭芬日记》平均每月缺记雨日数很低，远低于《鹂声馆日记》平均每月缺记的雨日数，且其缺记的雨日多属微量降水和夜间降水等难于察觉的雨日，再加上两种日记著者的生活区域、活动轨迹、记天气的方式与习惯和对降水的关注度、敏感度等不可能完全相同，同一天的降水情况存在差异导致互较时《管庭芬日记》雨日出现缺记难以避免，因此推断《管庭芬日记》保存的降水信息非常完整，且完整性高于《鹂声馆日记》，其可能存在的雨日漏记不会严重影响据其降水信息重建的结果的准确性。

（2）整编的档案和地方志。档案来自水利电力部水管司、科技司和水利水电科学研究院整理的《清代长江流域西南国际河流洪涝档案史料》①、《清代浙闽台地区洪涝档案史料》② 和中国第一历史档案馆等所编的《嘉庆道光两朝上谕档》③、《清代奏折汇编——农业·环境》④；方志类资料收集于《中国三千年气象记录总集》⑤（下文中出自本书的引文用引号标示，不再标注）、《中国气象灾害大典》⑥、《淮河和长江中下游旱涝灾害年表和旱涝规律研究》⑦、《江苏省近两千年洪涝旱潮灾害年表》⑧。

① 水利电力部水管司、 科技司， 水利水电科学研究院. 清代长江流域西南国际河流洪涝档案史料［M］. 北京： 中华书局， 1991：664 - 669.
② 水利电力部水管司、 科技司， 水利水电科学研究院. 清代浙闽台地区洪涝档案史料［M］. 北京： 中华书局， 1998：385 - 387.
③ 中国第一历史档案馆. 嘉庆道光两朝上谕档（第 28 册）［M］. 桂林： 广西师范大学出版社， 2000：1 - 512.
④ 葛全胜主编. 清代奏折汇编——农业·环境［M］. 北京： 商务印书馆， 2005：411 - 415.
⑤ 张德二主编. 中国三千年气象记录总集 （增订本第 4 册）［M］. 南京： 江苏教育出版社， 2013：2991 - 2995.
⑥ 温克刚主编. 中国气象灾害大典（江苏卷）［M］. 北京： 气象出版社， 2008：67 - 68； 温克刚主编. 中国气象灾害大典（上海卷）［M］. 北京： 气象出版社， 2006：66； 温克刚主编. 中国气象灾害大典（浙江卷）［M］. 北京： 气象出版社， 2006：26 - 92.
⑦ 张秉伦， 方兆本主编. 淮河和长江中下游旱涝灾害年表和旱涝规律研究［M］. 合肥： 安徽教育出版社， 1998：470 - 471.
⑧ 江苏省革命委员会水利局主编. 江苏省近两千年洪涝旱潮灾害年表［M］. 南京： 江苏省革命委员会水利局， 1976：267 - 268.

器测资料包括平湖气象站 1954—2009 年和海盐气象站1929—1937 年逐日降水量资料、[①] 吴江水文站 1929—1937 年逐日水位资料。[②]

2. 研究方法

（1）海宁地区月降水量的复原

首先将 1823 年及相关年份日降水记录划分为 5 个降水等级，同时将现代平湖地区日降水量划分为与日记各等级相匹配的 5 个等级（划分方案及其合理性见第四章第二部分），根据建立的平湖 1954—2009 年各等级雨日数与月降水量之间的回归方程（表 4 - 3），统计海宁地区 1823 年 1—12 月各等级雨日数分别代入方程 1 至方程 12，便获得逐月降水量。

（2）太湖流域由春至秋的降水集中期和暴雨过程的还原

从记载降水开始和结束的时间上看，地方志往往只能精确到"月"或"旬"，但具有明确的地点指示，档案中巡抚级官员的奏报一般都能精确到"日"，但涉及地点大都限于省城，且很难保证没有缺漏，州、县的降水情况通常纳入省城或府城的奏报框架中连带上奏，因而降水信息不易辨识和提取。日记有确切的日期、地点记录，其中蕴藏的天气信息能够在"日"时间尺度上比较准确地再现某地降水的完整过程。本书以《管庭芬日记》逐日天气记录为主要线索，结合《鸥声馆日记》、《樗寮日记》、档案和地方志中有明确日期、地点指示的降水记录，在"日"时间尺度上梳理 1823 年太湖流域由春至秋

---

① 江苏省水利厅编. 历年长江流域水文资料（太湖区降雨量）［M］. 南京：江苏省水利厅，1957：174 – 178.

② 中央水利部南京水利实验处. 长江流域水文资料（第十辑，太湖区吴江站）［M］. 南京：中央水利部南京水利实验处，1951：1 – 11.

（3—11 月）的降水集中期和暴雨过程。

降水集中期的判定参考徐群等提出的标准确定如下：1）雨日，即日记中该日降水等级≥1 或器测资料中该日降水量≥0.1 mm；2）在每一段降水集中期起讫两端，即自开端（结束）日向后（前）算的任何连续时间（≤10 天）内，雨日数所占比例均不小于 50%，若降水集中期大于 10 天，则其中任何连续 10 天的雨日数不小于 4 天，且非雨日的连续日数不大于 4 天；3）降水集中期中雨日数不少于 5 天。①

梅雨期划定采用第二章第二节的办法：1）在 5~8 月间，6 月 15 日前结束的降水集中期定为春雨，7 月 10 日后开始的降水集中期定为夏雨，其余的降水集中期定为梅雨；2）入出梅日期，即梅雨期中第一段降水集中期的首日为入梅日，最后一段降水集中期的末日的次日为出梅日；3）空梅，即未有降水集中期出现以及所有的降水集中期在 6 月 15 日以前结束或 7 月 10 日以后开始。

暴雨过程的判断参考晏朝强等提出的标准确定如下：1）暴雨日，即文献中该日的雨情描述达到表 4-1 中第 4 级降水等级；2）同一日期邻近地点都有的暴雨视为一次暴雨过程，有时间间隔（大于 2 天）的暴雨不论其是否为同一地点均视作不同的暴雨过程。②

（3）洪水过程的推演和洪水位的估算

整合日记、档案和地方志中有关 1823 年太湖流域的水位演变记

---

①  徐群，杨义文，杨秋明. 近 116 年长江中下游的梅雨（一）[J]. 暴雨·灾害，2001（11）：44-53.

②  晏朝强，谢文慧，马玉玲，等. 1849 年中国东部地区雨带推移与长江流域洪涝灾害 [J]. 第四纪研究，2012，32（2）：318-326.

录，重点阐述洪水过程中水位显著涨落的几个阶段。由于太湖以东地区洪峰水位普遍出现在台风暴雨期间，水位较梅雨期中的最高水位上涨一尺余，因此只要推算出某一地区梅雨期中的最高水位，便能大致估算出洪峰水位。梅雨期最高水位的估算方法是考虑在入梅前一日与梅雨期最高水位日期间的水位增量、累积降水量之间建立一定关系。假定二者有如下关系：

$$H_k - H_0 = B + A \times M \qquad (M = \sum_{i=1}^{k} M_i)$$

式中：$i$ 为梅雨期中某日在梅雨期中的序号，$M_i$ 为梅雨期某日降水量，$k$ 为梅雨期最高水位日在梅雨期中的序号（如最高水位同时出现在多个日期，取最早的日期），$H_k$ 为梅雨期最高水位，$H_0$ 为入梅前一日水位，$A$、$B$ 为回归参数。由于吴江地区的水位比较有区域代表性，加之历史文献、吴江水则碑题刻等未见该年洪水位的确切记载，因此洪峰水位的估算针对吴江地区进行。新中国成立后太湖流域河湖水系经历了一系列工程改造，其水文特征不能准确反映 1823 年时的情况，因此采用民国时期保存相对完整的站点的数据来建立关系式，所用资料包括 1929—1937 年海盐站（海宁站无完整数据）逐日降水量和吴江站 1929—1937 年逐日水位资料（吴淞基面）。

（4）灾情等级分布图的绘制

根据《中国近五百年旱涝分布图集》[①] 中评定旱涝等级的标准和 1823 年水灾的实际情况制定了灾情等级界定标准（表 5 – 5）。作者尽可能收集档案、地方志中雨情、水情、灾情、灾损、救灾方面的记

---

① 中央气象局气象科学研究院. 中国近五百年旱涝分布图集 ［M］. 北京：地图出版社，1981：1 – 332.

录，以县为单元首先确定各县春、夏、秋的灾情等级，然后评定全年
的等级，通过 ArcGIS10.0 反距离加权法对全年的灾情等级进行插值，
绘制全年灾情等级分异图，据此分析灾情的空间分布特征并探讨致灾
因素。

**表 5 – 5　1823 年灾情等级界定标准**

| 等级 | 灾情 | 史料举例 |
|---|---|---|
| 1 级 | 正常 | "岁有秋""各按通县原额顷亩而计，……灾歉田地在原额十分中，……不及一分"① |
| 2 级 | 偏涝 | "水""春二月苦雨，至夏五月始略止""五月，多雨""秋霖雨""灾歉田地在原额十分中……在三分以上"② |
| 3 级 | 涝 | "大水""夏大水"、"大水，给帑赈饥""平地水高三四尺""夏大水成灾，田庐淹没，西北诸乡尤低洼，而灾更重" |
| 4 级 | 大涝 | "风狂甚，雨大如注，水视四五月更涨尺余，漂没田庐尸棺无算，百年来未有之灾也"，"七月二日昧爽，大风发屋拔木，围尽圮；八日，又大风雨，覆舟坏庐舍，浮棺蔽河" |

（5）天气气候背景的探讨

基于已有研究成果，讨论与 1823 年太湖流域水灾可能存在关联
的太阳活动、ENSO 事件、火山活动和夏季风强弱等方面的情况，此
外通过日记中霜雪初终日期、降雪和积雪日数、春季物候期等记录与
该地区现代平均情况的对比，分析了 1822—1823 年秋季、冬季、春季
的气温状况。

---

① 水利电力部水管司、科技司，水利水电科学研究院. 清代长江流域西南国际河流洪涝
　　档案史料［M］. 北京：中华书局，1991：664 – 669.
② 水利电力部水管司、科技司，水利水电科学研究院. 清代长江流域西南国际河流洪涝
　　档案史料［M］. 北京：中华书局，1991：664 – 669.

## 三、结果与分析

### 1. 海宁地区逐月降水量

从复原的结果看（表 5 – 6），海宁地区 1823 年除 3 月、10 月、12 月降水量低于平湖地区 1954—2009 年平均 9.5% ~ 56.1% 外，其余月份均较常年偏多，其中汛期的 5 月、6 月、7 月、9 月增加尤多，较常年偏多 100.5% ~ 321.5%，汛期降水量增加 1.64 倍，年降水量增加 1.04 倍，5 ~ 9 月各月、汛期和年降水量等指标处于 20 世纪以来太湖流域几次特大洪涝年中最大或次大地位（表 5 – 7），一定程度反映出 1823 年降水的异常和极端性。进一步采用水文频率分析应用广泛的 Pearson – Ⅲ 型分布曲线对复原的汛期降水量（1862.3mm）的重现期进行检验，[①] 当 $C_v = 0.41$、$C_s = 1.14$ 时，理论频率与经验频率拟合最优，汛期降水量重现期为 272 年（图 5 – 3）。采用相同办法求得 5 ~ 9 月各月、年降水量重现期分别为 225 年、40 年、16 年、5 年、8 年、256 年。5 月、汛期和年降水量重现期达到 200 年一遇，6 ~ 9 月的重现期均在 5 年以上的检验结果亦能证实 1823 年海宁地区降水的极端性。

表 5 – 6　海宁 1823 年逐月降水量与平湖 1954—2009 年平均值的比较

单位：mm

| 年份 | 1 月 | 2 月 | 3 月 | 4 月 | 5 月 | 6 月 | 7 月 | 8 月 | 9 月 | 10 月 | 11 月 | 12 月 | 全年 |
|---|---|---|---|---|---|---|---|---|---|---|---|---|---|
| 1823 | 93.1 | 100.5 | 93.0 | 121.5 | 526.0 | 546.4 | 297.4 | 206.2 | 286.3 | 33.9 | 140.1 | 19.4 | 2463.8 |
| 常年 | 60.7 | 72.4 | 102.8 | 110.4 | 124.8 | 171.9 | 130.6 | 134.7 | 142.8 | 61.1 | 54.4 | 44.2 | 1210.8 |
| 增加 /% | 53.4 | 38.8 | –9.5 | 10.1 | 321.5 | 217.9 | 127.7 | 53.1 | 100.5 | –44.5 | 157.5 | –56.1 | 103.5 |

① 詹道江主编. 工程水文学 [M]. 北京：中国水利水电出版社，2010：147 – 153.

表 5 - 7　海宁 1823 年与平湖 20 世纪以来典型洪涝

年汛期降水量的对比

单位：mm

| 年份 | 5 月 | 6 月 | 7 月 | 8 月 | 9 月 | 汛期 | 全年 |
|---|---|---|---|---|---|---|---|
| 1823 | 526.0 | 546.4 | 297.4 | 206.2 | 286.3 | 1862.3 | 2463.8 |
| 1931* | 241.3 | 95.7 | 269.2 | 109.9 | 152.3 | 868.4 | 1416.8 |
| 1954 | 294.7 | 352.7 | 353.2 | 151.8 | 55.4 | 1207.8 | 1754.2 |
| 1991 | 170.1 | 210.9 | 201.9 | 107.8 | 163.2 | 853.9 | 1339.8 |
| 1999 | 87.5 | 569.3 | 117.1 | 237.2 | 35.8 | 1046.9 | 1566.9 |

注：＊1931 年数据取自海盐站。

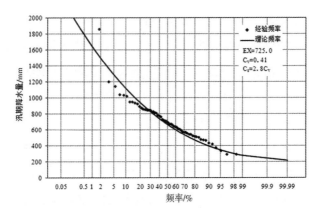

图 5 - 3　海宁汛期降水量频率曲线

## 2. 太湖流域由春至秋的降水过程

### （1）春雨

本区春雨一般在 3—5 月，从《管庭芬日记》反映的情况看，海宁早自 2 月 16 日起降水就较多，春雨期间共有 5 段降水集中期。第一段为 2 月 16 日至 3 月 5 日，绵延 18 天，雨日 12 天；第二段为 3 月 19～27 日，持续 9 天，雨日 6 天；第三段为 4 月 4～18 日，持续 15 天，雨日 12 天；第四段为 4 月 24 日至 5 月 4 日，持续 11 天，雨日 7

天；第五段为 5 月 14 日至 6 月 1 日，持续 19 天，雨日多达 16 天
（图 5 - 4），杭州、嘉兴的降水情况与海宁基本一致，如浙江巡抚帅承
瀛 6 月 22 日奏称"杭州省城于四月初四暨初八、初九、十一等日（5
月 14 日、18 日、19 日、21 日），连得骤雨，积水稍多……至十八日
（5 月 28 日）始得晴霁。复于二十、二十二等日（5 月 30 日、6 月 1
日）续行得雨数次，余日阴晴相间"①，浙江学政杜谔 7 月 5 日言其
"四月（5 月 11 日至 6 月 8 日）后至嘉兴，雨水较多"②。海宁地区的
这 5 段集中降水，在平湖、娄县均有所体现（图 5 - 4）。又据地方志
记载，常熟"自春徂夏，多雨"，吴江"正月，霪雨。三月三日至五
月二十日，连雨"，昆山"霪雨，自三月至五月，水大涨"，上海"自
春至秋，淫雨连旬"，③"春二月大雨水至夏五月方止"，④ 青浦"春三
月霪雨，至夏五月方止"，南汇"春二月苦雨，至夏五月始略止"，奉
贤"春二月霪雨至夏五月"，湖州"霪雨自三月至五月不止"，⑤ 嘉兴
"夏四月至七月，每霪雨经旬"。由上述史料雨情记录可见太湖流域春
季降水频繁，雨带长期维持在苏州府、松江府、杭嘉湖平原等地。春
雨频繁也能从海宁地区月降水日数上清楚地显示（表 5 - 8），2—5 月
除 3 月雨日略低于常年 14.9% 外，其余月份偏多 6.4% ~ 52.2%，雨

① 水利电力部水管司、科技司，水利水电科学研究院. 清代浙闽台地区洪涝档案史料
  [M]. 北京：中华书局，1998：385 - 387.
② 葛全胜主编. 清代奏折汇编——农业·环境 [M]. 北京：商务印书馆，2005：411 -
  415.
③ 温克刚主编. 中国气象灾害大典（上海卷）[M]. 北京：气象出版社，2006：66.
④ 张秉伦，方兆本主编. 淮河和长江中下游旱涝灾害年表和旱涝规律研究 [M]. 合肥：
  安徽教育出版社，1998：470 - 471.
⑤ 张秉伦，方兆本主编. 淮河和长江中下游旱涝灾害年表和旱涝规律研究 [M]. 合肥：
  安徽教育出版社，1998：470 - 471.

日和雨量增多为此后的水灾奠定了基础。

关于春雨期间的暴雨过程，史料显示前 3 段集中降水期间没有明显的暴雨，在第四段中的 5 月 3 日出现一场暴雨过程，《管庭芬日记》写道"晨有日影，午后复阴雨。……夜雨声甚壮，抵明犹未止"，《鹏声馆日记》记"昼夜大雨"。第五段集中降水有两次暴雨过程，第一次发生在 5 月 18～20 日，《管庭芬日记》分别记"雨甚大，日夜不住声""雨竟日不止，抵夜势转猛，河流欲平岸矣""阴，午后日光大露，……晚东北风渐急，复阴，二鼓后大雨如注，抵明未止"，《鹏声馆日记》5 月 18 日、20 日分别记"大雨""夜大雨"，《樗寮日记》5 月 18 日是"大雨竟日"；第二次在 5 月 26～27 日，《管庭芬日记》分别记"午前雨尚缓，晚大雨如泼，半夜亦然，兼雷声""侵晨雷雨如注，未刻方绝，水尽平堤，不可遏矣"，《樗寮日记》只在 5 月 27 日提到"辰刻大雨"。由于资料较少，不能确定具体的暴雨雨区在太湖流域的分布情况，综合已有记载推测三场暴雨的范围比较有限。

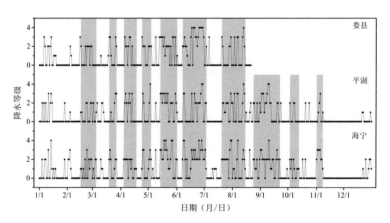

**图 5－4　日记所反映的 1823 年海宁、平湖、娄县**
**3 个地区的降水集中期（灰色条带）**

**表5-8　海宁1823年各月雨日数与平湖1954—2009年平均的比较**

单位：天

| 资料来源 | 1月 | 2月 | 3月 | 4月 | 5月 | 6月 | 7月 | 8月 | 9月 | 10月 | 11月 | 12月 | 全年 |
|---|---|---|---|---|---|---|---|---|---|---|---|---|---|
| 日记 | 9 | 13 | 12 | 15 | 21 | 21 | 18 | 15 | 19 | 10 | 8 | 6 | 167 |
| 常年 | 10.7 | 11.3 | 14.1 | 14.1 | 13.8 | 14.0 | 10.8 | 11.6 | 11.0 | 8.5 | 8.6 | 8.2 | 136.6 |
| 增加/% | -15.9 | 15.0 | -14.9 | 6.4 | 52.2 | 50.0 | 66.7 | 29.3 | 72.7 | 17.6 | -7.0 | -26.8 | 22.3 |

（2）梅雨

由表5-8可见，海宁地区6~10月雨日也较多，比常年偏多17.6%~72.7%，以6月、7月、9月增加尤多，6月和7月通常为梅雨活动时节，这意味着1823年梅雨降水非常密集。梅雨是导致流域性洪水的主要降水形式，为了与前期的春雨和之后的台风雨、秋雨相区分，首先对该年的梅雨期进行划定。根据前文利用雨日在一段时间内的分布确立的较为理想的划定方案，得到1823年海宁、娄县的梅雨特征量（表5-9，梅雨量的复原方法见第三章），入梅大体在6月上旬，出梅在7月初。

档案和地方志揭示的梅雨降水集中期也能印证利用日记划定的结果。如江苏学政周系英7月9日上奏5月的降雨情况："五月间稻田正当莳秧，乃自初旬至二十五以前（6月9日至7月3日）雨势连绵，往往通宵达旦，即或止而复作，势尤滂沛，闻自浙境至苏、常一带，低洼田地率多淹浸。二十六日（7月4日）以后，忽雨忽霁，总未放晴。"① 可见6月9日至7月3日太湖流域普遍经历了一场连续降水过

---

① 水利电力部水管司、科技司，水利水电科学研究院. 清代长江流域西南国际河流洪涝档案史料［M］. 北京：中华书局，1991：664-669.

程。另外，前一阶段分析春雨时引证的吴江、昆山、上海、湖州等地方志均显示春季降水一直延续到 5 月，也意味着降水在 5 月后有一段间歇。再者，一般而言，江淮梅雨结束后，雨带北移，华北地区雨季开始，据已有研究，1823 年华北大部地区于 6 月初进入雨季，[①] 进一步印证了 5 月下旬出梅的划定结果。综合针对日记、档案和地方志中降水记录的分析，本书以《管庭芬日记》得出的梅雨特征为准，以此代表太湖流域的梅雨特征，则 1823 年 6 月 7 日入梅，7 月 4 日出梅，梅期雨日 23 天，梅期长度 27 天（图 5-4）。与平湖多年平均相比（表 5-9），入梅提前 8 天，造成春雨与梅雨界限模糊，相隔仅 5 天；出梅提前 4 天，梅期雨日多 7 天，梅期长度多 4 天，均在相对正常的波动范围内，但梅雨量变幅大，较常年增加 172.7%，表明该年梅雨降水异常偏强，这一现象也能从与 20 世纪以来太湖流域几次特大雨涝年份梅雨强度的比较中看出（表 5-10，梅雨强度 = 梅雨量/梅期雨日）。总的来说，1823 年的梅雨相对典型，梅雨持续时间在这几年里并不算长，但期间雨日密集，占 85.2%，降水强度也最大，多达 24.9mm/天。

### 表 5-9　海宁、娄县 1823 年的梅雨期特征量
与平湖 1954—2009 年平均的比较

| 地点 | 入梅日期（月/日） | 出梅日期（月/日） | 梅期雨日/天 | 梅期长度/天 | 梅雨量/mm | 资料来源 |
|---|---|---|---|---|---|---|
| 海宁 | 6/7 | 7/4 | 23 | 27 | 571.9 | 管庭芬日记 |
| 娄县 | 6/7 | 7/1 | 20 | 24 | — | 樗寮日记 |
| 平湖（1954—2009 年） | 6/15 | 7/8 | 16.0 | 23.2 | 209.7 | 平湖气象站 |

---

① 　满志敏. 中国历史时期气候变化研究［M］. 济南：山东教育出版社，2009：471-480.

表 5 - 10　海宁 1823 年与平湖 20 世纪以来典型

大涝年梅雨期特征量的对比

| 年份 | 入梅日期（月/日） | 出梅日期（月/日） | 梅期雨日/天 | 梅期长度/天 | 雨日比例/% | 梅雨量/mm | 梅雨强度（mm/天） |
|---|---|---|---|---|---|---|---|
| 1823 | 6/7 | 7/4 | 23 | 27 | 85.2 | 571.9 | 24.9 |
| 1931* | 6/17 | 7/29 | 26 | 42 | 61.9 | 335.1 | 12.9 |
| 1954 | 6/5 | 8/3 | 40 | 59 | 67.8 | 652.5 | 16.3 |
| 1991 | 5/19 | 7/17 | 39 | 59 | 66.1 | 511.5 | 13.1 |
| 1999 | 6/6 | 7/19 | 29 | 43 | 67.4 | 678.1 | 23.4 |

注：＊1931 年数据取自海盐站。

　　梅雨期至少有 3 场暴雨过程。第一场在入梅初的 6 月 8~9 日，《管庭芬日记》分别记"大雨如注，竟日夜不住点""雨甚大，竟日如泼"，《鹂声馆日记》均是"大雨"，《樗寮日记》只在 6 月 9 日记"大雨"。第二场在 6 月 17~20 日，娄县降雨较强，《樗寮日记》记 6 月 17 日、19 日和 20 日均为"大雨竟日夜"，达到暴雨等级，其间海宁、平湖各有 2 天大雨强度降雨。第三场集中在 6 月 25~29 日，是梅雨期中持续时间最长、降水强度最大的暴雨过程，海宁、平湖、娄县达到大雨级别的天数分别为 4 天、3 天、5 天，以娄县的雨势最持久猛烈，《樗寮日记》连续 5 天记载"大雨竟日夜"（图 5 - 4），雨量一定不小。地方志对这轮异常暴雨有较多记载，如太仓"五月甲申（6 月 24 日）、乙酉（6 月 25 日）又大雨"，吴江"五月十八、九间（6 月 26、27 日），雨势益盛，低区尽淹，至二十一二日（6 月 29 日、30 日），大雨如注"，昆山"五月望（6 月 23 日）后，大雨浃旬，夜不止"，上海"五月二十日（6 月 28 日），大雨，平地水高二三尺"；又据江苏巡抚韩文绮 7 月 26 日上奏："江苏省本年五月初旬阴雨连绵，自十一日起至二十及二十一、二、三、四、五等日（6 月 19～28 日、6 月 29 日至 7 月 3 日）大雨如注，并兼江河水涨，臣等接据江宁、苏州、松江、常州、镇江、扬州、太仓各府州属先后禀报……惟沿近江河低洼之区，积水二三尺至六七尺不等……驿路间段被淹，并有圩堤冲破之处。"① 这段奏报印证了梅雨期第二、三场暴雨，结合上报的受灾地点和日记、方志中雨情记载可知两场暴雨涉及太湖流域大部地区，且各地暴雨出现和持续时间不尽相同，反映出锋面雨带在此期间有过南北摆动。整体上看，第一和第二场暴雨雨区相对有限，持续 2～4 天，而第三场暴雨雨区扩展到流域大部，持续 3～6 天，接连的强降雨导致江河水位猛涨，洼地、平地、驿路等积水甚深，圩堤被冲毁。

（3）台风雨

一般梅雨之后 7—8 月，在西太副高控制下海宁地区高温少雨，是一年中的干季，1823 年出梅之后海宁的降雨确有减少，但从 7 月 20 日开始降雨又趋增多，绵延至 8 月 15 日，持续 27 天，雨日 19 天（图 4-3）。苏南、杭州等地降水时段与海宁基本一致，"苏州省城自六月十四五、二十一、三、四、六、七、八（7 月 21 日、22 日、28 日、30 日、31 日，8 月 2 日、3 日、4 日）及七月初一、二、三、七、八、九、十（8 月 6 日、7 日、8 日、12 日、13 日、14 日、15 日）等日或微雨广纤，或大雨如注，自一二寸至八九寸不等，其余各属据报，约略相同"，"杭州省城六月上、中、下三旬（7 月 8 日至 8 月 5 日），阵

---

① 水利电力部水管司、科技司，水利水电科学研究院. 清代长江流域西南国际河流洪涝档案史料［M］. 北京：中华书局，1991：664-669.

雨时作，或逾时即止，或连日不休"。① 这一阶段流域各地的降水具有同一性。

这段集中降水至少出现 3 场暴雨过程。第一场发生在 7 月 30—31 日，《管庭芬日记》分别记"晴。午后复大雷雨逾时……夜雨声甚壮，淋浪倾泼，达旦不停""晨晴。过午雨势极大，夜仍开朗"，《鹏声馆日记》和《樗寮日记》7 月 30 日分别为"夜大雨"和"晴，夜半后大雨，势猛如前日"。这场暴雨前后尚有若干场达到大雨级别的降水，如杭州六月"初三、初四、十三、十四、十五及十八、十九、二十三、二十五、六等日（7 月 10 日、11 日、20 日、21 日、22 日、25 日、26 日、30 日以及 8 月 1 日、2 日）雨势尤大，接据各属禀报，得雨日期与省城大略相同"。② 奏报所言 7 月 10～11 日、21～22 日、25～26 日以及 8 月 1～2 日的大雨不见于 3 种日记，海宁、平湖、娄县最多只达到中等强度降水，大雨、暴雨覆盖的流域面积应当不大。

第二、三场暴雨过程均系台风所致。根据张向萍等提出的历史台风辨识准则，③ 太湖流域在 8 月 7～14 日的 8 天内先后遭受 2 场台风侵袭。第一场台风出现在七月二日（8 月 7 日），《管庭芬日记》记载较详："西北风极大，瓦屋俱嘎嘎作响，雨声如雷，檐溜似悬飞瀑。之夜分，风转西南而少杀。昔所退水，今复漫田中矣，可胜浩叹"，《鹏声馆日记》和《樗寮日记》均记"大风雨"，此外，吴江、昆山、青

---

① 水利电力部水管司、科技司，水利水电科学研究院.清代长江流域西南国际河流洪涝档案史料［M］.北京：中华书局，1991：664－669.

② 水利电力部水管司、科技司，水利水电科学研究院.清代长江流域西南国际河流洪涝档案史料［M］.北京：中华书局，1991：664－669.

③ 张向萍，叶瑜，方修琦.公元 1644－1949 年长江三角洲地区历史台风频次序列重建［J］.古地理学报，2013，15（2）：283－292.

浦、上海、嘉善、嘉兴、平湖等地方志也清晰记录到这个台风，如吴江"七月二日昧爽，大风发屋拔木，围尽圮"，青浦"七月戊辰，大风雨，水骤涨一尺"，嘉兴"七月初二夜，飓风大作，平地水深数尺，禾田淹没无遗"，平湖"七月初二日，大风拔木，暴雨如注"，可见受影响的地区涉及苏州府、松江府、杭州府、嘉兴府等地。此次台风8月7日在长江三角洲一带登陆，影响本区1天左右之后于8月8日越过长江，向北西方向经江苏西部、山东西南部进入沁、洹、漳等河一带形成暴雨，并折而东北行影响到天津一带。① 第二场台风始于七月八日（8月13日），《管庭芬日记》写道"晨，微露日光，午后风雨大作，瓦沟如倾注，逾时而止，田中苗头俱没，农夫昼夜戽水之功仍复归之乌有"，《鹂声馆日记》《樗寮日记》分别记"昼夜大雨""大雨竟日夜"。此外，吴江、昆山、青浦、上海、嘉定、南通等地方志对这次台风也有确切记载，如昆山"七夕后复连昼夜大风雨，潨毙人畜，草房旧屋桥梁多倒塌"，上海"七、八日，大风雨彻昼夜，江海涨溢"，② 嘉定"八日，东北风大作，九日，西南又起大风，风挟雨益壮，雨助风益骤"，太湖流域受影响的范围较第一场台风扩展至太仓州一带。此次台风很可能是在长江口登陆，影响本区2天左右并向西推进，速度慢但尺度较大。③

① 满志敏. 中国历史时期气候变化研究［M］. 济南：山东教育出版社，2009：471 - 480；王美苏. 清代入境中国东部沿海台风事件初步重建［D］. 上海：复旦大学硕士学位论文，2010：53 - 54.
② 温克刚主编. 中国气象灾害大典（上海卷）［M］. 北京：气象出版社，2006：66.
③ 潘威，王美苏，杨煜达. 1823 年（清道光三年）太湖以东地区大涝的环境因素［J］. 古地理学报，2010，12（3）：364 - 370.

（4）秋雨

距上一阶段降水结束仅 9 天，从 8 月 24 日至 9 月 22 日海宁地区又迎来一段长达 30 天的降水集中期，雨日 24 天（图 5 - 4）。这段降水的特征符合长江下游地区早秋连阴雨的认定标准，此时北方冷空气前锋在江南静止少动，致使锋后产生大范围的降水。① 档案所记杭州的降水时段与海宁相似："杭州省城于八月初四至初八九等日（9 月 8 ~ 13 日），阴雨连绵，竟夕不休，兼之北风大作，时当晚禾扬花之际，恐与秋成有碍……至十二日（9 月 16 日）始得开霁。嗣于十五、十六、十九、二十及二十九等日（9 月 19 日、20 日、23 日、24 日、10 月 3 日）均有微雨，余俱连日畅晴。"② 关于这段降水，有确切日期指示的资料较少，史料记载如有：杭、嘉、湖三府被水各县"自七月至八月初旬叠次大雨，河流复涨"，③ 嘉兴"夏四月至七月，每霪雨经旬"，上海"自春至秋，淫雨连旬"，④ 南汇"秋七月，又苦雨"，嘉定台风雨之后"未几，复阴雨浃旬"，太仓"夏大雨自五月至七月"，⑤"七月底、八月初，又大雨"。综合史料对雨情的描述推断该时段多雨区涉及杭嘉湖平原、松江府、太仓州等地。这段时间至少有一场暴雨过程，发生在 9 月 9 ~ 10 日，《鹏声馆日记》分别记"昼夜大雨""昼夜大风雨"，《管庭芬日记》9 月 10 日写道"雨不住点竟

---

① 张秀雯. 上海地区早秋连阴雨的中期预报方法［J］. 气象，1979（12）：26 - 28.
② 水利电力部水管司、科技司，水利水电科学研究院. 清代长江流域西南国际河流洪涝档案史料［M］. 北京：中华书局，1991：664 - 669.
③ 水利电力部水管司、科技司，水利水电科学研究院. 清代长江流域西南国际河流洪涝档案史料［M］. 北京：中华书局，1991：664 - 669.
④ 温克刚主编. 中国气象灾害大典（上海卷）［M］. 北京：气象出版社，2006：66.
⑤ 温克刚主编. 中国气象灾害大典（江苏卷）［M］. 北京：气象出版社，2008：67 - 68.

日，夜声势转大，彻宵不停，所退无几之水，今复上岸矣"。

　　一般从 10 月开始，海宁地区降水明显减少，直至次年 2 月，为冬干季，1823 年的情况与常年相似，自 9 月 23 日至年底，除 10 月 3～13 日、11 月 1～8 日出现较短的集中降水之外，其余时间以晴霁为主（图 5－4）。10 月 3～13 日的集中降水不见于档案，地方志中仅南汇、川沙笼统记载 9 月雨水稍多，雨区可能不大，11 月初旬的集中降水区域有所扩大，浙省"自九月三十日至十月初四日（11 月 2～6 日）连日阴雨，河水续有增长。……兹杭州省城于十月初五日（11 月 7 日）起，至月底止，均属晴霁，气候颇为和暖"。① 综合日记和档案记载可见从 11 月 7 日起至月底太湖流域基本雨止，气温随之回暖。

　　3. 水情

　　时人费兰墀《论灾赈书》的一段记述大致讲明了吴江地区水情变化概况："江震自四月霪雨不止，河水盛涨。五月十八、九间，雨势益盛，低区尽淹，至二十一二日，大雨如注，又受湖州下流之水，河水陡长至三四尺，民田圩岸尽圮。六月二十后，水势渐减，农民竭力戽水补种。七月初，风雨大作，水复涨二尺余，询之故老，乾隆三十四年、嘉庆九年，皆被水患，旋即退减，未有积水至五十日、久如今日者也。"从这则记述可以推测持续降雨和暴雨是造成河湖水位迅速上涨的重要原因；4 月至 7 月初，吴江地区洪水过程呈现 3 涨 1 落的变化特征。具体来看，早自 4 月因雨水不止（据前文第三节的分析，4 月降水系 5 月 14 日至 6 月 1 日的降水集中期），吴江地区"河水盛

---

① 水利电力部水管司、科技司，水利水电科学研究院. 清代长江流域西南国际河流洪涝档案史料［M］. 北京：中华书局，1991：664－669.

涨"，此时主要是增加了底水位，尚未殃及民田，紧接着受 5 月中下旬梅汛期大、暴雨影响，加之承纳了上游湖州等地来水，水位又陡增三四尺，这次水位猛涨，致使低区尽淹，民田圩岸严重倾圮，武进、吴县、昆山、嘉定、太仓、上海、宝山、嘉善、平湖、武康、海盐等地方志也清楚记录了这次水情，如武进"夏五月，大霖雨，舟行入市，低田成巨浸，如湖荡"①，昆山"夏五月望后，大雨浃旬，夜不止，水长七八尺，低衢至没膝，禾苗俱沉水底"，太仓"自五月初至月底，平地水高数尺，海道不通，水向西流，舟从桥上过"，上海"四至五月大雨，平地水高三四尺至六七尺，禾棉豆苗淹死"②，宝山"五月，霪雨历十昼夜，平地积水数尺，乡人乘小舟入市"，嘉善、平湖、武康、海盐"夏五月大雨连旬水灾，大水淹禾，武康河岸不分"。③

梅汛期降雨结束后，随着雨水减少太湖以东地区水位略有回落，如《管庭芬日记》五月二十六日（7 月 4 日）记"晴。涨水稍退数寸"，昆山"六月水渐退"，嘉定"及六月初，沟塍略能辨"，太仓"六月间，稍退"，嘉善"六月中，水稍退，觅秧补种"。7 月初接连的两次狂风暴雨导致未来得及退去的洪水骤然回升，大大加重了灾情，如吴江地区水位"六月中稍退，至七月初二、初九两日，狂飙复发，大雨如注，涨痕较五月秒更增一尺有余，漂没田庐棺椁无算，百年以来未有此奇灾也"，昆山"七月戊辰、甲戌两日，风狂甚，雨大

①　张秉伦，方兆本主编·淮河和长江中下游旱涝灾害年表和旱涝规律研究［M］. 合肥：安徽教育出版社，1998：470－471.
②　温克刚主编·中国气象灾害大典（上海卷）［M］. 北京：气象出版社，2006：66.
③　温克刚主编·中国气象灾害大典（浙江卷）［M］. 北京：气象出版社，2006：92.

如注，水视四五月更涨尺余"，青浦"秋七月戊辰，大风雨，水骤涨
一尺；甲戌，又大风雨，禾尽淹"，嘉善"七月初二、初九日，大风
雨，水骤涨，较五月增尺余，田禾复没成灾"，湖州"六月初七日大
雨雹，水势渐退，七月初二日大风骤雨，水复顿涨数尺，圩田仅存者
是夕皆没"，① 嘉善、平湖、武康、海盐"七月……大风骤雨，水复涨
数尺"。②

　　台风雨后，尽管流域仍有几场集中降水，但文献中未见本区水位
继续上扬，基本反映的是水位居高不下，一直到九十月间，洪水才逐
渐退去，如江阴"九月水始退，鱼虾甚夥，人以为粮"，昆山"至冬
初水渐退"，太仓"夏大水，至初冬四乡犹巨浸，农不得耕。州绅士
议挖刘河故道以泄上游诸水，大吏或难之，（林）则徐力主其议，未
半月水尽泄"，上海"夏四月阴雨至八月止，晴仅数日……水溢不退
计四月余"，嘉兴"夏四月至七月，每霪雨经旬，潦水骤涨泛溢，堤
岸低处田庐尽没，数月不退，禾苗三次被淹。八月间，江苏开刘家河
泄水，九月始渐消去"，"太湖水溢，至冬初始平"。③ 据此推测太湖
以东地区汛期最高水位普遍形成于台风雨期间，之后降水径流与河湖
宣泄水量基本平衡，使高水位长期维持，到九十月间因疏通刘河故道
加速排水、本区降水减少等原因积水才逐渐消退，积涝时间长达 4 个
月左右。

---

① 张秉伦，方兆本主编．淮河和长江中下游旱涝灾害年表和旱涝规律研究 ［M］．合肥：
　　安徽教育出版社，1998：470－471．
② 温克刚主编．中国气象灾害大典（浙江卷）［M］北京：气象出版社，2006：26．
③ 张秉伦，方兆本主编．淮河和长江中下游旱涝灾害年表和旱涝规律研究 ［M］．合肥：
　　安徽教育出版社，1998：470－471．

据上引资料，台风雨期间，吴江、昆山、嘉善等地水位比"五月杪""四五月""五月"增加一尺多，酿成百年难遇大水灾。"五月杪"按五月最后一天算，为 7 月 7 日，即是在出梅日期之后第 3 天，而五月末正值梅雨期中持续时间最长、降水强度最大的暴雨过程，流域水位激增，因此水位增加一尺多的说法是相对于出梅日期左右时的最高水位而言，即梅雨期最高水位≈出梅日期左右时水位。因此只要知道 1823 年梅雨期最高水位，便能推算出台风雨期间的水位，这一水位相当于该年的洪峰水位。

梅雨期最高水位的估算方法见前文第二节，经拟合得回归方程：$H_k - H_0 = -0.00847 + 0.002332M$（通过 $\alpha = 0.05$ 的显著性检验）。对于 1823 年而言，梅雨期最高水位出现在出梅日期左右，$M \approx$ 梅雨量，前文已据《管庭芬日记》求得海宁梅雨量为 571.9mm，代入算式得出 $H_k - H_0 = 1.33$m。那么 $H_0$ 即入梅前一日 6 月 6 日的水位是多少？这里有两种估算办法，第一种是计算 1929—1937 年吴江站 6 月 6 日的平均水位，结果为 2.59m。第二种是计算 1929—1937 年吴江站入梅前一日的平均水位，为 2.56m，将两种算法的平均值 2.57m 作为吴江地区 1823 年 6 月 6 日的水位，由于 1823 年春季降水较为充沛，入梅前底水位可能高于常年，因此实际情况可能要大于这一数值，若仍按 2.57m 计，则梅汛期末吴江地区河湖水位 $H_k$ 大致为 3.90m。由于台风雨期间吴江地区水位较梅汛期末上涨一尺余，"尺余"按 1.5 尺（清制 1 营造尺 = 0.32m）计，则台风雨期间吴江地区洪峰水位达到 4.38m，这一数值接近太湖流域 1954 年、1999 年特大洪涝年吴江地区最高水位（1931 年、1954 年、1991 年、1999 年平望站汛期最高水位依次为 4.04m、4.35m、4.17m、4.40m),①一定程度反映出 1823 年雨涝灾害的严重性。

4. 灾情

由图 5-5 可见,水灾几乎波及整个太湖流域,在 51 个县级治所中,有 38 个达到"涝"级别,占 74.5%,以阳澄淀泖区、湖州府东苕溪一带灾情最严重,灾情较轻的地区分布在丹阳、武进运河一线,浙西区安吉、孝丰等地以及杭嘉湖平原东部和南部滨海一带。

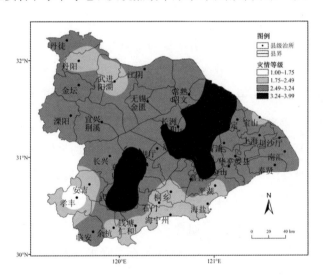

**图 5-5    1823 年太湖流域灾情等级的空间分布**

(据 CHGIS4.0 版中资料绘制)

---

① 吴浩云,管惟庆.1991 年太湖流域洪水 [M]. 北京: 中国水利水电出版社, 2000:
69; 欧炎伦, 吴浩云.1999 年太湖流域洪水 [M]. 北京: 中国水利水电出版社,
2001: 54.

　　灾情的分布特征与流域的地势有一定关系，如受灾较重的地区大都集中在流域中东部低平原区，灾情最重的阳澄淀泖区、乌程等地高程仅 3～5m，是流域中地势相对低洼的下游排水区，[①] 而湖西区高亢平原、浙西山丘区和滨海高平原区等地势相对较高的地区受灾较轻。

　　对同一地区而言，暴雨洪涝的轻重程度，主要取决于降水量大小、大雨、暴雨覆盖面积及持续时间长短等因素。据前文分析，1823年太湖流域由春至秋雨量偏多，梅期大雨、暴雨频繁，灾情颇重的东太湖地区更是叠遭台风暴雨袭击，异常的降水无疑是酿成特大水灾的直接原因。此外，也有人归因于流域下游水道常年得不到系统性疏浚而日渐淤积，导致排水通道不足和不畅，行洪能力下降，如两江总督孙玉庭在 1824 年 1 月 27 日的奏报中详细分析了成灾缘由："本年夏秋淫涝异涨，虽非常有之事，然积水泛溢，江浙大郡悉遭水患，实由太湖分泄水道年久淤垫，去路不畅所致，……自乾隆二十八年（1763）大加疏浚之后，刘河、吴淞、白茆虽曾先后兴挑，然未穷源竟委逐节疏通，每遇雨少之年，海潮挟沙往来，清弱不能畅出涤沙，日渐淤垫，其间河港泖荡潴水之区，非日久为茭草湮塞，即为趋利奸民估筑围垦，致多阻格，旱则水不通流，灌溉难资；涝则诸水汇于太湖，仅藉一线吴淞为去路，势不能不泛溢为患。"[②] 可见洪水宣泄不畅的另一个因素是，洪水原本的河港泖荡等蓄滞洪区因日久淤塞、围垦等原因不能有效发挥分洪作用。帅承瀛也有类似的看法："其杭、嘉、湖三

①　黄宣伟. 太湖流域规划与综合治理［M］. 北京：中国水利水电出版社，2000：3－9.

②　水利电力部水管司、科技司，水利水电科学研究院. 清代长江流域西南国际河流洪涝档案史料［M］. 北京：中华书局，1991：664－669.

府被水各县地方，自七月至八月初旬叠次大雨，河流复涨，而江苏省下游又多壅遏，以致无路疏消。"江潮高水位顶托是导致积水难消的另一方面原因，如江苏学政周系英 7 月 9 日的上奏谈道"江南泽国湖河圩荡，不啻百数，总归大江，自因上游多雨，江水亦经涨发，以致顶阻不能畅消"①。

### 5. 极端雨涝事件的天气气候背景

道光三年的洪涝灾害有其特殊的天气气候背景。在可能的外部影响因子方面，张德二等已指出 1823 年正值太阳活动周第 7 周的极小年（m），太阳黑子相对数仅为 1.8，这是自 1749 年以来 200 多年间的次极低值；另外，1823 年处在中等强度的厄尔尼诺事件结束之后，而据相关研究，厄尔尼诺事件结束之后较多地对应于我国大范围多雨。火山活动方面可能受到 1822 年 3 月日本 Usu 火山爆发（喷发强度指数 VEI = 4）和 10 月爪洼 Galunggung 火山爆发（VEI = 5）喷发物的影响，但这些火山喷发物与 1823 年我国大范围多雨事件的关联尚难轻易断言。②

反映东亚夏季风强弱变化的综合石笋氧同位素序列显示，1823 年处在东亚夏季风近 300 年间相对较弱的时期，③ 据郭其蕴等、尹义星等和陆龙骅等的研究，东亚夏季风在弱的阶段，多雨带更容易发生在

---

① 水利电力部水管司、 科技司， 水利水电科学研究院. 清代长江流域西南国际河流洪涝档案史料 ［M］. 北京： 中华书局， 1991： 664 – 669.
② 张德二、 陆龙骅. 历史极端雨涝事件研究——1823 年我国东部大范围雨涝 ［J］. 第四纪研究， 2011， 31 （1）： 29 – 35.
③ 杨保、 谭明. 近千年东亚夏季风演变历史重建及与区域温湿变化关系的讨论 ［J］. 第四纪研究， 2009， 29 （5）： 880 – 887.

长江中下游地区，太湖流域梅期长度和雨量增加,[①] 1823 年太湖流域极端降水或许与东亚夏季风相对较弱有关；此外，1823 年云南雨季开始较晚，在 6 月第 1 候，昆明夏季雨水较多，各属普遍发生洪灾，意味着西南季风比较活跃。[②] 已有研究指出 1823 年中国东部地区的天气气候特点、雨涝分布类型与 1954 年极为相似,[③] 笔者统计了海宁地区 1823 年和 20 世纪以来太湖流域典型大涝年（1931 年、1954 年、1991 年和 1999 年）逐旬降水日数，发现 1823 年 3—8 月逐旬雨日数与其相关系数分别为 0.18、0.72、− 0.25 和 − 0.02，与 1954 年的相关性达到 99.9％置信水平，表明 1823 年与 1954 年太湖流域春夏两季的降水过程、气候概况具有较高的相似度（图 5 − 6），进一步印证了该结论。

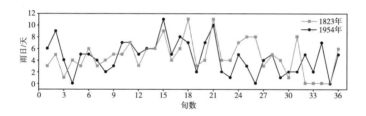

**图 5 − 6　海宁地区 1823 年和 1954 年逐旬降水日数**

除上述外部自然因子、天气气候背景可能存在异常外，作者还尝

① 郭其蕴，蔡静宁，邵雪梅，等.1873 − 2000 年东亚夏季风变化的研究［J］.大气科学，2004，28（2）：206 − 215；尹义星，许有鹏，陈莹.1950 − 2003 年太湖流域洪旱灾害变化与东亚夏季风的关系［J］.冰川冻土，2010，32（2）：381 − 388；陆龙骅，张德二.中国年降水量的时空变化特征及其与东亚夏季风的关系［J］.第四纪研究，2013，33（1）：97 − 107.

② 杨煜达.清代云南季风气候与天气灾害研究［M］.上海：复旦大学出版社，2006：229.

③ 张德二，陆龙骅.历史极端雨涝事件研究——1823 年我国东部大范围雨涝［J］.第四纪研究，2011，31（1）：29 − 35.

试根据日记所载霜雪、物候等资料考察流域 1822—1823 年秋季、冬季、春季的温度情况。海宁地区初霜日期平均在 11 月中旬，初雪在 12 月下旬，终雪在 3 月上旬，年平均降雪日数约 11 天，积雪日数 6 天左右。① 据《管庭芬日记》所记，1822/23 年初霜日期为 12 月 6 日，初雪日期为 1 月 17 日，终雪日期为 3 月 21 日，初、终间日数 64 天，降雪日数 11 天，积雪日数约 6 天。相比之下，1822/23 年霜、雪初日比现代推迟 20 天左右，表明秋季冷性气团南下推迟，意味着 1822 年秋季气温高于常年。降雪日数、积雪日数、降雪延续时间等指标与冬季平均温度相关密切，1822/23 年降雪、积雪日数和降雪持续时间均接近常年，冬季气温与现代多年平均应相差不大。

　　终雪日期早晚与春季平均温度有一定关联，1822/23 年终雪比常年推迟至少 11 天，一般据此可以推测春季温度偏低，但具体的情况显得复杂反常，其间温度变动不居，仍然存在十分暖和的时期，春季前期和后期的温度概况也不相同。具体来看，继 1 月 17 ~ 19 日首场降雪结束后 16 天，在 2 月 4 ~ 5 日又发生一场中等强度降雪过程，《管庭芬日记》分别写道“东北风甚大，夜雪”“晨起雪厚四五寸，风势甚急，绵绵竟日不绝”，随后 10 天天气晴好，气温回升，如《管庭芬日记》和《樗寮日记》2 月 15 日分别记“晴……天色甚燠，大似清和。夜西北风甚壮，月色转淡”和“晴……暖甚如三四月，夜大风雨”，表明入春前后气温是比较暖和的（1823 年春节为 2 月 11 日），但紧接着的 2 月 16 ~ 17 日、2 月 26 日至 3 月 2 日由于冷空气南下又带来两场规模更大的雨雪过程，两场降雪之间尚有雨日 4 天，气温应有所回

---

① 　浙江省气象志编纂委员会. 浙江省气象志［M］. 北京：中华书局，1999：72 – 91.

落，此后天气以晴为主，气温攀升，体感非常暖和，如《樗寮日记》3月18日记"晴，暖甚……夜微雨"，《管庭芬日记》3月19日写道"晴。……东南风甚大，天气燠似初夏，夜月色甚佳，三鼓后忽有急雨，抵明而止"，仅过了2天，在3月21日降雪再次来临。从1月17日至3月21日总计发生5场降雪过程，相邻两场降雪过程之间有9～19天的时间间隔，其间晴占主导，因而冷空气过境后，气温能够缓慢回升，以至"燠似初夏"，造成春季前期气温较为频繁的波动。身处江南的沈钦韩在《梅花叹》中也记述了这样一种乍暖乍寒的感受："入春以来甚暖则寒，寒极复风，风止则雨，互相□回，殆无佳日，春分（3月21日）前骤暖，易日作寒，继以震雷，夜乃大雪，此亦五行家所念者，纪以小诗。"① 这段记述也反映出1823年春初天气多变、冷暖无常的特点。

进一步从日记记载的雷暴初始日期和春季物候资料探讨1823年春季温度情况。《樗寮日记》4月10日记载了苏州等地的初雷日期："生甫云嘉定初五日（3月17日）戌刻电雷止一声甚厉，苏州亦然，为善最乐素位而行。"现代镇江地区初雷日期平均在3月16日，② 1823年与之相近，喻示着春季气温回升、冷暖空气开始活跃交汇的时间与现代相差不大。另外，《樗寮日记》4月24日的记载透露出该年牡丹开花盛期："晴，大风……午后至佘山，生甫吊先叔及炘儿，园中牡丹盛开。"现代上海地区牡丹开花盛期平均为4月22日，③ 温度

---

① 沈钦韩．幼学堂诗稿［A］．见：清代诗文集汇编编纂委员会．清代诗文集汇编（第514册）［M］．上海：上海古籍出版社，2010：232－233．
② 宛敏渭主编．中国自然历选编［M］．北京：科学出版社，1986：165．
③ 宛敏渭，刘秀珍．中国动植物物候图集［M］．北京：气象出版社，1986：87．

是影响植物物候迟早的主要因素，1823 年牡丹开花盛期与常年相仿，表明春季前期的气温接近现代多年平均。又《樗寮日记》5 月 24 日记载："嫩晴……因同过蒲帆观杜鹃花……始见新月。"这条日记揭示出 1823 年上海地区杜鹃开花盛期大约在 5 月 24 日，现代赣县杜鹃开花盛期平均在 3 月 31 日，[①] 考虑到经纬度、海拔高度对物候期迟早的影响，[②] 经换算上海地区现代杜鹃开花盛期平均为 4 月 20 日左右，1823 年的物候期晚了近 1 个月，意味着春季后期气温偏低。

## 四、小结

公元 1823 年太湖流域发生了极端雨涝灾害，本书通过对《管庭芬日记》保存的 1823 年降水信息的分级处理准确复原了海宁地区逐月降水量，一定程度反映出该年流域各月的降水概貌。综合利用日记、档案和地方志中的天气、雨情、水情、灾情等记录使太湖流域由春至秋的降水集中期、暴雨过程在"日"时间精度上获得还原，并丰富了对太湖流域极端雨涝事件的洪水过程、洪峰水位、灾情分布、致灾因素和天气气候背景等方面的认识。相信随着研究的不断迈进，有关这次水灾越来越多的事实如降水异常的物理机制和致灾的人文因素等将被进一步认知。本书主要结论如下：

（1）该年太湖流域雨期长，集中降水始于 2 月 16 日，到 9 月 22 日才基本结束，流域由春至秋大致经历 10 次降水集中期和 10 场暴雨

---

① 宛敏渭主编. 中国自然历续编［M］. 北京：科学出版社，1987：277.
② 龚高法，简慰民. 我国植物物候期的地理分布［J］. 地理学报，1983，38（1）：33 – 40.

过程，雨带长期徘徊在苏州府、松江府、太仓州和杭嘉湖平原等地。海宁汛期 5 月、6 月、7 月和 9 月雨日和雨量尤多，较平湖地区1954—2009 年分别增加 52.2% ~72.7% 和 100.5% ~321.5%，汛期降水量多达 1862.3mm，增加 1.64 倍，年降水量 2463.8mm，增加 1.04 倍。海宁 5 ~9 月、汛期和年降水量等指标处于 20 世纪以来流域几次特大洪涝年中最大或次大地位，其中 5 月、汛期和年降水量重现期达到 200 年一遇，6 ~9 月的重现期均在 5 年以上，一定程度反映出太湖流域降水的异常和极端性。

（2）太湖流域的梅雨期相对典型，海宁 6 月 7 日入梅，较常年提前 8 天，春雨期延长，与梅雨仅有 5 天间隔，7 月 4 日出梅，梅期雨日 23 天，梅期长 27 天，梅雨量 571.9mm，梅雨降水异常偏强，多达 24.9mm/天，其间至少有 3 场暴雨过程，以第三场即 6 月 25 ~29 日的暴雨过程持续时间最长、降水强度最大。

（3）流域汛期河湖水位经历 3 次快速上涨阶段。5 月中下旬持久降雨促使水位上扬，但仅是增加了底水位，未造成明显灾情；6 月下旬至 7 月初梅汛期第二、三场暴雨过程期间水位升高幅度大，酿成流域性严重洪涝灾害；8 月 7 ~14 日流域下游片区遭受两次台风暴雨袭击，水位较梅汛期末普遍上涨一尺余，大大加剧了灾情。经估算，吴江地区洪峰水位为 4.38m，接近 1954 年、1999 年的最大值。水灾高水位维持时间长，积涝时间 4 个月左右。

（4）水灾几乎波及整个太湖流域，有 74.5% 的县出现严重灾情，主要分布于流域中东部低平原区，以阳澄淀泖区、湖州府东苕溪一带灾情最重，是雨带长期维持、梅雨期降水异常偏强、台风接连入侵和太湖下泄河道年久淤塞致使排涝功能下降等因素共同作用的结果。

（5）1823 年东亚夏季风相对较弱，而西南季风相对活跃，太湖流域春夏两季降水概况与 1954 年比较相似；流域 1822/23 年冬季、春季早期的温度与现代平均相差不大，但其间天气复杂多变，冷暖无常，春季后期温度偏低。

## ● 第三节　1835 年长江中下游地区大旱的重建与特征分析

### 一、研究动因

与洪涝灾害一样，旱灾对社会的影响往往也很严重，特别是连发性多年旱灾，如明末崇祯年间大旱、光绪丁戊奇荒，影响范围大、持续时间长，导致人口和经济的重大损失，不仅可能是王朝盛衰转折的标志，也可能是气候转折的标志，因此对历史时期旱灾进行研究向来备受学界瞩目。对历史时期典型旱灾的剖析可以拓宽现代旱灾研究的时间尺度，为我们提供历史对比型，增进我们对当前旱灾发生的频率、强度及时空分布特征的认识，提升旱涝趋势的预测能力，同时还能丰富我们对自然灾害与国家、社会互动的了解，为当前应对旱灾提供经验和借鉴。

利用历史文献资料对历史时期旱灾的案例研究已经取得了诸多进展，如满志敏较早利用地方志和成灾分数资料分析了光绪三年

（1877）华北大旱的形成过程、区域差异和气候背景。① 此后曾早早等、张德二等、郝志新等又进一步对光绪初年的大旱展开了探讨。曾早早等对比分析了中国北方乾隆后期（1784—1786 年）、光绪初年（1875—1878 年）和民国时期（1927—1930 年）3 次严重旱灾的灾情实况差异，并从灾情发生时的区域自然环境和社会政治经济角度解释了差异形成的原因；② 张德二等主要利用地方志较为详细地复原了干旱发生、发展的动态过程并绘制了 1876—1878 年逐年灾情分布图，以连续无透雨时段长度为指标评估了各地旱情程度，并且对伴生灾害进行了概要介绍，最后从雨季异常、冷空气活动、太阳活动、Elnino、火山活动等方面分析了致灾的气候背景；③ 郝志新等基于《雨雪分寸》资料重建的 1876—1877 年逐季及年降水量资料，分析了旱灾的空间分布格局，并据地方志、档案对旱灾的发生过程及其对农业收成的影响做了分析，同时指出 1876—1878 年的大旱是全球化现象，可能与 Elnino 事件强度异常偏强及南极涛动正异常有关。④ 这些研究从多种角度增进了我们对光绪初年大旱的深入认识。除了对光绪初年的旱灾进行重点探讨外，已发表的文献还主要对清乾隆后期（1784—1787 年）中国东部地区连发性干旱事件以及咸丰六年（1856）长江三角洲地区夏秋连旱事件包括旱灾实况、区域差异、伴生灾害和气候背景等

---

① 满志敏. 光绪三年北方大旱的气候背景［J］. 复旦学报（社会科学版），2000，39（5）：28 - 35.

② 曾早早，方修琦，叶瑜，等. 中国近 300 年来 3 次大旱灾的灾情及原因比较［J］. 灾害学，2009，24（2）：116 - 122.

③ 张德二，梁有叶. 1876—1878 年中国大范围持续干旱事件［J］. 气候变化研究进展，2010，6（2）：106 - 112.

④ 郝志新，郑景云，伍国凤，等. 1876 - 1878 年华北大旱：史实、影响及气候背景［J］. 科学通报，2010，55（23）：2321 - 2328.

内容进行了梳理。①

在研究区域选取上,以上研究多聚焦华北地区,而对华中、华南地区典型旱灾年份的个例研究相对较少。长江中下游是一个洪涝灾害频繁发生的地区,可发生季风暴雨、台风暴雨性洪涝灾害以及干支流洪水遭遇性灾害。同样,长江中下游地区也极易因天气气候系统的异常发生旱灾,基于器测资料已经开展了许多对本区旱灾的个例研究,②而主要基于历史文献的案例研究尚不多见。③

《中国近五百年旱涝分布图集》(以下简称《图集》)显示,道光十五年(1835)中国区域普遍偏旱,④ 本年 82 个站点旱涝等级的平均值为 3.707,喻示着全国所有站点基本都接近偏旱等级,万金红等根据清宫奏报档案,统计得到该年全国受旱县数为 321 个,在 1689—1911 年中名列第 9,在 19 世纪是略低于光绪初年(1876—1878 年)、1888 年和 1892 年的非常罕见的全国性旱灾。⑤ 由《图集》可见,达到大旱水平(等级为 5)的地区至少有湖南、湖北中南部、江西北部、

---

① 张德二. 相对温暖气候背景下的历史旱灾——1784－1787 典型灾例〔J〕. 地理学报,2000,55(增刊):116－121;杨煜达. 清咸丰六年长江三角洲地区旱灾气候背景分析〔J〕. 气象与减灾研究,2007,30(3):26－30.

② 许以平. 1978 年长江中下游夏季大旱的天气气候分析〔J〕. 气象,1979(2):16－19;黄朝迎. 1978 年长江中下游地区夏季大旱及其影响〔J〕. 灾害学,1990(4):29－33;封国林,杨涵洧,张世轩等. 2011 年春末夏初长江中下游地区旱涝急转成因初探〔J〕. 大气科学,2012,36(5):1009－1026.

③ 王方中. 1934 年长江中下游的旱灾〔J〕. 近代中国,1999,9(1):163－184;夏明方,康沛竹. 是岁江南旱——一九三四年长江中下游大旱灾〔J〕. 中国减灾,2008(1):34－35.

④ 中央气象局气象科学研究院. 中国近五百年旱涝分布图集〔M〕. 北京:地图出版社,1981:329－330.

⑤ 万金红,谭徐明,刘昌东. 基于清代故宫旱灾档案的中国旱灾时空格局〔J〕. 水科学进展,2013,24(1):18－23.

浙东以及安徽南部；广西，广东，江西中南部，福建西部以及陕西、山西、河南交接地区，皖北，长三角地区干旱程度稍轻。

1835 年长江中下游地区的旱情最重，本区 6 省 27 站点中的 26 个等级值的平均值高达 4.577，意味着几乎所有站点全部达到大旱水平，又根据长江中下游地区 1300—1980 年逐年旱涝等级表，本年等级为 7（最大旱级别为 9），旱情在 19 世纪仅次于 1814 年的 8 级。① 该年长江中下游地区除旱灾外，还伴有严重蝗灾，部分府县还有疫情发生，对于此次灾情地方志保留了大量记载，如湖北省武昌府大冶县"春夏大旱，秋蝗。禾枯井涸，道馑相望，山民掘食蕨根"②（以下引文凡出自该书，均只标明地方志名称，不再作脚注）；光绪《湖南通志》卷二四四祥异载"大旱，长沙飞蝗蔽天，晚稻无获。阎其相《苦旱行》：五月不雨至七月，毒热蒸人头痛额"；同治《安仁县志》记江西饶州府余江县"大旱，自四月不雨至九月。蝗虫起，飞蔽天日，食禾粟殆尽，瘟疫大作，饥馑载道，不胜掩埋"；浙江龙游"大旱，自四月初至于九月尽，凡一百八十日不雨，溪井俱涸，人民相率逃荒"（民国《龙游县志》卷一通纪）。由以上分析可见，1835 年的旱灾是近 200 年本区一次十分严重的极端干旱事件，值得我们重视和深入研究。

有关 1835 年长江中下游地区的大旱，前人做过个案研究，如满志敏根据方志和档案中的旱情记载和降雨奏报分别分析了长江中下游 6 个省份旱灾的发展过程，并主要从梅雨雨带异常角度分析了旱灾的

---

① 张秉伦，方兆本主编. 淮河和长江中下游旱涝灾害年表和旱涝规律研究［M］. 合肥：安徽教育出版社，1998：251.

② 张德二主编. 中国三千年气象记录总集（增订本第 4 册）［M］. 南京：凤凰出版社，2004：3095－3101.

气候背景，指出梅雨带来临时间推迟，大约在 6 月下旬才进入长江一线，且停留时间很短，6 月底就已进入淮河以北地区，梅雨降水很少也是导致大旱非常重要的原因。① 杨肃毓则主要从蝗灾与社会应对的角度，以江西省为研究区域，分析了官府应对能力、民间应对能力以及蝗灾的后续影响，指出素有"百年无蝗"的江西省在道光十五年之前鲜少刘猛将军庙，直到蝗灾发生，江西官民感受到蝗灾威力后，便兴起建庙风潮。② 此外还有学者分析了历史人物应对这次旱灾的措施和思想。③ 有关学界研究 1835 年长江中下游旱灾的切入点，总的来看有 3 个，一是利用地方志或档案确定旱涝等级，统计分析其在历史旱灾中的地位；二是梳理旱灾的形成过程及其气候背景；三是探讨灾害与社会的互动关系。本书的着眼处在于第二点，旨在综合利用《清代长江流域西南国际河流洪涝档案史料》、《中国三千年气象记录总集》、日记资料复原灾害的形成过程，并对前人关注较少的蝗灾的发展过程进行分析，最后主要通过新发现的日记史料和前人已有相关研究成果探讨此次灾情的气候背景，以期促进我们对该年极端干旱事件更全面的认识。

## 二、灾情的发展过程

研究区旱灾主要发生于夏秋两季，事实上，两湖、江西部分地区

① 满志敏. 中国历史时期气候变化研究 [M]. 济南：山东教育出版社，2009：486 – 491.
② 杨肃毓. 清代地方治蝗——以道光十五、六年江西蝗灾为中心 [D]. 台北：国立清华大学 2008 年硕士学位论文.
③ 陆玉芹. 林则徐江苏灾赈述论 [J]. 江南大学学报（人文社会科学版），2004，3（2）：51 – 55.

从春季开始就已显现出旱灾迹象，但尚未出现蝗灾。如湖北宜都"大旱，自三月不雨至于六月"（同治《宜都县志》卷四杂记），湖南湘乡"春正月不雨，至于秋七月，民大饥"（同治《湘乡县志》卷五祥异），江西修水"二月至七月不雨。大饥，民有食土者"（同治《义宁州志》卷三十九祥异），贵溪"三月至七月不雨，早稻无收"（同治《贵溪县志》卷十祥异），弋阳县里东流口地方"自正月至十一月不雨"（同治《弋阳县志》卷十四祥异）。

随着时间的推移，从夏季四月迄秋季七月（阳历 5 月 27 日至 9 月 21 日，正文中日期大写的表示阴历），旱灾迅速波及长江中下游大部地区，蝗灾接踵而至。湖北松滋、应城、钟祥、咸宁、谷城、仙桃等县的地方志对此有大量记载，如松滋"夏大旱，蝗"（同治《松滋县志》卷十二祥异），钟祥"五月、六月大旱。七月，飞蝗蔽日"（同治《钟祥县志》卷十七祥异），谷城"五六月，大旱。七月十四日，飞蝗遮天盖地，田中禾苗一过乌有"（同治《谷城县志》卷八祥异）。由此可见，旱灾已经蔓及湖北大部地区。湖南大部地区灾情出现时间与湖北基本一致，湘潭、浏阳、永州、江永、安乡等地方志对此有所记载，如湘潭"夏旱，秋蝗"（光绪《湘潭县志》卷九五行），永州"夏，数月不雨，蝗飞蔽日，岁大饥，斗米五百余"（光绪《零陵县志》卷十二祥异），安乡"夏大旱。六月蝗，高下田皆失收"（同治《直隶澧州志》卷十九機祥）。除此之外，湖南有大旱记载的还包括长沙、临湘、华容、湘乡、安仁、衡山、常宁、邵阳、绥宁、新化、汉寿、澧县、临澧、益阳等地。可见湖南旱蝗灾害的中心位于湘江流域的长沙府、岳州府和永州府等地。

　　江西省灾情开始出现的时间与两湖地区相似，环鄱阳湖地区大体在入夏后五月起便持续无雨，旱情不断升温，蝗害四起，灾情持续至八月。如鄱阳湖以北的湖口县"夏大旱，颗粒无收。秋蝗为灾，民多流亡"（同治《湖口县志》卷十祥异）；湖区以东饶州府"大旱，自五月不雨，至八月方雨。先一月，有蝗自楚北渡江来，声如潮涌，所至食禾苗，菜蔬松竹叶俱尽。岁大饥"（同治《饶州府志》卷三十一祥异），鄱阳县"大旱，自五月不雨，至于秋八月，高低早晚稻概行无收。秋间种粟，复被蝗食，民采草根树皮以为食"（同治《鄱阳县志》卷二十一灾祥）；湖区以南的进贤"大旱，自夏徂秋不雨，禾尽稿。八月，蝗虫遍满，飞蔽天日"（同治《进贤县志》卷二十二杂识），东乡"五月，大旱。蝗子生，遍满山谷"（同治《东乡县志》卷九祥异）。江西除了环鄱阳湖地区灾情较重之外，赣江上游吉安府几乎所有县区的灾情也颇为严重，"府境大旱，禾稿。各县饥"（光绪《吉安府志》卷五十三祥异），虽然吉安一带在四月下旬（5 月 18～26 日）曾因大雨河水涨发，所幸"消退甚速，尚无妨碍"，[①] 可见这场大雨并未抵消旱灾的发展。

　　安徽的旱情主要发生于夏季，并伴有蝗灾。如安庆府太湖"自夏至秋不雨，大饥"（同治《太湖县志》卷四十六祥异），宿松"夏大旱，蝗"（同治《宿松县志》卷十蠲赈）；池州府东至"大旱。民饥，至食观音粉，死徙亦众"（宣统《建德县志》卷二十祥异）；徽州府祁门"大旱，自夏至秋不雨。蝗人十九都、二十二都。岁饥"（同治

---

① 　水利电力部水管司、科技司，水利水电科学研究院. 清代长江流域西南国际河流洪涝档案史料［M］. 北京：中华书局，1991：784 - 792.

《祁门县志》卷三十六祥异）。安徽的灾害中心分布在沿江一带及其以南地区。

　　江苏的灾情也集中发生在夏季，主要是旱灾，蝗灾相对较轻。据漕运总督思特长额奏："本年江安所属之江宁、淮安、扬州、徐州、海州、安庆、宁国、池州、太平、庐州，凤阳、颍州、广德、和州、泗州等府州间有高田被旱、低田被淹。又苏松所属之四府一州，因入夏后得雨稍迟，高阜田禾被旱受伤，收成不无歉薄。"① 可见江苏的旱灾主要分布在长江下游地区的高亢之地。

　　浙江的旱情出现在夏季，部分地区旱情甚至持续到了次年春季，灾情十分严峻，幸而浙江并未出现蝗灾。如严州府建德"自四月不雨，至次年二、三月方雨。六谷无收，大饥"（光绪《寿昌县志》卷十一祥异），金华府兰溪"大旱，饥。自四月不雨，至次年二三月方雨，禾豆粟麦及杂粮俱无收。大饥"（光绪《兰溪县志》卷八祥异），衢州"四月至七月不雨，苗尽枯，田无收。民大饥，采苦叶蕨草堇泥食之，官绅设局劝捐赈济"（民国《浙江续通志》卷四大事记），处州府云和县"大旱成灾，民食树皮草根，秋疫作，道路积尸无算"（同治《云和县志》卷十五祥异）。浙江的旱灾中心位于浙西金衢盆地和浙南处州府等地。

### 三、灾情的空间分布特征

　　为了对灾情的空间分布有整体了解，参考《图集》对旱涝等级的

---

① 水利电力部水管司、科技司，水利水电科学研究院. 清代长江流域西南国际河流洪涝档案史料［M］. 北京：中华书局，1991：784－792.

定级思路，同时考虑该年灾情的实际情况，根据《清代长江流域西南
国际河流洪涝档案史料》和《中国三千年气象记录总集》中受灾时
长、成灾分数、社会响应等记载，将旱情划作 7 个等级（表 5 - 11），
蝗情划为 5 个级别（表 5 - 12）。在界定了旱情等级、蝗灾等级的基础
上，分别确定了长江中下游地区 410 个县春季、夏季、秋季的旱灾等
级和蝗灾等级，然后归纳出全年的等级，利用 ArcGIS10.0 反距离加
权法对全年的灾情等级进行插值，绘制全年灾情等级空间分异图。

**表 5 - 11　1835 年旱灾等级界定标准**

| 灾情 | 灾情等级 | 史料举例 |
|---|---|---|
| 涝 | -2 | 秋大水；海潮乘风骤溢，圩塘皆坏；大风雨坏塘堤，没庐舍。 |
| 偏涝 | -1 | 滨江被水；所属州县，因六七月间汛水盛涨，临江堤塍间有漫缺。 |
| 正常 | 0 | 有年；大稔；麦谷俱大熟。 |
| 偏旱 | 1 | 夏麦熟，不雨；八月，蝗，饥；秋，蝗蔽空而来，邑令孙湄率僚属居民扑灭。 |
| 旱 | 2 | 旱；夏旱；秋旱；旱蝗；被旱歉收；旱，斗米五百钱。 |
| 大旱 | 3 | 大旱；夏大旱；春夏旱；大旱，早稻尽槁，米价腾贵，民多饿死。 |
| 特大旱 | 4 | 大旱，民饥，至食观音粉，死徒亦众；大旱，至四月不雨至九月，蝗虫起，飞蔽天日，食禾粟殆尽，瘟疫大作，饥谨载道，不胜掩埋。 |

表5－12　1835年蝗灾等级界定标准

| 蝗情 | 蝗灾等级 | 史料举例 |
|---|---|---|
| 正常 | 0 | 有年；蝗过界。 |
| 偏蝗 | 1 | 秋八月，蝗虫至，禾稼未受侵害；西山蝗，苗伤十之三。 |
| 蝗 | 2 | 蝗；六月蝗；八月久旱，蝗虫轰起，蔽日漫天，咬食田禾，是年米价昂。 |
| 大蝗 | 3 | 六七月，蝗蛹为灾，迨八月中秋夕，群飞蔽天，竟至掩月无光；八月，蝗，初自建昌入境，蔓延遍野……穴地火攻，弥旬不灭。 |
| 特大蝗 | 4 | 有蝗至楚北渡江来，声如潮涌，所至食禾苗，菜蔬松竹叶俱尽；飞蝗入境，合县被灾，西北十三村木叶亦被食尽。 |

图5－7显示，旱灾的分布相对比较集中，主要出现在26°N～31°N长江中游和浙江省西南部地区，呈现出带状分布特征，其中江汉平原、鄱阳湖以东和以北平原、江西省西部吉安府一带以及浙江省西部金衢盆地、瓯江上游地区灾情最重，显示出灾情也具有块状分布特征，比较符合"旱一片"的规律性认识。蝗灾主要分布于湖北省江汉平原和江西省环鄱阳湖地区（图5－8），出现蝗灾的地方几乎全部包含于旱灾区域，因此从这一特点推断旱灾可能是导致蝗灾的直接原因。通过对上一阶段灾况形成过程的梳理可以看出，该年旱灾的分布特征与雨带的异常有密切关系，重灾区夏秋季节降雨多为异常匮乏，而未出现旱灾的区域是否是由于降水适中或充沛才使农业生产未受严重影响而免遭旱害呢？为了对这一猜测作出检验，以下根据档案和地方志分别对各省该年的降雨情况进行概述，以进一步解释旱灾的分布特征。

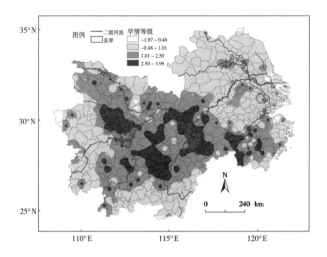

图 5 - 7 长江中下游地区 1835 年旱灾等级分布

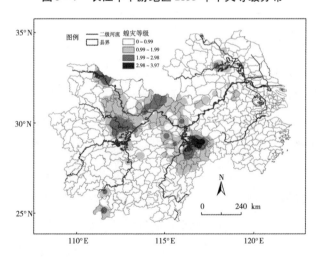

图 5 - 8 长江中下游地区 1835 年蝗灾等级分布

湖北夏季出现过全省性降雨，据湖北巡抚尹济源的奏报："六月中旬近省一带，连得透雨……嗣据武昌、汉阳、黄州、安陆、德安、荆州、襄阳、郧阳、宜昌、施南等十府，暨荆门直隶州所属各州县禀报，六月上、中、下三旬，得雨自二三次至八九次及十余次不等。"省中北部局部地区还遭受了一定程度的洪涝灾害，"六七月间，襄水屡涨，钟祥、潜江、天门等县民堤先后漫溃，致下游之荆门、京山、沔阳、汉川、监利等州县均被带淹"。① 可见湖北被水地区分布在襄江一线和安陆、汉阳两府临江一带，由图 5-7 可知，这些地区旱灾程度也确实较轻，应当是由于本地或上游一带降雨相对较多引起，根据同治《通城县志》卷二十二祥异的记载：通城"五月旱，至八月始雨"，推测本省可能在八月以后才又开始迎来集中降雨。

湖南旱情整体上相对较轻，可能与春季和秋季出现过较为充沛的降雨有关，如石门"三月二十七日得雨，禾皆移插。自后无雨，禾尽槁。至八月，十日十夜大雨不止"（同治《石门县志》卷十二祥异），常宁"旱，自五月至七月，十三始雨"（同治《常宁县志》卷十四祥异）。秋雨一定程度使部分地区的旱情缓解，农作物得到复苏，如邵阳"大旱四月，至七月始雨，晚稻有复苏者，荞麦大熟"（光绪《邵阳县志》卷一岁时），及时的降雨应是该省未出现严重大面积旱情的重要原因。

江西虽在四月有适度的降雨，"省城及各属（四月份）上中下三旬晴雨应时"，但"五月二十五日以后，雨泽未能普遍"，导致了全省

---

① 水利电力部水管司、科技司，水利水电科学研究院. 清代长江流域西南国际河流洪涝档案史料［M］. 北京：中华书局，1991：784-792.

大部地区发生旱情，直至七八月间降雨才开始增多，"七月下旬，八月上旬，连得透雨"，① 秋雨大大缓解了旱情，如受灾严重的乐平县即是如此："是岁自首夏及孟秋苦旱，八月始得雨，秋苗稍苏，粟稻可补种十之二三，蝗亦渐息"（同治《乐平县志》卷十祥异），又如武宁县"八月蝗，初自建昌入境，蔓延遍野。知县林躬率兵役出捕，复捐俸募民，穴地火攻，弥旬不灭，忽西风暴雨，诘朝遂绝"（道光二十八年《武宁县志》卷二十七祥异），可见降雨对蝗灾起到了重要抑制作用；滨湖地区还因雨水过多产生雨涝灾害，导致秋禾被淹，"八月间湖水陡涨，濒湖田亩所种晚禾概被淹浸"。② 由上述分析可见，江西四月、七月和八月均有不少降雨，这可能使该省部分地区免予旱灾或使旱情发展得到削弱。

安徽、江苏和浙江的旱情均相对较轻，其缘由应与长江下游大部地区夏秋季降水的缓解作用有关，如安徽当涂"大水破圩"，潜山"八月复大水"，江苏阜宁"六月大雨伤稼"，如皋"秋大水"，浙江"本年入夏以后，晴多雨少……钱塘、富阳、德清、武康、海宁等县据禀，于八月中旬（10 月 2～11 日）阴雨过多，田禾被淹，不无减色"。③

各省 1835 年的降水过程表明，湖北夏季六月出现过全省性降雨，但雨量普遍不多，直至八月才又开始降雨，湖南春季和秋季雨水相对

① 水利电力部水管司、科技司，水利水电科学研究院.清代长江流域西南国际河流洪涝档案史料［M］.北京：中华书局，1991：784－792.

② 水利电力部水管司、科技司，水利水电科学研究院.清代长江流域西南国际河流洪涝档案史料［M］.北京：中华书局，1991：784－792.

③ 水利电力部水管司、科技司，水利水电科学研究院.清代长江流域西南国际河流洪涝档案史料［M］.北京：中华书局，1991：784－792.

较多，夏季基本无降水，江西在四月、七月和八月均有不少雨量，安徽、江苏、浙江夏季和秋季降水可能适中或偏多。综合来看，从各省由春至秋均有过较为充沛降雨的角度一定程度能对灾情分布图中某些地区未出现严重旱情作出解释，尤其是秋季降雨对灾情终止发挥了重要促进作用。

### 四、气候背景推断

通过历史气候资料分析 1835 年长江中下游地区极端干旱事件的气候背景，可以为我们提供历史相似型，将其与利用器测资料得出的研究结论进行比较和相互补充，能够丰富我们对不同时期旱灾成因的认识。

（1）气温背景。明清小冰期后期的 19 世纪上半叶，中国东部冬半年温度持续异常偏低，[①] 可见 1835 年长江中下游严重的旱灾和蝗灾发生在寒冷的气候背景下。又根据《管庭芬日记》所记，海宁地区 1834—1835 年初雪日期为 12 月 15 日，终雪日期为 3 月 15 日，其间共有 7 场降雪过程，降雪日数 11 天，积雪日数约 5 天。与现代平均情况相比，[②]1834/35 年初雪日期提前约 10 天，终雪推迟约10 天，并未发生明显的早晚异常，而降雪日数和积雪日数与现代平均也基本相同，意味着 1835 年前期冬季和春季气温可能与现代平均相差不大。

---

① 葛全胜，郑景云，方修琦，等. 过去 2000 年中国东部冬半年温度变化［J］. 第四纪研究，2002，22（2）：166 – 173.

② 浙江省气象志编纂委员会. 浙江省气象志［M］. 北京：中华书局，1999：72 – 91.

（2）降水的异常。根据上一阶段对灾情演变过程的梳理，大旱的直接气候背景与降水异常偏少有关，但这只是定性的结论，从第四章中重建的海宁地区的定量的降水情况来看（图 5 - 9），该年降水日数除 1 月和 10 月比常年分别偏多 2.3 天和 8.5 天外，其余月份均偏少，其中 4 月、5 月、6 月和 8 月偏少尤多，分别达 5.1 天、3.8 天、6.0 天和 6.6 天，意味着长江下游地区春夏季降水异常偏少；从各月降水量的复原结果来看，海宁地区该年除 3 月、5 月和 10 月雨量分别比常年偏多 50.2%、9.9% 和 584.1% 外，其余月份偏少 25.7% ~77.4%，6 月、7 月、9 月和 11 月偏少尤多。

综合降水日数和降水量情况可以发现，该年降水异常偏少的时段集中在 4 ~ 9 月，雨日偏少约三成，为 34.9%，雨量偏少近一半，达 41.8%；从降水集中期的分布来分析，在 4 ~ 9 月间，除了 4 月 22 ~ 29 日、5 月 28 日 ~6 月 1 日有短暂的集中降水期外，其余时段均未发现集中降水期，根据本书梅雨期的划定方案，确定海宁地区 1835 年为空梅，结合通城、长沙、进贤、太湖、金华等地方志五月至七月（阳历 5 月 27 日至 9 月 21 日）持续无雨，没有明显降雨集中期的记载，可以推断本年长江中下游地区为空梅。因此，由上述分析可以确定，1835 年 4 ~ 9 月连续 6 个月未有充沛的降雨是产生流域性大旱的直接原因。

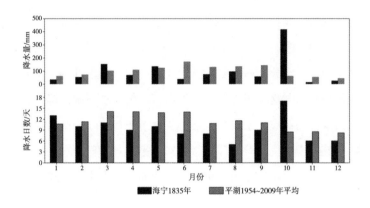

**图 5 – 9　海宁 1835 年逐月降水日数、降水量**
**与平湖 1954—2009 年平均的比较**

（3）海温状况。年际尺度上，厄尔尼诺事件是影响中国夏季降水
异常分布的关键因子之一。据相关研究，厄尔尼诺事件使当年中国区
域的降水通常大范围减少，干旱少雨的中心地带分布于内蒙—甘肃和
长江中下游地区，多雨区位于东北、黄淮和广东沿海地区，而厄尔尼
诺事件结束后的第一个非厄尔尼诺年降水的分布与厄尔尼诺年几乎完
全相反。① 经查厄尔尼诺事件年表，② 1832—1833 年和 1837—1838 年
均发生了中偏强（M＋）的厄尔尼诺事件，可见 1835 年处于偏强厄
尔尼诺事件结束的第二年，按上述统计规律，长江中下游地区乃至全
国的降水偏多的概率较大，而事实恰恰相反，从《图集》1835 年全国

①　张德二，薛朝辉. 公元 1500 年以来 Elnino 事件与中国降水分布型的关系［J］. 应用气
　　象学报，1994，5（2）：168 – 175.

②　Quinn W H，Neal V T. The historical record of Elnino events［A］. In：Bradley R S，
　　Jones P D eds. Climate since A. D. 1500［M］. London and New York：Routedge，1995：
　　623 – 648；王绍武. 近 500 年的厄尔尼诺事件［J］. 气象，1989，15（4）：15 – 20.

的旱涝格局看，除黄淮地区、东北地区呈偏涝或涝的特征外，其他地区以偏旱和旱为主，可见1835年并不符合厄尔尼诺事件结束后非厄尔尼诺年中国旱涝分布的一般特点，却与厄尔尼诺事件当年降水的分布特点比较吻合，这说明对单个年份而言，长江中下游的降水情况与厄尔尼诺事件的对应关系较为复杂。从太平洋年代际振荡（PDO）来观察，当其处于暖位相时（即热带中东太平洋异常暖，中纬度北太平洋异常冷，而沿北美西岸异常暖），中国东北、华北、江淮以及长江流域大部分地区降水偏少，[1] 1835年的降水分布型比较符合PDO暖位相时所对应的中国区域降水的分布特点。

（4）环流背景。已有研究表明，长江流域大范围降水偏少与西太平洋副热带高亚和南亚高压的异常有显著关系。大旱年，500hPa西太副高偏北偏东，100hPa南亚高压中心稳于伊朗高原上空，脊线偏北，强度偏弱，[2] 当西太副高与南亚高压纬向异常分离时，长江流域存在异常下沉运动，降水偏少。[3] 史料对1835年长江中下游地区夏季大旱的记载颇多，但并未见温高记录，估计副高并未长期控制本区，此外，通过东部淮河以南地区汛期普遍干旱的实况进一步推断该年季风北进速度较快，副高位置偏北；从西南季风的活动情况来看，1835年

① 朱益民，杨修群. 太平洋年代际振荡与中国气候变率的联系 [J]. 气象学报，2003，61（6）：641－654.
② 张琼，吴国雄. 长江流域大范围旱涝与南亚高压的关系 [J]. 气象学报，2001，59（5）：569－577.
③ 张玲，智协飞. 南亚高压和西太副高位置与中国盛夏降水异常 [J]. 气象科学，2010，30（4）：438－444.

云南省雨季开始日期比较正常，在 5 月第 6 候，雨水充沛，① 而云南的降水与南亚高压脊线纬度有显著正相关。② 由上述分析推测，该年南亚高压位置可能较为稳定，脊线偏北，副高偏北偏东。

长江中下游地区 1835 年的旱灾可能还与中高纬大气环流的异常有关。中高纬的东北亚阻塞高压形势对江淮地区夏季降水也有很大影响，当乌拉尔山附近阻高发生频次相对较少或者阻高位置偏东至贝加尔湖及其以东但发生频繁时，则不利于冷空气分股南下与副高边缘西南气流交汇，江淮流域降水减少，可能出现异常旱情。③ 此外，冬半年的北极涛动（AO）与长江流域夏季降水存在显著正相关关系，当冬半年 AO 进入年代际负位相时，副热带高压带异常减弱，副极地低压带也异常减弱，Ferrel 环流削弱，使对流层低层南风减弱，制约了暖空气从较低纬度向高纬度输送，④ 使得冬季到春季青藏高原至华南以及南亚东北部至东南亚北部地区降水偏少，地表气温偏高，东亚夏季风爆发时海陆热力差增大，东亚夏季风增强，长江流域降水偏少。⑤

（5）太阳活动。1835 年位于太阳活动第 8 周，其黑子相对数处在由极小时刻（1833 年 9 月）向极大时刻（1837 年 2 月）开始上升的

① 杨煜达. 清代云南季风气候与天气灾害研究［M］. 上海：复旦大学出版社，2006：233；中央气象局气象科学研究院. 中国近五百年旱涝分布图集［M］. 北京：地图出版社，1981：188.
② 郭志荣，李慧敏，赏益，等. 1961–2012 年夏季南亚高压与中国云南地区降水的关系［J］. 气象与环境学报，2014，30（6）：68–74.
③ 黄菲，姜治娜. 欧亚大陆阻塞高压的统计特征及其与中国东部夏季降水的关系［J］. 青岛海洋大学学报，2002，32（2）：186–192.
④ 秦大河主编. 中国气候与环境演变（上卷：气候与环境的演变及预测）［M］. 北京：科学出版社，2005：326.
⑤ 吕俊梅，祝从文，琚建华，等. 近百年中国东部夏季降水年代际变化特征及其原因［J］. 大气科学，2014，38（4）：782–794.

时期,① 因此可以认为 1835 年长江中下游的大旱发生在太阳活动相对较弱的背景下。据相关研究,1951—2000 年间,太阳活动弱的年份,夏季长江流域及以北到黄河中上游少雨,华南及黄河以北多雨。② 根据近千年的资料得出的结果也表明太阳活动相对较弱时,长江中下游地区偏旱的概率很高。③ 可见,1835 年太阳活动及旱情分布的特点比较符合根据近几十年以至近千年资料得出的统计规律,但不能说相对较弱的太阳活动对该年旱情起决定性作用,因为太阳活动与中国区域降水的关系比较复杂,目前从统计上得出的高对应性并不能完全解释极端干旱事件的原因,尤其是太阳活动影响异常降水的物理过程尚不明晰,仍需进行深入系统的研究工作。

（6）火山活动。对近 500 年火山资料和旱涝资料的统计分析表明,大火山的喷发对我国气候有一定影响,强火山喷发后中国区域的降温现象非常显著,降水有增加趋势,但不显著。④ 1835 年大旱之前的 1811—1830 年期间全球强火山事件（喷发强度指数 VEI≥4）相对多发,⑤ 之前最近的 5 年（1831—1835 年）也爆发了 2 次强火山事件,分别是 1831 年菲律宾的 Babuyan Claro 火山（巴布延克拉罗火山,

① 庄威凤主编．中国古代天象记录的研究与应用［M］．北京：中国科学技术出版社,2009：283 – 284.
② 段长春, 孙绩华．太阳活动异常与降水和地面气温的关系［J］．气象科技, 2006, 34（4）：381 – 386.
③ 葛全胜, 刘路路, 郑景云, 等．过去千年太阳活动异常期的中国东部旱涝格局［J］．地理学报, 2016, 71（5）：707 – 717.
④ 张先恭, 张富国．火山活动与我国旱涝、 冷暖的关系［J］．气象学报, 1985, 43（2）：196 – 207.
⑤ 王欢, 郝志新, 郑景云．1750 – 2010 年强火山喷发事件的时空分布特征［J］．地理学报, 2014, 69（1）：134 – 140.

VEI = 4）和 1835 年 1 月 20 日爆发、1 月 25 日结束的尼加拉瓜 Cosigu-ina 火山（科斯圭纳火山，VEI = 5），① 可见用强火山爆发后中国区域降水偏多的统计规律很难解释 1835 年长江中下游地区的大旱。按刘永强等的研究结论，低纬火山爆发当年，华北和华南的降水就很可能出现较大的负距平，② 则 1835 年科斯圭纳火山的爆发在某种程度上可以对大旱进行合乎统计规律的解释，然而由于火山活动对降水影响的信号较弱，而且目前还难以清楚地从气候因子中分离出火山的影响，数值模拟和统计分析方法也存在局限性，其结果并不一致，③ 因此强火山喷发事件与 1835 年长江中下游地区的大旱是否存在必然关联，还需结合其他证据进行更细致的分析。

## 五、小结

本节主要利用档案、地方志和日记资料对长江中下游地区 1835 年极端干旱事件的灾况过程、空间分布和气候背景进行了梳理，得到了以下结论。

（1）研究区 6 省旱灾和蝗灾灾情主要发生于阴历五月至八月。湖北、湖南和江西部分地区在春季就已显现出旱象，浙江西南部地区旱情持续时间最久，一直到次年春季。

（2）旱灾的分布呈现出纬带状和块状分布特征，以江汉平原、鄱阳湖以东和以北平原、江西西部吉安府一带以及浙江西部金衢盆地、

---

① 网址：http://volcano.si.edu/search_ eruption.cfm.
② 刘永强，李月洪，贾朋群.低纬和中高纬度火山爆发与我国旱涝的联系［J］.气象，1993，19（11）：3-7.
③ 李靖，张德二.火山活动对气候的影响［J］.气象科技，2005，33（3）：193-198.

瓯江上游地区灾情最重，蝗灾主要分布于江汉平原和环鄱阳湖地区，蝗灾区几乎全部包含于旱灾区。灾情形成的直接原因与降水的负异常和分布不均密切相关。

（3）该年极端干旱事件发生在寒冷的气候背景下，但前期冬季和春季气温与现代平均相差不大。根据对灾况过程、降水过程的梳理以及海宁地区 4～9 月雨日偏少约三成，雨量偏少近一半的现象推测 4～9 月连续 6 个月未有充沛降雨是产生流域性大旱的直接原因；1835 年处于偏强厄尔尼诺事件结束后的第二年，太平洋年代际振荡可能处在暖位相，该年南亚高压位置应当较为稳定，脊线偏北，副高偏北偏东，冬半年北极涛动可能处在年代际负位相，乌拉尔山附近阻高频次可能较少；灾情出现在太阳活动相对较弱的时期，发生于喷发强度指数为 5 级的尼加拉瓜 Cosiguina 火山爆发之后约 5 个月。这次干旱事件可能是多种气候影响因子共同作用的结果。

| 第六章 |

# 主要研究结论与展望

## ● 第一节　主要研究结论

　　日记中保存的天气信息具有种类多样、时空覆盖广且分辨率高等优点，目前基于日记中天气资料开展的上海地区气候变化研究涉及的时段集中在 19 世纪中期以后，更早及更长时间序列的重建与分析工作非常欠缺。这一方面是因为时代越早，史料保存越不容易，存世的就越少，收集和利用的难度就越大；另一方面是由于近代中国区域社会动荡、战乱不休（如太平天国运动、鸦片战争、日本侵华战争），造成传统文献资料大量损毁，江南地区损失尤为严重。本研究从众多日记资料中梳理出 10 余种日记，利用其中的天气信息将上海地区的降水序列从 1873 年前推至 1800 年，即新增了 74 年的降水资料。值得指出的是，新增的 74 年资料恰好分布在高精度天气史料相对缺乏的 19 世纪上半叶（已知上海地区高分辨率代用气候史料为《晴雨录》和日记，《晴雨录》资料仅分布在 1723—1806 年，而中国区域已开发利用的日记资料主要集中在 19 世纪中叶以后）；此外，新增的 74 年日记资料非常完整，无任何年月资料空缺，降水信息时间分辨率高，几乎全部能达到"日"。将新增资料与器测降水资料进行对接，便获得上海地区 1800—2015 年降水资料集，这是目前为止上海地区近 216 年中时间精度最高的降水资料集，为分析上海地区 200 年时间尺度上气象要素变化的多时间尺度特征提供了非常珍贵的基础科研数据，同时也为研究中国东部地区乃至全球的气候变化提供了比对和校准资料。

本书首先论证了日记资料中降水记录的完整性，接着论证了梅雨期划定方法和降水量重建方法的可靠性，继而将重建的1800—1873 年上海地区的梅雨期、降水量序列与器测资料进行对接，从而得到近216 年梅雨参数序列（包括入梅日期、出梅日期、梅期长度、梅期雨日数、梅雨量和梅雨强度）和 1 ~ 12 月降水量序列，这是迄今为止上海地区近216 年中精度最高的梅雨和降水量时间序列。通过对近216 年梅雨和降水量时间序列的统计分析，获得了对其变化的趋势性、突变性、阶段性、周期性等特征更加丰富的认识。另外，本书还对目前我们非常关心的极端天气事件进行了研究，构建了近216 年上海地区暴雨日数和降水强度序列，并揭示了其变化的趋势和突变位置，同时选取1823 年太湖流域极端雨涝事件和1835 年长江中下游地区大旱两个个案分别进行了极端天气事件的复原研究。本书的研究工作对增进我们对上海地区气候变化的事实、过程、趋势、阶段、周期的认识具有一定的理论和现实意义。主要的研究内容和结论如下：

（1）评估日记中降水信息的完整性。评估的办法有三种：相同年份、相同地点（或邻近地点）两种日记中降水情况（分雨日和非雨日两大类别）的逐日对比、日记所记每个月多年平均降水日数与该地区器测资料多年平均降水日数的对比、日记所记每月降水日数与该地区器测资料每月降水日数在方差、平均值上的均一性评估。通过前两种方法分别对本书主要所用的 4 种日记（《查山学人日记》《管庭芬日记》《拈红词人日记》《杏西篠榭耳目记》）降水信息的完整性进行了评估，发现 4 种日记所记降水信息均非常完整，但也都存在不同程度漏记降水的现象，主要漏记的是微量降水、短时降水、夜间降水等比较特殊的降水。根据每种日记每个月漏记降水日数多寡程度的不同，分别制定了相应的雨日增补方案，进而对增补后的雨日序列与现今仪器观测资料序列的均一性进行检验，发现两类序列的方差、均值都不存在显著差异，一方面印证了日记中降水信息的高度完整性，另一方面也表明在进行降水时间序列的构建时，能够将两种不同资料来源的降水序列进行衔接。

（2）基于《查山学人日记》所记 1800—1813 年天气信息，论证了梅雨特征量和降水量重建方法的可靠性。梅雨期的划定办法是通过日记中降水日数（降水集中期）在 5~8 月间的分布情况来确定的；降水量的重建办法是首先通过日记中降水大小、降水时长、降水的社会影响等记录将每日天气信息区分为 0~4 共 5 个降水等级，同时将现代上海龙华气象站 1951—1998 年每日降水量划分为与日记 5 个降水等级相匹配的 5 个级别，利用 1951—1998 年梅雨期、汛期（5~9 月）5 个级别降水日数与降水量的多元回归方程复原了 1800—1813 年的梅雨量和汛期降水量。复原的梅雨特征量、汛期降水量能够获得《雨雪分寸》重建结果、区域旱涝等级和东亚夏季风指数强弱变化指示的降水空间分布特征的直接或间接验证。这一利用单部日记开展的 10 年尺度上气候序列的复原研究表明，采用日记中的降水日数（降水集中期）为主要指标划定梅雨期、通过分级处理日记中降水记录来反演降水量的方法是合理可靠的。1800—1813 年梅雨序列、降水量序列的准确复原为之后整合多种长篇日记建立更长时段气候序列提供了方法依据。

（3）将 1800—1873 年与 1874—2015 年的梅雨参数序列进行对接，分析了其长期变化特征：①1800—2015 年上海地区平均在 6 月 13 日入梅，最早入梅日期为 5 月 8 日（1854 年），最晚 7 月 8 日（1818 年），平均出梅日期为 7 月 9 日，最早 6 月 16 日（1961 年），最晚 8 月 3 日（1954 年），最早和最晚入、出梅日期相差分别可达 61 天、48 天，反映出梅雨活动具有很大的年际差异。入梅日期每 10 年平均最早为 6 月 6 日，出现于 1820—1829 年和 1850—1859 年，最晚为 6 月 22 日，出现于 2000—2009 年；出梅日期每 10 年平均最早为 7 月 3 日，出现于 1850—1859 年和 1960—1969 年，最晚为 7 月 18 日，出现于 1950—1959 年。每 10 年最早和最晚入、出梅日期相差分别达 16 天、15 天，反映出梅雨活动还具有很大的年代际波动。②1800—2015 年入、出梅日期显著推迟，另外四项参数（梅期长度、梅期雨日、梅雨量和梅雨强度）呈不显著减小趋势。梅雨参数之间的相关系数表明，入梅日期、出梅日期相对独立，梅期长度、梅雨量具有代表性，它们是表征梅雨特征的四个主要参数。③梅雨特征量共同的突变点大体分布在 1851—1854 年、1900—1905 年、1919—1922 年和 1957—1959 年四处，突变时间点与中国区域、北半球气温的突变点较为吻合。④综合梅雨各特征量的距平曲线、累积距平曲线和滑动 $t$ 检验得出的突变点，将 1800—2015 年梅雨的变化划分为 9 个阶段，各阶段及其突出特点如下：1800—1821 年和 1855—1887 年，入梅和出梅均提前；1822—1854 年和 1906—1921 年，入梅异常提前，梅雨量异常偏丰；1888—1905 年和 1958—1973 年，入梅异常偏晚，出梅提前，后者提前尤多，梅雨量异常偏少；1922—1957 年，入梅和出梅均推迟；

1974—1994 年，出梅偏晚；1995—2015 年，入梅和出梅均异常推迟，梅雨量偏丰。整体上看，各个阶段持续年数为 16—36 年，梅雨各参数均呈现出减少—增加（或增加—减少）交替演变的年代际波动特征。⑤除入梅为 41 年外，其余参数的第一准周期均是 53～54 年；梅雨的第一准周期总体上在 19 世纪 60 年代之前较弱，之后转强，周期长度从 20 世纪 90 年代开始变短；近 216 年梅雨 53～54 年尺度的长周期在已有的针对几十年、百年时间尺度序列的研究中未曾被检测到；此外，近 216 年的梅雨特征量主要还共同存在 4 年、8～16 年和 24～34 年的振荡周期。梅雨的变化周期与地球自转、潮汐活动、Elnino、全球温度、大气涛动、大气环流系统等所具有的振荡周期具有一致之处。⑥根据梅雨变化的第一、二准周期，预测未来 10 年上海地区的防洪防涝形势将会非常严峻。

（4）降水量的变化特征：①从年降水量来看，1800—2015 年上海地区平均值为 1194.5mm，最小值为 695.1mm（1800 年），最大值为 2136.5mm（1841 年），最小值和最大值相差达 1441.4mm，反映出降水具有很大的年际波动；年降水量每 10 年平均最小值 1043.1mm（1890—1899 年），最大值 1427.1mm（1830—1839 年），最小值和最大值相差 384.0mm，反映出降水还具有很大的年代际振荡。②上海地区近 216 年春季、秋季和年降水量均呈减少趋势，其中春季减少趋势十分显著，夏季、冬季和汛期降水量均呈不显著增加趋势。③滑动 $t$ 检验显示各时期降水的集中突变点大体分布于 1814—1816 年、1868—1870 年和 1978—1985 年三处，突变时间点较好地对应于全球气温、大气环流的突变点。各时期降水量的主要突变点为：春季，1868—

1873 年和 1944—1945 年，前者雨量由多转少，后者反之；夏季，
1957—1958 年和 1978—1985 年，前者雨量由多变少，后者相反；秋
季、冬季降水并未发现集中突变点；汛期降水序列未检测到任何时间
尺度上的突变信号，反映出其变化相对平稳；全年，1857—1870 年，
雨量由多转少。④综合降水量序列距平曲线、累积距平曲线和突变检
验结果，将季、汛期和年降水量的变化划分为七个阶段（1800—1815
年、1816—1869 年、1870—1904 年、1905—1921 年、1922—1941 年、
1942—1984 年、1985—2015 年），各阶段持续时间为 16～54 年，显示
出明显的年代际振荡特征；除了春季降水以 1869 年为界分为多雨期
—少雨期前后两个明显不同的模态外，年内其余时期大体呈现出少雨
期—多雨期三次交替的年代际变化特征。⑤从上海地区近 216 年降水
变化的第一准周期来看，除冬季为 23 年外，年内其余时期均为 50～
63 年时间尺度，已有研究多次证实的上海地区近百年降水存在的
35～36 年的变化周期在近 216 年的序列中并未检测到，而是代之以明
显的 50～63 年更长时间尺度的振荡周期；此外，各时期降水还普遍
存在 5～8 年、11～13 年和 17～23 年的准周期变化特征；降水的变化
周期可能与太阳活动、潮汐活动、Elnino、全球温度、大气涛动、大
气环流系统、热带地区降水等的振荡周期有关。⑥近 216 年及其三个子
时段中，旱年和涝年的夏季降水都存在稳定的准双周和 29～75 天两类
低频振荡周期，涝年降水还具有百天尺度上（105～113 天）的长周期振
荡特征，而正常年份的降水主要体现为 95～113 天的长周期振荡。

（5）暴雨日数和降水强度的变化。①上海地区近 216 年季、汛期
和年暴雨日数总体上均呈减少趋势，其中春季、秋季、冬季和全年减

少趋势显著。分段来看，1800—1873 年各时期暴雨日数以减少为主，而 1874—1950 年和 1951—2015 年以增加为主，1951—2015 年各时期暴雨频次的增幅普遍高于 1874—1950 年；从三个子时段暴雨日数平均水平来看，1800—2015 年整体上经历了一个多—少—多的旋回。②M－K 检验显示，春季暴雨日数在 1897 年和 1979 年两处均出现显著的由多变少的年代际跃变，年暴雨日数在 1869 年也发生非常显著的由多转少的年代际突变，而夏季、秋季、冬季和汛期未检测到突变信号。③近 216 年除春季降水强度显著减弱外，年内其余时期均呈不显著增强趋势。分段来看，1800—1873 年除夏季和汛期降水强度呈增强趋势外，其余时期均呈减弱趋势；1874—1950 年和 1951—2015 年各时期的降水强度均趋于增强，其中 1951—2015 年夏季、冬季、汛期和全年增强趋势非常显著，且各时期的平均增长幅度整体上高于1874—1950 年。1800—2015 年降水强度的平均水平大致经历了由强转弱再变强的波动。④降水强度的突变情况为：春季，1839 年（突变开始年份），由强转弱；夏季，1815 年，由弱转强；秋季，1812 年，由弱转强；冬季并未检测到突变信号；汛期，1816 年，由弱转强；全年，1837 年，由强转弱。秋季突变开始的年份最早，夏季、汛期稍晚，全年和春季最晚。

（6）典型年份灾害性极端天气事件研究。选取 1823 年太湖流域洪涝灾害、1835 年长江中下游地区大旱为极端天气事件研究案例，分析了极端天气事件包括降水量、重新期、降水过程、水位过程、灾情分布、气候背景等内容。研究表明：1823 年太湖流域雨期长，集中降水始于 2 月 16 日，至 9 月 22 日才基本结束；海宁 5 月、汛期和年降水量重现期均达到 200 年一遇；经估算，吴江地区洪峰水位为 4.38m，接近 1954 年、1999 年的最大值；水灾几乎波及整个太湖流域，有 74.5% 的县出现严重灾情，主要分布于流域中东部低平原区，以阳澄淀泖区、湖州府东苕溪一带灾情最重；灾情持续约 4 个月，是雨带长期维持、梅期降水异常偏强、台风接连入侵和太湖下泄水道年久淤塞共同作用的结果。1835 年长江中下游各省旱灾和蝗灾主要发生在五月至八月（阴历日期）；旱灾区主要分布于江汉平原、鄱阳湖以东和以北平原、江西西部吉安府一带以及浙江西部金衢盆地和瓯江上游地区，蝗灾主要分布于江汉平原和环鄱阳湖地区，蝗灾区几乎完全包含于旱灾区。太湖流域 1823 年的水灾和长江中下游地区 1835 年的旱灾均发生在寒冷的气候背景下，不过其前期冬季和春季气温与现代平均均相差不大，水灾和旱灾可能都是由相对较弱的太阳活动、前期偏强厄尔尼诺事件、前 1 年内发生的 VEI=5 的强火山喷发等气候因子共同引起。

## ◉ 第二节　未来研究工作展望

### 1. 进一步挖掘代用史料，延长并完善气候序列

（1）论文所用上海地区日记资料涵盖时段为 1800—1873 年，器测资料涵盖时段为 1874—2015 年，因此近 216 年天气序列的时间上限为 1800 年。虽然本书重建的梅雨特征量、降水量的精度较以往同类研究有进步，但序列的长度还相对较短（目前上海地区最长的梅雨序列、降水量序列的时间上限均为 1736 年，均是由《雨雪分寸》重建），还不足以揭示更长时间尺度的气候变化特征。之后的任务一方

面是继续挖掘日记资料延长序列，同时还考虑收集 18 世纪（1723—1806 年）南京、苏州和杭州的《晴雨录》资料与本书所建序列进行对接，这样便能建立近 300 年、资料时间分辨率达到"日"的上海地区天气资料集，进而可以研究更长时间气候序列的变化，这是非常有可能实现的工作设想，如果这一设想能够完成，则会得到在现有历史文献资料的条件下所能建立的长度最长、精度最高的上海地区梅雨和降水量序列。

此外，为了对中国区域的历史气候变化有全面了解，我们希望建立更多站点的长时段气候序列。目前我们对日记中气候史料的开发利用还只是一个开始，所发掘的日记主要分布在北京、长江下游地区，而西北、华北、华中、西南广大地区如新疆、青海、甘肃、陕西、山西、山东、河南、湖北、江西、安徽、四川、云南、广西等地的日记尚未见系统挖掘利用，因此，未来可以在这些地区的图书馆、档案馆、博物馆、私人收藏方面开展收集工作，从而建立中国区域更多站点高分辨率的历史气候序列，提供更全面的历史气候研究基础数据。

（2）本书所用日记中的天气信息绝大部分是逐日记录，只有 1830 年 11 月至 1832 年 2 月的天气信息使用的是非逐日记录天气的《鹏声馆日记》，尽管该种日记天气记录具有"记异不记常"的特点，但据其天气记录重建结果的准确性在某种程度上会受到影响。另外，几乎所有的日记资料都存在漏记降水（微量降雨、夜雨等）的现象，但本书所利用的日记漏记程度非常小，只有《拈红词人日记》记载的 1866—1868 年漏记情况相对较多，虽然本书根据每种日记雨日漏记的多寡程度相应地采取了增补措施，但并不能保证增补后的降水日数与真实情况没有偏差。因此从更完美的角度来要求，序列重建所用资料，尤其是 1830 年 11 月至 1832 年 2 月和 1866—1868 年的日记存在用其他时间分辨率更高、记录更翔实的日记替代或完善的可能。

2. 进一步优化重建方法

（1）如何客观地划分梅雨期是一个难点，现代气象站台划定梅雨期的标准至今仍未统一。本书梅雨期的划定方案依据的是降水日数在 5—8 月间的分布（主要是根据降水集中期的分布）进行确定，这与现代气象台站综合多种观测要素进行确定的办法有所不同，并没有温度、雨量、副高、天气图等资料作为参照。尽管本书将两种不同办法得出的近 30 年（1951—1990 年）上海地区的梅雨期（入梅、出梅、梅雨长度）进行了逐年比较，验证了本书方法的可靠性，但仍有 17.5% ~ 32.5% 的年份与气象站台的结果有 10 天以上的差异。为了提高划定结果的客观性（即梅雨期需要反映大气环流季节性转换），未来还可以考虑进一步优化基于降水日数分布的梅雨期划定方案。

（2）降水量的重建方面。本书在分月重建降水量的过程中，采取的办法是将日记中每日降水信息划分为 0 ~ 4 共 5 个降水等级，使每个等级对应于一定区间的降水量，利用日记涉及地区器测资料 1 ~ 12 月各级降水日数与降水量的回归关系来反演。无疑，将日记中定性的天气描述分等定级很大程度提高了重建结果的准确性，但限于日记资料中天气记载的精度，本书分级的个数相对比较有限（《晴雨录》能辨识出 7 ~ 8 个降水等级），因此本书重建结果的精度是否还有改进空间，这是值得讨论的地方。例如，日记每日降水的最高等级为 4，对应于 50mm 及其以上的降水量，但根据回归方程，该日降水量不超过

101.74mm，那么对某日极端异常的降水而言（如 1975 年 8 月驻马店水库溃坝事件中，台风导致该地区最大 24 小时雨量达到 1005mm），即实际日降水量远大于 101.74mm 甚至接近千毫米的降水日，回归方程还不能准确予以刻画，无疑会导致降水量的复原结果出现偏差，幸而这样极端异常的降水是极小概率事件，并不会对复原结果的整体特征带来严重影响。解决这一问题的办法除了扩大资料收集力度以改善日记资料本身的分辨率外，可能还需要寻求更好的研究方法，例如可以将这样的极小概率降水事件辨识出来单独进行研究，然后将复原结果并入整个序列。此外，在确定日记降水等级的个数及其具体划分方案时，寻找更合理的办法是作者和其他研究者以后可以思考的地方。

3. 深入挖掘日记中天气信息，开展历史时期温度、极端天气事件变化研究

日记中天气信息分辨率高、门类齐全，是研究历史时期不同气象要素变化非常理想的代用资料，本书主要从日记中提取了降水日数、降水等级等信息，未来还可以从中挖掘其他类别的天气信息，丰富研究内容。

（1）开展历史时期温度的重建研究。中国华东地区现有的近 300 年精度最高的温度序列为周清波等、伍国凤等根据《雨雪分寸》中降雪日数资料分别重建的 1736—1911 年合肥地区、南昌地区的冬季平均气温序列。但《雨雪分寸》资料存在较多缺失，176 年中合肥地区有 1749—1752 年、1813—1817 年、1836—1839 年、1854—1858 年、1868—1870 年和 1899—1901 年共 24 个年份资料缺失，南昌地区也有 24 年（1741 年、1751—1752 年、1758 年、1761 年、1771—1772 年、

1778 年、1783 年、1798 年、1801 年、1832 年、1837—1838 年、
1845—1846 年、1852 年、1859 年、1863 年、1870 年、1875 年、1881
年、1883 年、1909 年）资料缺失。他们对缺失年份的处理办法是采
用年冬季平均气温线性内插来恢复，插补办法比较简单，因而重建的
结果的准确度还有待提高。① 从《雨雪分寸》资料缺失年份分布来看，
合肥地区、南昌地区相当数量年份（合肥 24 年中有 17 年、南昌 24 年
中有 10 年）包含在本书所用日记资料覆盖的时间段（1800—1873
年），因此，利用日记中的降雪日数能够对合肥、南昌的温度序列进
行插补，更为重要的是，日记资料中降雪信息的时间分辨率远高于
《雨雪分寸》，不仅能够从中提取出准确的降雪日数指标，还能确切地
辨识出初霜日期、终霜日期、初雪日期、终雪日期、积雪日数、河湖
结冰等温度重建代用资料，通过对这些指标（如与温度有良好统计关
系的降雪日数、初终霜日期指标等）的提取、科学处理，能够还原出
上海地区 1800—1873 年高精度冬半年温度序列，从而增进我们对明清
小冰期末期上海地区温度状况的认识，这是非常值得进一步开展的研
究工作。除此之外，日记中还保存有丰富的植物物候期记录，如《查
山学人日记》几乎每年都记录了春季植物物候期（主要包括玉兰、紫
藤、毛桃、梅花、垂丝海棠等物种的始花期、盛花期、末花期），通
过其所记物候期的古今对比，能够获得上海地区 1800—1822 年近 23
年春季平均气温序列，丰富历史温度研究基础数据。

---

① 周清波，张丕远，王铮. 合肥地区 1736—1991 年年冬季平均气温序列的重建［J］. 地
理学报，1994，49（4）：332 - 337；伍国凤，郝志新，郑景云. 南昌 1736 年以来的
降雪与冬季气温变化［J］. 第四纪研究，2011，31（6）：1022 - 1028.

（2）挖掘极端天气史料。受季风系统年际—年代际振荡的控制，上海地区暴雨、旱涝、高温酷暑等极端天气灾害时有发生，给社会经济带来严重威胁。目前我们对小概率极端天气事件的预测能力几乎没有，为了减轻灾害性天气带来的损失，需要继续对极端天气事件的变化和预测开展研究，而提供准确的基础研究数据是改善预测能力的有效途径之一。本书从日记中提取出了暴雨日数指标，研究了其变化的趋势和突变性，发现近216年上海地区季、年均暴雨日数并非呈现出由近几十年、百余年资料得出的增加趋势，而是相反，并表现为由多到少再变多的阶段特征，这就为探讨全球气候变暖背景下极端天气事件响应方式及其未来趋势提供了更长数据。从日记中除了能提取出极端降水日数、极端降水量外，还能提取到有关霜冻、寒潮、大风、台风、雷暴、冰雹、沙尘暴、连阴雨、持续无雨、低温雨雪事件等多样化极端天气指标，从而大大拓宽历史极端气候事件研究门类，同时为极端天气气候预测提供宝贵的基础数据。

### 4. 开展历史气候变化的社会响应研究

（1）关注历史气候变化与社会之间的互动。社会系统与自然系统对气候变化的响应日益受到各国政府与广大民众的关注。大量研究表明，中国历史上社会经济波动与气候变化之间总体上表现为"冷抑暖扬"的特点，且气候变化对社会经济的影响与社会经济的响应存在区域差异，[①] 但已有成果中缺少典型案例对这些特点的产生机理进行深入研究。现有研究证实，19世纪上半叶中国东部地区冬半年气温整体

---

① 葛全胜，方修琦，郑景云. 中国历史时期气候变化影响及其应对的启示 [J]. 地球科学进展，2014，29（1）：23–29.

偏低，且气候处在一个不稳定期，并于 1816 年附近发生了一次突变，这次突变具有全球一致性。[①] 19 世纪上半叶中国气候的突变正好对应学界所谓的"道光萧条"时期（也有部分学者认为"道光萧条"并不存在），"道光萧条"是中国经济史上的重要转折，这一时期中国经济出现了严重衰退，从 18 世纪的长期繁荣逐渐转入 19 世纪中期以后的长期衰退，转折起点大概是在 19 世纪 20 年代，[②] 可见中国经济形势的转折点与气候的突变时间点比较吻合。关于"道光萧条"的原因，许多学者从不同角度进行了探究，大多研究者从人口、耕地、物价、商税、财政收支、关税收入、货币供需等制度、经济层面进行探讨，虽然也有众多学者意识到"道光萧条"与气候的不稳定（水灾频繁、气温剧降）可能存在关联，但对产生萧条的气候背景层面的原因只是做了定性的推断，缺乏深入的定量研究。这一方面可能与研究者的学科背景有关，而嘉道时期完整的高精度气候资料的欠缺可能是另一方面原因。本书利用日记重建了上海地区 1800—1873 年逐月降水量，这为研究"道光萧条"时期降水与经济指标的关系提供了高分辨率基础研究数据，利用这套数据，借助计量经济学模型，可以设想从气候（降水）—水文—耕地—管理—农业—粮食（粮价）—经济—政治的关系链来对"道光萧条"的气候层面的原因进行定量分析。

通过上海地区降水量的重建结果可以看出（图 4 - 2），1800 年至 19 世纪 50 年代上海地区的季、汛期和年降水量的年际波动很大，极端降水事件多发，一定程度印证了该时期中国气候发生突变的事实。

① 张丕远主编. 中国历史气候变化［M］. 济南： 山东科学技术出版社， 1996： 386 - 390.
② 李伯重. "道光萧条" 与 "癸未大水"［J］. 社会科学， 2007（6）： 173 - 178.

例如从年降水量来看，该时期出现了多个极端多雨年，在 60 年中有 12 个年份年降水量在 1426.1mm（高于上海地区多年平均 1194.5mm 一个标准差）以上，其中 1817 年、1823 年、1831 年、1833 年、1841 年、1849 年的年降水量甚至超过平均值两个标准差（1657.6mm），同时期还出现了不少极端少雨年份，如 1800 年、1802 年、1808 年、1843 年、1847 年、1852 年的年降水量均在 962.9mm（低于多年平均 1 个标准差）以下。"道光萧条"是否与降水的剧烈波动有关？洪涝、干旱对当时社会经济的影响究竟有多大？这些问题值得进一步探索。作者设想综合档案、地方志、文集、日记中的天气资料和本书重建的极端降水数据，首先推算出极端降水的重现期、淹没面积、淹没县数、淹没高度、旱灾面积、灾情持续时间等指标，综合利用这些指标和文献记载对极端天气事件造成的人口、耕地、粮食等经济损失作出定性和定量评估，进而将得到的数据、结论与历史文献中的定性或定量描述进行整合分析，从而评估极端天气对嘉道时期的制度、社会、经济的影响。通过上述研究思路有望对"道光萧条"是否存在、如果存在它的气候层面原因占多大作用等问题作出一些回答，增进我们对历史气候变化与传统中国经济社会变化互动规律的理解。此外，扩大气候史料搜索范围，开展对这一异常时期极端天气事件（如暴雨、旱涝）频发性与突发性机制的研究也是值得进一步研究的课题。

（2）开展灾害史研究。由于干旱、暴雨、洪涝等极端天气事件及其伴生灾害经常导致巨大的人口、经济损失，甚至改变历史发展轨迹，因此在灾害史的研究中获得广泛重视，学界目前对这类自然灾害史的研究兴趣也颇为浓厚。辨识灾害产生的自然因子和人为因子的相

对重要性，为当前预防和应对类似灾害提供宝贵经验和教训是灾害史
研究的积极现实意义。将人文社会学科、自然科学的资料、理论与方
法进行融合，开展综合交叉研究是目前灾害史研究的一个新任务。日
记资料的珍贵性除了体现在翔实记录气候信息外，还在于它即时、真
实、具体地记录了作者的亲身经历、见闻、感受等内容，是了解当时
天气气候环境、刻画历史人物具体活动细节、恢复历史事件发展生动
过程、揭示文化社会风貌等不可多得的第一手资料，未来可以发挥日
记的史料价值优势，并以之为线索广泛搜罗正史、类书、档案、报
刊、文集、碑刻、地方志、考古资料等中的相关灾害信息，借助现代
灾害史研究理论方法，对历史灾害及其社会应对进行更系统的研究。

**5. 多学科研究方法交叉应用，提高气候变化研究广度和深度**

（1）研究气候变化，最重要的一个目的是发展精准的、无缝隙预
报模式，对未来气候作出准确预判，以便人类提前做好生活生产部署
和防灾减灾工作。本书利用日记将上海地区高分辨率气候资料从 1873
年前推了 74 年，并利用线性回归、方差分析、累积距平、滑动 $t$ 检
验、M－K 检验、小波分析等统计分析手段获得了过去 216 年该地区
的梅雨特征量和降水量时间序列的趋势性、突变性、阶段性和周期性
等特征。这些研究成果，例如梅雨变化显著的 53～54 年长周期能够
为上海地区 10～20 年尺度的气候预测提供一些基础科研数据和统计
规律，但由于气候系统及其变化极其复杂，并且不断涌现新的现象和
变化（例如气候变化重要影响因子火山活动具有突发性，温室气体排
放量具有不确定性），目前准确的气候预测难度大，预测结果具有很
大不确定性，要提高预测的准确率必须通过学界的共同努力，开展跨

学科合作研究才能逐步实现，因此仅靠作者一人的重建数据和统计结论显然还远不能满足上海地区现代气候预测业务的要求。要拓展历史气候研究的领域和水平必须走学科交叉研究的道路，这也是众多其他学科未来发展的总趋势。

本书的研究着眼点在于历史气候序列的重建与统计特征分析，是一项比较基础性的研究工作，由于作者目前知识结构毕竟有限，更进一步的气候变化原因及其机制的分析研究尚未深入展开。为了能对气候预测做出一点贡献，未来只有通过进一步学习大气物理学、数值天气预报、海气耦合模式等涉及的气候预测模型和方法，与其他相关学科的学者进行交流合作，将本书的数据、研究结论与气候模型进行互动，开展历史气候变化及其物理机制的综合交叉研究，从而更好地发挥本书重建数据的作用，提高研究的广度与深度。

（2）利用重建资料开展梅雨、降水与季风系统相互关系的研究。季风系统不同子系统在不同时间尺度上有着复杂而且经常是混沌的相互作用，我们对季风系统各子系统之间不同时间上相互作用的过程和机理至今还知之甚少。上海地区的梅雨和降水的变化与东亚季风系统的变化密切相关，利用延长后的过去216年上海地区高分辨率梅雨和降水量序列，我们能够进一步探讨梅雨、降水与东亚季风系统及其子系统、全球气候系统之间在更大时间尺度上的相互关系，例如研究梅雨、降水变化与东亚季风指数、西太副高、西太平洋暖池、青藏高压、印度季风、ENSO事件、太平洋年代振荡、北极涛动、极冰和雪盖、太阳活动、火山活动、土地覆盖等自然因子和人类活动因子变化的关系，能够丰富我们对不同时间尺度上它们相互作用的过程、特征的认识，进而对其相互作用的可能机理提出理论假设并为未来开展进一步的论证工作奠定基础。

（3）季风区对全球气候变化的响应是现今气象界非常关注的问题。延长后的降水序列已经接近人类活动对气候变化影响相对较弱的工业化前期，新的降水数据有望丰富我们对不同时期人类活动与气候变化相互作用关系的认识，对改善不同时期季风环流的模拟研究，如大气循环、水循环的模拟研究也具有一定的应用价值。

此外，开展区域之间的对比研究，例如将上海地区的降水序列与其他区域，如东亚季风区各子区域、季风边缘区、生态脆弱区、非季风区（如西北干旱半干旱区、青藏高原区）进行比对、同步性、相关性分析，可以增加我们对不同时期降水区域差异及其原因的认识。

（4）在极端天气事件案例的研究内容方面，本书还停留在灾情发展过程、空间分布的复原和气候背景推测层面，尚不够深入，尤其是气候背景的分析多是借鉴前人的基于有限资料长度得出的统计规律对历史时期某个年份某一区域的旱涝进行原因解释，缺乏令人信服的具体物理传播机制方面的揭露，未来设想在扩大研究区域和收集更多气候资料的基础上（例如研制全球旱涝分布图），运用多学科研究方法，以期对历史极端天气事件在热力学或动力学等方面的原因进行深入探索。

## 6. 结语

总的来看，本书利用古代日记建立和分析了上海地区近 216 年的梅雨和降水序列，序列的长度和精度及其分析结果大体而言较以往研究有了一定的进步，应该说是运用中国传统文献资料开展区域历史气候变化研究的成功尝试，也反映出理想的日记资料在历史气候变化研究中具有很高的利用价值，继续收集日记资料，恢复多个地区、长时段的气候序列无疑对我国全球气候变化研究的深入具有重要意义。另外，历史气候变化研究需要运用地球系统科学相关知识进行综合交叉研究，才能提高研究的深度和水平。当然，以上这些研究设想是一个比较长期而艰巨的工作任务，需要通过努力逐步来完成。

　　此外，当前全球气候变暖问题受到政府和公众的普遍关心，人们已逐渐认识到导致变暖的主要人为因子在于 $CO_2$、$CH_4$、$N_2O$ 等温室气体的大量排放。国际耦合模式比较计划第五阶段（CMIP5）的气候变化预估中，在给定了4种温室气体排放情景下，所有的气候模式都模拟出未来全球气温趋于增加，如果我们对温室气体排放不加以任何限制（RCP8.5 排放情景），到 21 世纪末（2081—2100 年），全球平均地表气温将升高 3.7℃（相对于1986—2005 年），中国区域将增加 5.0℃，远高于我们预设的 2℃温升阈值，而海平面全球平均将上升 0.45~0.82m，中国海区将上升 0.4~0.6m，[①] 温度剧增、海平面上升将可能导致严重的干旱、洪涝、风暴、高温热浪等极端天气气候灾难及其伴生灾害。政府部门和科技界已经意识到减缓温室气体排放、应对气候变化的重要性，并部署了一系列应对措施，比较强调从科学技术层面应对气候变化带来的威胁，如研发气候变化监测、预测预警技术，工程保障技术，新能源开发技术，能源高效利用技术，生态保护与修复技术，水资源高效利用和优化调度技术，植物抗旱耐高温品种

---

① 《第三次气候变化国家评估报告》编写委员会. 第三次气候变化国家评估报告 ［M］. 北京：科学出版社，2015：18-19.

选育与病虫害防治技术，$CO_2$ 捕集、利用与封存技术，人工影响天气技术，等等。可以相信，随着这些技术的不断改进，在科技的支撑下，我们对未来气候变化的适应和应对能力会不断攀升。

　　然而，科技可以解决很多问题，例如通过科技我们可以将探测器送抵火星、水星及更遥远的星系，生产超远程高精度导弹核弹，修建各种天眼、大坝、调水等国家工程，但科技不能解决所有问题，一些看似靠科技发展能获得突破的问题也许从科技那里永远也找不到答案，例如能源科技已经研发了 200 余年，至今人们并没有找到如何解决非可再生能源储采比越来越低、可再生能源包括水电、风电、核能、太阳能、生物质能等由于技术瓶颈发展极其缓慢甚至停滞倒退的困局。① 通过科技的革新能够一部分减轻气候变化的负面影响，但并不能从根本上解决碳排放不断增加的问题，因为社会经济要持续运转和发展，对能源、资源的消耗短期内不会大幅度减少，这就决定了能耗、碳排放在短时间内不会消减，如果工程技术上的进步又赶不上人口、社会、经济发展的庞大开支则注定使我们面临更加严峻的能源、气候灾难乃至世界范围的人道战争灾难及各种次生灾难。从源头上解决能源、碳排放问题、发展低碳经济可能还应从我们每一个人的思想观念入手、从教育入手，例如传播控制人口和低碳生活理念。有人认为，气候变化的预估具有很大的不确定性，气候变化对人类的威胁也

---

① 乔宠如. 可再生能源危机 [J]. 经济，2015（22）：32－36；姚磊，陈盼盼，胡利利，等. 长江上游流域水电开发现状与存在的问题 [J]. 绵阳师范学院学报，2016，35（2）：91－97；樊友民，钱洋. 风能及风力发电问题 [J]. 发电设备，2009，23（6）：464－466；余少祥. 我国核电发展的现状、问题与对策建议 [J]. 华北电力大学学报（社会科学版），2020（5）：1－9；张晓安. 我国太阳能光伏利用的现状、存在问题及其对策 [J] 合肥工业大学学报（社会科学版），2009，23（6）：18－23.

并未形成定论，当前全球面临的最重要问题不是气候变暖，而是能源、资源的不足，这有一定的道理，但是，如果我们对气候模型的预估结果熟视无睹，没有紧迫感的话，以致认为气候变化已有定论从而忽视对其开展研究，势必是不理性和短视的，一旦气候发生不可逆灾难性转变，我们能保证可以应对自如吗？另外，减缓气候变化的威胁，这不应该是空话，我们每个人都应当树立低碳理念并身体力行、做出表率，在生活中一点一滴地节能、减排，宣传控制人口和低碳理念，这是我们完全能做到的，同时我们应该持续重视社会、经济制度建设在协调人口、资源与环境关系中的主导作用，只有这样，才能从根本上解决潜在的能源危机、气候危机以及生存危机，降低气候变化适应成本，保障人类社会经济的可持续，更好地发挥气候变化及其研究成果对人类社会的积极效应。

# 附录1：所见部分日记及其天气信息基本情况

| 日记名称 | 作者 | 记载时段 | 涉及地点 | 藏地 | 记载体例 | 天气信息 |
|---|---|---|---|---|---|---|
| 明安廊庵先生手写日记 | 安广居 | 1635—1644 | 北京、无锡等 | 上图 | 逐日 | 连续 |
| 理堂日记 | 韩梦周 | 1760—1783 | 不详 | 已出版 | 非逐日 | 基本无 |
| 吴兔床日记 | 吴骞 | 1783—1812 | 海宁 | 上图 | 基本逐日 | 较多 |
| 红亭日记 | 徐志鼎 | 1791 | 不详 | 上图 | 逐日 | 基本无 |
| 古琴公日志 | 安吉 | 1794—1809 | 不详 | 上图 | 逐日 | 基本无 |
| 澄怀园消夏日记 | 吴锡麒 | 1796 | 不详 | 国图 | 非逐日 | 较多 |
| 梦痕录余 | 汪辉祖 | 1796—1805 | 北京等 | 上图 | 非逐日 | 较多 |
| 陈秋坪日记 | 陈登龙 | 1796—1807 | 四川、北京等 | 国图 | 基本逐日 | 基本连续 |
| 江行纪程 | 范来芝 | 1800 | 真州、汉口等 | 上图 | 逐日 | 连续 |
| 南垞公手录日记 | 徐南垞 | 1801—1802 | 不详 | 上图 | 逐日 | 基本无 |
| 观妙居日记 | 李锐 | 1805—1810 | 元和等 | 国图 | 逐日 | 连续 |
| 籥翁日记 | 钱辰 | 1808—1858 | 金匮等 | 上图 | 逐日 | 基本连续 |
| 龚又村自怡日记 | 龚缙熙 | 1810—1873 | 不详 | 国图 | 非逐日 | 较少 |

续表

| 日记名称 | 作者 | 记载时段 | 涉及地点 | 藏地 | 记载体例 | 天气信息 |
|---|---|---|---|---|---|---|
| 日记 | 不详 | 1817—1819 | 江苏、云南等 | 上图 | 逐日 | 连续 |
| 翏莫子杂识 | 俞兴瑞 | 1817—1819 | 杭州等 | 已出版 | 非逐日 | 较多 |
| 张鹿樵先生日记 | 张久镛 | 1817—1820 | 北京 | 上图 | 逐日 | 连续 |
| 亦吾庐随笔 | 潘世恩 | 1825—1830 | 吴县、北京等 | 上图 | 逐日 | 基本连续 |
| 越岘山人日记 | 宗稷辰 | 1826—1863 | 山东等 | 国图 | 逐日 | 较多 |
| 甦余日记 | 蒋阶 | 1829—1833 | 不详 | 已出版 | 非逐日 | 较少 |
| 潘晚香日记 | 潘道根 | 1830 | 昆山 | 复旦 | 逐日 | 连续 |
| 茶堂日记 | 朱为弼 | 1832 | 不详 | 上图 | 逐日 | 基本无 |
| 瓶庐日记 | 不详 | 1839—1862 | 山阴等 | 上图 | 逐日 | 连续 |
| 日记 | 韩尚恒 | 1840—1841 | 常熟 | 上图 | 逐日 | 连续 |
| 春明日记 | 殷谱经 | 1844—1848 | 北京等 | 复旦 | 逐日 | 连续 |
| 潢中公余日记 | 庄俊元 | 1844—1849 | 西宁 | 已出版 | 基本逐日 | 较少 |
| 先学士公日记 | 丁嘉保 | 1846—1848 | 北京、贵州等 | 已出版 | 基本逐日 | 连续 |
| 王庆云日记 | 王庆云 | 1846—1861 | 北京等 | 国图 | 非逐日 | 较少 |
| 绂庭公日记 | 潘曾绶 | 1847—1857 | 不详 | 上图 | 逐日 | 连续 |
| 黄陶楼先生日记 | 黄彭年 | 1847—1871 | 北京等 | 国图 | 逐日 | 连续 |
| 道光二十八、二十九年日记 | 不详 | 1848—1849 | 清江浦等 | 复旦 | 逐日 | 连续 |
| 盘阳高中谋先生日志 | 高中谋 | 1849—1850 | 不详 | 已出版 | 逐日 | 连续 |
| 宦游杂记 | 马秀儒 | 1849—1858 | 不详 | 已出版 | 逐日 | 基本连续 |
| 体微斋日记禄存 | 祝塏 | 1850—1854 | 不详 | 上图 | 逐日 | 基本无 |
| 周尔墉日记 | 周尔墉 | 1852—1853 | 不详 | 国图 | 逐日 | 连续 |
| 铭椒清馆日记 | 许廷诰 | 1852—1857 | 常熟 | 上图 | 逐日 | 连续 |

| 日记名称 | 作者 | 记载时段 | 涉及地点 | 藏地 | 记载体例 | 天气信息 |
|---|---|---|---|---|---|---|
| 方勉夫日记 | 方恭钊 | 1856—1886 | 北京、仁和等 | 中科院 | 逐日 | 连续 |
| 吴宝谦日记 | 吴宝谦 | 1857—1869 | 金匮等 | 上图 | 逐日 | 连续 |
| 栋山日记 | 平步青 | 1858—1886 | 北京、山阴等 | 国图 | 基本逐日 | 连续 |
| 庚申禊湖被难日记 | 范其骏 | 1860 | 不详 | 上图 | 逐日 | 基本无 |
| 小沧桑记 | 姚济 | 1860—1863 | 不详 | 上图 | 逐日 | 较少 |
| 佩韦室日记 | 高心夔 | 1860—1863 | 不详 | 国图 | 逐日 | 连续 |
| 辛酉日记 | 不详 | 1861 | 上海 | 上图 | 逐日 | 连续 |
| 董隽翰日记 | 董隽翰 | 1861—1886 | 不详 | 中科院 | 逐日 | 连续 |
| 壬戌日记 | 不详 | 1862 | 吴江 | 上图 | 逐日 | 较少 |
| 隐梅庵日记 | 顾春福 | 1862 | 不详 | 国图 | 逐日 | 连续 |
| 金湜生日记 | 金武祥 | 1862—1877 | 不详 | 上图 | 基本逐日 | 基本连续 |
| 订顽日程 | 杨葆光 | 1862—1901 | 上海等 | 上图 | 逐日 | 连续 |
| 海珊日记 | 翁曾瀚 | 1863—1877 | 北京等 | 国图 | 逐日 | 连续 |
| 伯子随笔 | 顾深 | 1863—1884 | 上海等 | 上图 | 基本逐日 | 基本连续 |
| 韡园岁计录 | 潘霨 | 1865—1887 | 不详 | 上图 | 逐日 | 连续 |
| 幼蜨山房日记 | 不详 | 1866 | 不详 | 上图 | 逐日 | 连续 |
| 鳌斋日记 | 陈则诚 | 1866—1869 | 不详 | 国图 | 逐日 | 连续 |
| 庞际云日记 | 庞际云 | 1867 | 南京 | 上图 | 基本逐日 | 基本连续 |
| 奇荘中正堂日记 | 殷兆镛 | 1867—1868 | 北京 | 上图 | 逐日 | 连续 |
| 惜分阴室日记 | 季邦桢 | 1867—1868 | 不详 | 国图 | 逐日 | 连续 |
| 伯周日记 | 伯周 | 1868—1869 | 上海 | 上图 | 逐日 | 连续 |
| 北行日记 | 方浚颐 | 1868—1870 | 不详 | 上图 | 逐日 | 基本连续 |
| 澍田日记 | 杜瑞凝 | 1868—1883 | 北京等 | 北大 | 逐日 | 连续 |

| 日记名称 | 作者 | 记载时段 | 涉及地点 | 藏地 | 记载体例 | 天气信息 |
|---|---|---|---|---|---|---|
| 秋碧堂晚香词草稿及日记 | 不详 | 1869 | 不详 | 上图 | 逐日 | 连续 |
| 己庚日记 | 王更梅 | 1869—1870 | 不详 | 上图 | 逐日 | 较多 |
| 叶调生日记 | 叶廷管 | 1869—1870 | 不详 | 国图 | 逐日 | 连续 |
| 适秦日记 | 钱国祥 | 1870 | 江苏、山西等 | 上图 | 逐日 | 较少 |
| 鸿爪前进日记 | 孔广陶 | 1870—1871 | 山东、北京等 | 上图 | 逐日 | 连续 |
| 郋亭日记 | 汪鸣銮 | 1871 | 不详 | 上图 | 逐日 | 连续 |
| 同治十年生活日记 | 黄礼让 | 1871—1874 | 吴县 | 上图 | 基本逐日 | 基本连续 |
| 蒙庐日记 | 沈景修 | 1871—1885 | 嘉兴等 | 复旦 | 逐日 | 连续 |
| 听泉居士日记 | 不详 | 1871—1895 | 上海等 | 上图 | 逐日 | 连续 |
| 恬吟庵日记 | 贝允章 | 1872—1873 | 吴县 | 上图 | 逐日 | 连续 |
| 褚伯约日记 | 褚伯约 | 1873—1874 | 北京 | 上图 | 逐日 | 连续 |
| 陈培之先生日记 | 陈倬 | 1874—1875 | 不详 | 上图 | 逐日 | 连续 |
| 一粟居日记 | 贝允章 | 1874—1875 | 吴县 | 上图 | 逐日 | 连续 |
| 随手烟云 | 白恩佑 | 1874—1880 | 不详 | 上图 | 逐日 | 基本无 |
| 渐西村舍日录 | 袁昶 | 1874—1882 | 不详 | 上图 | 逐日 | 连续 |
| 姚觐元日记 | 姚觐元 | 1875 | 不详 | 国图 | 逐日 | 连续 |
| 强恕轩日记 | 申祜 | 1875—1879 | 不详 | 上图 | 逐日 | 连续 |
| 香草园日记 | 罗文彬 | 1875—1882 | 不详 | 贵州 | 逐日 | 连续 |
| 粟庼笆日记 | 粟奉之 | 1876—1890 | 不详 | 已出版 | 逐日 | 较多 |
| 王子献先生日记 | 王继香 | 1876—1905 | 绍兴、开封等 | 国图 | 逐日 | 连续 |
| 日记 | 方臻喜 | 1877—1885 | 安徽等 | 上图 | 逐日 | 连续 |
| 梦海华馆日记 | 孙点 | 1877—1890 | 不详 | 上图 | 逐日 | 连续 |

| 日记名称 | 作者 | 记载时段 | 涉及地点 | 藏地 | 记载体例 | 天气信息 |
|---|---|---|---|---|---|---|
| 非昔居士日记 | 赵宗建 | 1877—1895 | 常熟等 | 国图 | 逐日 | 连续 |
| 邵友濂日记 | 邵友濂 | 1878—1881 | 不详 | 上图 | 逐日 | 连续 |
| 庄宝树日记 | 庄宝树 | 1878—1896 | 不详 | 上图 | 逐日 | 连续 |
| 粟香室日记 | 金武祥 | 1878—1919 | 江阴、上海等 | 上图 | 逐日 | 连续 |
| 淑纪轩日记 | 贝允章 | 1879—1881 | 吴县 | 上图 | 逐日 | 连续 |
| 过云楼日记 | 顾文彬 | 1879—1884 | 不详 | 上图 | 非逐日 | 基本无 |
| 隐蛛盦日记 | 陈倬 | 1880—1881 | 北京 | 上图 | 逐日 | 基本无 |
| 姚之烜日记 | 姚之烜 | 1880—1882 | 娄县 | 上图 | 逐日 | 连续 |
| 立山日志 | 沈维诚 | 1881—1898 | 北京等 | 上图 | 逐日 | 连续 |
| 夏曾佑日记 | 夏曾佑 | 1881—1905 | 不详 | 已出版 | 逐日 | 连续 |
| 安宜日记 | 方濬师 | 1884—1886 | 不详 | 上图 | 逐日 | 连续 |
| 笤诿日记 | 江标 | 1884—1894 | 不详 | 国图 | 不详 | 基本无 |
| 廉让闲居日记 | 范寿楠 | 1884—1898 | 湖北等 | 已出版 | 逐日 | 连续 |
| 窊横日记钞 | 周星诒 | 1884—1898 | 不详 | 上图 | 非逐日 | 较少 |
| 惜分阴轩日记 | 楼汝同 | 1884—1912 | 山东、江苏等 | 清华 | 逐日 | 连续 |
| 按属考察日记 | 谢汝钦 | 1885 | 东北 | 上图 | 非逐日 | 基本无 |
| 后东游日记 | 钱国祥 | 1885—1888 | 山东等 | 上图 | 逐日 | 较多 |
| 尚志居日志 | 黄晋畇 | 1885—1894 | 不详 | 上图 | 逐日 | 连续 |
| 范赞臣日记不分卷 | 范赞臣 | 1886—民国 | 北京、绍兴等 | 国图 | 逐日 | 连续 |
| 舟行日记 | 宋松存 | 1887 | 不详 | 上图 | 逐日 | 连续 |
| 简园日记存钞 | 刘颐 | 1887—1892 | 不详 | 上图 | 非逐日 | 连续 |
| 潘文勤日记 | 潘祖荫 | 1888 | 不详 | 上图 | 逐日 | 基本无 |
| 渊若日记 | 不详 | 1888—1890 | 萍乡、丰城等 | 上图 | 逐日 | 连续 |

| 日记名称 | 作者 | 记载时段 | 涉及地点 | 藏地 | 记载体例 | 天气信息 |
|---|---|---|---|---|---|---|
| 且新堂日记 | 韩鸿序 | 1889—1895 | 嘉兴等 | 上图 | 逐日 | 连续 |
| 辛卯日记 | 陶模 | 1891 | 不详 | 上图 | 逐日 | 基本无 |
| 王乃誉日记 | 王乃誉 | 1891—1905 | 上海、海宁等 | 上图 | 逐日 | 连续 |
| 卧盦日记 | 钱人龙 | 1891—1910 | 不详 | 上图 | 逐日 | 连续 |
| 子和日记 | 不详 | 1892—1898 | 上海等 | 上图 | 逐日 | 连续 |
| 干惕记十卷 | 李杜 | 1892—1903 | 北京等 | 中科院 | 逐日 | 连续 |
| 查保甲日记 | 不详 | 1893 | 江西南部 | 上图 | 逐日 | 基本无 |
| 癸巳海运日记 | 不详 | 1893 | 不详 | 上图 | 逐日 | 较少 |
| 栩缘日记 | 王同愈 | 1893—1908 | 不详 | 上图 | 基本逐日 | 较多 |
| 回□日记 | 陈春瀛 | 1894 | 不详 | 上图 | 逐日 | 基本无 |
| □盦日记 | 张茂镛 | 1894 | 北京、吴县等 | 上图 | 逐日 | 连续 |
| 朱鄂生日记 | 朱鄂生 | 1894—1932 | 不详 | 上图 | 逐日 | 连续 |
| 尚志居日志 | 黄晋龄 | 1895 | 不详 | 上图 | 逐日 | 连续 |
| 南归日记 | 刘瀚 | 1896—1897 | 不详 | 上图 | 逐日 | 连续 |
| 粟长日记 | 胡颖芝 | 1896—1901 | 不详 | 上图 | 逐日 | 连续 |
| 忏盦日记 | 应孙 | 1897—1898 | 上海 | 上图 | 逐日 | 连续 |
| 涤莽日记 | 不详 | 1897—1898 | 不详 | 复旦 | 逐日 | 连续 |
| 朱蜕庐先生日记 | 朱钟琪 | 1897—1901 | 不详 | 上图 | 逐日 | 较少 |
| 安素居日记 | 封章炜 | 1897—1902 | 上海 | 上图 | 逐日 | 连续 |
| 返考镜斋日记 | 不详 | 1897—1934 | 上海、杭州等 | 上图 | 逐日 | 连续 |
| 李家驹日记 | 李家驹 | 1898—1903 | 上海、北京等 | 已出版 | 逐日 | 较多 |
| 抑抑斋日记 | 廖寿恒 | 1898—1904 | 北京 | 上图 | 逐日 | 连续 |
| 犁叟日记 | 吴嵩泰 | 1899 | 安徽 | 上图 | 逐日 | 连续 |

续表

| 日记名称 | 作者 | 记载时段 | 涉及地点 | 藏地 | 记载体例 | 天气信息 |
|---|---|---|---|---|---|---|
| 无逸窝日记 | 莊文亚 | 1899—1907 | 不详 | 上图 | 逐日 | 连续 |
| 莊通百日记 | 莊先识 | 1899—1924 | 常州 | 上图 | 逐日 | 连续 |
| 日新月异岁不同 | 陈敩瓠 | 1900 | 不详 | 上图 | 逐日 | 基本连续 |
| 太常袁公日记 | 袁昶 | 1900 | 北京 | 上图 | 逐日 | 连续 |
| 庚子非昔日记 | 赵宗建 | 1900 | 不详 | 北大 | 逐日 | 连续 |
| 庚子日记 | 只雨楼编 | 1900—1901 | 北京 | 上图 | 逐日 | 基本无 |
| 秦游日记 | 裘可桴 | 1900—1902 | 不详 | 上图 | 逐日 | 连续 |
| 环游日记 | 陈琪 | 1901 | 不详 | 上图 | 逐日 | 基本无 |
| 东瀛学稼日记 | 路孝植 | 1902 | 日本 | 上图 | 逐日 | 连续 |
| 访剡日记 | 钱人龙 | 1902—1904 | 吴县 | 上图 | 逐日 | 连续 |
| 平江卿华日记 | 不详 | 1902—1908 | 不详 | 上图 | 逐日 | 连续 |
| 黄沆日记 | 黄沆 | 1902—1918 | 台州等 | 已出版 | 逐日 | 连续 |
| 湘轺日记 | 吕佩芬 | 1903 | 北京等 | 上图 | 逐日 | 基本无 |
| 癸卯汴试日记 | 澹庵 | 1903 | 江苏、河南等 | 上图 | 逐日 | 连续 |
| 徐善伯先生日记 | 徐际元 | 1903—1914 | 不详 | 上图 | 逐日 | 较少 |
| 光绪甲辰日记 | 不详 | 1904 | 不详 | 上图 | 逐日 | 连续 |
| 吴承湜日记 | 吴承湜 | 1904—1945 | 北京等 | 已出版 | 逐日 | 较多 |
| 怡如日记 | 不详 | 1907 | 上海 | 上图 | 逐日 | 连续 |
| 王省山丁未年警察日记 | 王省山 | 1907 | 浙江 | 上图 | 逐日 | 基本无 |
| 马廷亮手书日记 | 马廷亮 | 1909—1910 | 不详 | 北大 | 基本逐日 | 基本无 |
| 日记（索取号 492608） | 不详 | 1909—1911 | 闽县 | 上图 | 逐日 | 连续 |
| 豫敬日记 | 豫敬 | 1909—1938 | 北京等 | 已出版 | 逐日 | 较多 |
| 遗盦日记 | 邹嘉来 | 1912—1914 | 不详 | 上图 | 逐日 | 基本无 |

续表

| 日记名称 | 作者 | 记载时段 | 涉及地点 | 藏地 | 记载体例 | 天气信息 |
|---|---|---|---|---|---|---|
| 日记 | 许菊圃 | 1913—1926 | 不详 | 上图 | 逐日 | 较多 |
| 菊影残余日记稿 | 杨兢诗 | 1915—1916 | 不详 | 上图 | 逐日 | 较少 |
| 梦香斋日记 | 王燮 | 1915—1917 | 不详 | 上图 | 基本逐日 | 连续 |
| 采侯日记 | 采侯 | 1917—1919 | 不详 | 复旦 | 逐日 | 连续 |
| 君子馆日记 | 毛昌杰 | 1918—1932 | 不详 | 上图 | 非逐日 | 较少 |
| 存我庐日记 | 不详 | 1923—1924 | 萧山等 | 上图 | 逐日 | 连续 |
| 苕萝日记 | 戴菊农 | 1926—1929 | 不详 | 上图 | 逐日 | 基本无 |
| 抑斋自述日记 | 王锡彤 | 1929—1938 | 北京、河南等 | 清华 | 不详 | 基本无 |
| 日记（索取号568720-21） | 不详 | 1930—1931 | 不详 | 上图 | 逐日 | 连续 |
| 东槎廿日记 | 钱谦 | 1937 | 日本 | 复旦 | 逐日 | 连续 |
| 日记（索取号540329-35） | 不详 | 1937—1945 | 重庆 | 上图 | 逐日 | 连续 |
| 天贶庐日记 | 不详 | 1938 | 上海 | 复旦 | 逐日 | 连续 |
| 琅玕精舍日记 | 赵君豪 | 1943—1948 | 不详 | 上图 | 逐日 | 连续 |
| 俞鸿筹日记 | 俞鸿筹 | 1949—1955 | 不详 | 上图 | 逐日 | 连续 |
| 佣庐日记语存 | 袁金铠 | 不详 | 北京等 | 清华 | 非逐日 | 基本无 |
| 高觐昌日记 | 高觐昌 | 不详 | 广东等 | 中科院 | 逐日 | 连续 |
| 任过斋日记 | 不详 | 不详 | 不详 | 北大 | 不详 | 基本无 |
| 艺风老人日记 | 缪荃孙 | 不详 | 上海、北京等 | 已出版 | 逐日 | 连续 |
| 经锄居日记 | 不详 | 不详 | 不详 | 上图 | 非逐日 | 基本无 |
| 守巳草庐日记 | 丁逢辰 | 不详 | 不详 | 上图 | 非逐日 | 基本无 |
| 半岩庐日记 | 邵懿辰 | 不详 | 不详 | 上图 | 逐日 | 基本无 |
| 龙门书院行事读书日记 | 宗廷辅 | 不详 | 不详 | 上图 | 逐日 | 基本无 |

| 日记名称 | 作者 | 记载时段 | 涉及地点 | 藏地 | 记载体例 | 天气信息 |
|---|---|---|---|---|---|---|
| 螺江日记 | 高攀龙 | 不详 | 不详 | 上图 | 非逐日 | 基本无 |
| 不苟书室日录钞 | 藤泽元造 | 不详 | 不详 | 上图 | 非逐日 | 连续 |
| 沈云巢先生北行日记 | 不详 | 不详 | 不详 | 上图 | 逐日 | 基本无 |
| 瓠庵游历日记 | 陈翀 | 不详 | 不详 | 上图 | 逐日 | 连续 |
| 南斋日记 | 查慎行 | 不详 | 不详 | 上图 | 逐日 | 基本无 |
| 荔隐居日记 | 涂庆澜 | 不详 | 苏州、杭州等 | 上图 | 非逐日 | 较少 |
| 李宗颢书画日记 | 李宗颢 | 不详 | 不详 | 上图 | 非逐日 | 基本无 |
| 日游琐识 | 李宝泫 | 不详 | 日本 | 上图 | 逐日 | 连续 |
| 英轺日记 | 载振 | 不详 | 不详 | 上图 | 逐日 | 基本无 |
| 旅途日记 | 不详 | 不详 | 河北、浙江等 | 上图 | 逐日 | 基本无 |
| 学古堂日记 | 陆燨 | 不详 | 不详 | 上图 | 非逐日 | 基本无 |
| 退斋日录 | 彭希韩 | 不详 | 不详 | 上图 | 非逐日 | 基本无 |
| 晚悔斋日录 | 星杓 | 不详 | 不详 | 上图 | 非逐日 | 基本无 |
| 思益堂日札 | 周寿昌 | 不详 | 不详 | 上图 | 非逐日 | 基本无 |
| 南还日记 | 杨廷桂 | 不详 | 不详 | 上图 | 逐日 | 基本无 |
| 张佩纶日记 | 张佩纶 | 不详 | 北京、福建等 | 上图 | 逐日 | 连续 |
| 李玄伯日记 | 李侗 | 不详 | 不详 | 上图 | 逐日 | 基本无 |
| 沈家本日记 | 沈家本 | 不详 | 北京等 | 已出版 | 逐日 | 较多 |
| 白启南日记 | 白恩佑 | 不详 | 不详 | 上图 | 非逐日 | 基本无 |
| 兴盦日事 | 不详 | 庚寅年 | 北京 | 上图 | 逐日 | 基本连续 |
| 济中日记 | 马济中 | 癸丑年 | 不详 | 上图 | 逐日 | 连续 |
| 沪滨纪事 | 耐盦 | 癸巳至甲午年 | 不详 | 上图 | 逐日 | 连续 |

续表

| 日记名称 | 作者 | 记载时段 | 涉及地点 | 藏地 | 记载体例 | 天气信息 |
|---|---|---|---|---|---|---|
| 稷山读书楼日记 | 陶濬宣 | 癸酉、甲戌年 | 不详 | 上图 | 逐日 | 连续 |
| 护花馆省身日记 | 不详 | 甲申年 | 杭州 | 上图 | 逐日 | 连续 |
| 农隐庐日记 | 王清穆 | 民国等 | 崇明岛 | 上图 | 逐日 | 连续 |
| 橄榄楼日记 | 王□ | 民国某年 | 不详 | 上图 | 逐日 | 连续 |
| 玉管镌新 | 不详 | 某年九至十月 | 不详 | 上图 | 逐日 | 基本无 |
| 越游日记 | 吴山隐者 | 某年七至八月 | 杭州 | 上图 | 逐日 | 基本无 |
| 茂苑日记 | 佚名 | 某年闰六至十月 | 不详 | 国图 | 逐日 | 较少 |
| 砚寿居目录 | 赵枚 | 某年四月至十二月 | 上海等 | 上图 | 逐日 | 连续 |
| 日记（索取号464599） | 不详 | 某年五至八月 | 不详 | 上图 | 逐日 | 连续 |
| 孙夏峰先生日谱 | 孙奇逢 | 清初 | 不详 | 国图 | 基本逐日 | 基本无 |
| 刘直斋先生读书日记 | 刘源渌 | 清初 | 不详 | 清华 | 非逐日 | 基本无 |
| 守拙居日记 | 不详 | 同治某年 | 不详 | 上图 | 逐日 | 连续 |
| 友石轩日记 | 不详 | 乙丑至丁卯年 | 不详 | 上图 | 逐日 | 基本连续 |
| 经香草堂日记 | 不详 | 乙亥至丙子年 | 不详 | 上图 | 逐日 | 基本无 |

注："记载时段"、"涉及地点"两列系作者根据日记内容、相关文献综合分析得出的结果，由于本书旨在收集上海地区有逐日天气记录的日记，因此在收集过程中对目标日记之外的日记仅做了大致翻阅，未进行记载时间、地点和内容的详细考证，因此笔者所判断出的"记载时段"、"涉及地点"难免出现错误，这两列信息仅供研究者参考之用。"藏地"一列，"国图"指国家图书馆，"上图"指上海图书馆古籍部，"北大"指北京大学图书馆古籍部，"清华"指清华大学图书馆古籍部，"复旦"指复旦大学图书馆古籍部，"中科院"指中科院图书馆古籍部。"记载体例"一列按日记记录的连贯性由高到低分为"逐日"、"基本逐日"、"非逐日"三个层次，"天气信息"一列按其在该种日记中分布的丰富程度由高到低分为"连续"、"基本连续"、"较多"、"较少"、"基本无"五个层次。整个表格按"记载时段"列升序排序。

# 参考文献

一、基本史料

1. □世堉．拈红词人日记［M］．台北：台湾学生书局，1987.

2. 北京图书馆古籍出版编辑组．北京图书馆古籍珍本丛刊（传记类）［M］．
北京：书目文献出版社，1995—1998.

3. 贝允章．恬吟庵日记，上海图书馆古籍部藏普通稿本．

4. 陈长方．步里客谈［M］．北京：中华书局，1991.

5. 杜甫著，仇兆鳌注．杜诗详注［M］．北京：中华书局，1979.

6. 复旦大学图书馆．复旦大学图书馆善本书目［M］．上海：复旦大学图书
馆，1959 年油印本．

7. 葛全胜主编．清代奏折汇编——农业·环境［M］．北京：商务印书馆，
2005.

8. 管庭芬．管庭芬日记［M］．北京：中华书局，2013.

9. 广东省立中山图书馆，中山大学图书馆，桑兵，等．清代稿钞本（1 至 4
编）［M］．广州：广东人民出版社，2007—2012.

10. 黄金台．鹂声馆日记，上海图书馆古籍部藏善本稿本．

11. 江苏省革命委员会水利局主编．江苏省近两千年洪涝旱潮灾害年表
［M］．南京：江苏省革命委员会水利局，1976.

12. 江苏省水利厅．历年长江流域水文资料（太湖区水位、潮水位、流量、含沙量、降水量、蒸发量）［M］．南京：江苏省水利厅，1957.

13. 江苏省水利厅编．历年长江流域水文资料（太湖区降雨量）［M］．南京：江苏省水利厅，1957.

14. 金芝原．蔬香馆日记［M］．台北：台湾学生书局，1987.

15. 李慈铭．越缦堂日记（第4册）［M］．扬州：广陵书社，2004.

16. 刘颐．简园日记存钞，上海图书馆古籍部藏普通石印本．

17. 柳宗元著，易新鼎点校．柳宗元集［M］．北京：中国书店，2000.

18. 南京师范大学古文献整理研究所．江苏艺文志（苏州卷）［M］．南京：江苏人民出版社，1996.

19. 倪稻孙．海沤日记，上海图书馆古籍部藏善本稿本．

20. 上海人民出版社．清代日记汇抄［M］．上海：上海人民出版社，1982.

21. 上海市气象局．上海气象资料（1873—1972）［M］．上海：上海市气象局，1974.

22. 沈钦韩．幼学堂诗稿［A］．见：清代诗文集汇编编纂委员会．清代诗文集汇编（第514册）［M］．上海：上海古籍出版社，2010.

23. 水利电力部水管司、科技司，水利水电科学研究院．清代长江流域西南国际河流洪涝档案史料［M］．北京：中华书局，1991.

24. 水利电力部水管司、科技司，水利水电科学研究院．清代浙闽台地区洪涝档案史料［M］．北京：中华书局，1998.

25. 陶濬宣．稷山读书楼日记，上海图书馆藏善本稿本．

26. 王海客．王海客日记，上海图书馆藏善本稿本．

27. 温克刚主编．中国气象灾害大典（江苏卷）［M］．北京：气象出版社，2008.

28. 温克刚主编．中国气象灾害大典（上海卷）［M］．北京：气象出版社，

2006.

29. 温克刚主编．中国气象灾害大典（浙江卷）［M］．北京：气象出版社，
2006.

30. 吴嵩泰．犁叟日记，上海图书馆藏普通稿本．

31. 徐际元．徐善伯先生日记，上海图书馆古籍部藏善本稿本．

32. 许樾身．芋园日记，上海图书馆古籍部藏善本稿本．

33. 杨海清主编．中南、西南地区省、市图书馆馆藏古籍稿本提要［M］．武
汉：华中理工大学出版社，1998.

34. 姚椿．樗寮日记，复旦大学图书馆古籍部藏善本稿本．

35. 姚济．小沧桑记［M］．台北：文海出版社，1976.

36. 佚名．鸥雪舫日记，上海图书馆古籍部藏善本稿本．

37. 佚名．瓶庐日记，上海图书馆古籍部藏普通稿本．

38. 佚名．兴盦日事，上海图书馆古籍部藏普通稿本．

39. 俞鸿筹．俞鸿筹日记，上海图书馆古籍部藏普通稿本．

40. 虞和平主编．近代史所藏清代名人稿本抄本（第 1 辑）［M］．郑州：大
象出版社，2011.

41. 张德二主编．中国三千年气象记录总集（增订本第 4 册）［M］．南京：
江苏教育出版社，2013.

42. 张廷济．清仪阁日记，上海图书馆古籍部藏善本稿本．

43. 张瑽华．查山学人日记，上海图书馆古籍部藏善本稿本．

44. 张瑽华．拥书堂诗集［A］．见：《清代诗文集汇编》编纂委员会编．清代
诗文集汇编（第 432 册）［M］．上海：上海古籍出版社，2010.

45. 长江水利委员会．长江下游干流区和鄱阳湖区降水量（1877—1949）
［M］．武汉：长江水利委员会，1957.

46. 赵尔巽主编．清史稿［M］．北京：中华书局，1976.

47. 植槐书舍主人. 杏西篠榭耳目记，上海图书馆古籍部藏善本稿本.

48. 中国第一历史档案馆. 嘉庆道光两朝上谕档（第 28 册）［M］. 桂林：广西师范大学出版社，2000.

49. 中国古籍总目编纂委员会. 中国古籍总目（史部 2）［M］. 北京：中华书局，2009.

50. 中国社会科学院近代史资料编辑部. 近代史资料［M］. 北京：中国社会科学出版社，1954—2014.

51. 中央水利部南京水利实验处. 长江流域水文资料（第十辑，太湖区吴江站）［M］. 南京：中央水利部南京水利实验处，1951.

52. 朱雯主编. 中国文人日记抄［M］. 上海：天马书店，1934.

53. 朱钟琪. 朱蜕庐先生日记，上海图书馆古籍部藏善本稿本.

54. Observatoire de Zi – Ka – Wei. Observations Météorologique（1874—1876）.

## 二、研究专著

1.《大气科学辞典》编委会. 大气科学辞典［M］. 北京：气象出版社，1994.

2.《第三次气候变化国家评估报告》编写委员会. 第三次气候变化国家评估报告［M］. 北京：科学出版社，2015.

3.《上海气象志》编纂委员会. 上海气象志［M］. 上海：上海社会科学院出版社，1997.

4.《上海通志》编纂委员会. 上海通志（第 1 册）［M］. 上海：上海社会科学院出版社和上海人民出版社，2005.

5. 陈兴芳，赵振国. 中国汛期降水预测研究及应用［M］. 北京：气象出版社，2000.

6. 陈左高 . 历代日记丛谈［M］. 上海：上海画报出版社，2004.

7. 陈左高 . 中国日记史略［M］. 上海：上海翻译出版社，1990.

8. 丁一汇，郭彩丽，刘颖，等 . 气候变化 40 问［M］. 北京：气象出版社，2008.

9. 丁一汇主编 . 中国气候变化科学概论［M］. 北京：气象出版社，2008.

10. 丁一汇主编 . 中国气候［M］. 北京：科学出版社，2013.

11. 葛全胜 . 中国历朝气候变化［M］. 北京：科学出版社，2010.

12. 洪世年，刘昭民，等 . 中国气象史（近代前卷）［M］. 北京：中国科学技术出版社，2006.

13. 黄嘉佑，李庆祥 . 气象数据统计分析方法［M］. 北京：气象出版社，2015.

14. 黄荣辉，吴国雄，陈文，等 . 大气科学和全球气候变化研究进展与前沿［M］. 北京：科学出版社，2014.

15. 黄宣伟 . 太湖流域规划与综合治理［M］. 北京：中国水利水电出版社，2000.

16. 孔祥吉 . 清人日记研究［M］. 广州：广东人民出版社，2008.

17. 李庆祥 . 气候资料均一性研究导论［M］. 北京：气象出版社，2011.

18. 李喜先主编 .21 世纪 100 个交叉科学难题［M］. 北京：科学出版社，2005.

19. 李湘阁，胡凝 . 实用气象统计方法［M］. 北京：气象出版社，2015.

20. 骆承政，乐嘉祥主编 . 中国大洪水［M］. 北京：中国书店，1996.

21. 满志敏 . 中国历史时期气候变化研究［M］. 济南：山东教育出版社，2009.

22. 欧炎伦，吴浩云 .1999 年太湖流域洪水［M］. 北京：中国水利水电出版社，2001．

23. 钱维宏编著．全球气候系统［M］．北京：北京大学出版社，2009．

24. 秦大河主编．中国气候与环境演变（上卷：气候与环境的演变及预测）［M］．北京：科学出版社，2005．

25. 任国玉主编．气候变化与中国水资源［M］．北京：气象出版社，2007．

26. 寿绍文主编．天气学分析（第 2 版）［M］．北京：气象出版社，2006．

27. 陶诗言，张小玲，张顺利．长江流域梅雨锋暴雨灾害研究［M］．北京：气象出版社，2003．

28. 宛敏渭，刘秀珍．中国动植物物候图集［M］．北京：气象出版社，1986．

29. 宛敏渭主编．中国自然历选编［M］．北京：科学出版社，1986．

30. 宛敏渭主编．中国自然历续编［M］．北京：科学出版社，1987．

31. 王绍武，罗勇，赵宗慈，等．全球变暖的科学［M］．北京：气象出版社，2013．

32. 王绍武，赵振国，李维京，等．中国季平均温度及降水量百分比距平图集［M］．北京：气象出版社，2009．

33. 王绍武．全新世气候变化［M］．北京：气象出版社，2011．

34. 王绍武．现代气候学研究进展［M］．北京：气象出版社，2001．

35. 王祥荣，王原．全球气候变化与河口城市脆弱性评价——以上海为例［M］．北京：科学出版社，2010．

36. 王镇铭主编．浙江省天气预报手册［M］．北京：气象出版社，2013．

37. 魏凤英．现代气候统计诊断与预测技术（第 2 版）［M］．北京：气象出版社，2007．

38. 吴浩云，管惟庆．1991 年太湖流域洪水［M］．北京：中国水利水电出版社，2000．

39. 徐建华．现代地理学中的数学方法（第 2 版）［M］．北京：高等教育出版社，2002.

40. 严济远，徐家良编著．上海气候［M］．北京：气象出版社，1996.

41. 杨煜达．清代云南季风气候与天气灾害研究［M］．上海：复旦大学出版社，2006.

42. 叶笃正，黄荣辉．长江黄河流域旱涝规律和成因研究［M］．济南：山东科学技术出版社，1996.

43. 叶笃正等．需要精心呵护的气候［M］．北京：清华大学出版社，2004.

44. 俞冰主编．历代日记丛钞提要［M］．北京：学苑出版社，2006.

45. 虞坤林．二十世纪日记知见录［M］．北京：国家图书馆出版社，2014.

46. 詹道江主编．工程水文学［M］．北京：中国水利水电出版社，2010.

47. 张丙辰主编．长江中下游梅雨锋暴雨的研究［M］．北京：气象出版社，1990.

48. 张秉伦，方兆本主编．淮河和长江中下游旱涝灾害年表和旱涝规律研究［M］．合肥：安徽教育出版社，1998.

49. 张丕远主编．中国历史气候变化［M］．济南：山东科学技术出版社，1996.

50. 浙江省气象志编纂委员会．浙江省气象志［M］．北京：中华书局，1999.

51. 中国气象局编．地面气象观测规范［M］．北京：气象出版社，2003.

52. 中央气象局气象科学研究院．中国近五百年旱涝分布图集［M］．北京：地图出版社，1981.

53. 周曾奎．江淮梅雨［M］．北京：气象出版社，1996.

54. 周曾奎．江淮梅雨的分析和预报［M］．北京：气象出版社，2006.

55. 朱乾根，林锦瑞，寿绍文，等．天气学原理和方法（第 4 版）［M］．北京：气象出版社，2007.

56. 庄威凤主编．中国古代天象记录的研究与应用［M］．北京：中国科学技术出版社，2009.

57. Quinn W H，Neal V T. The historical record of Elnino events［A］. In：Bradley R S，Jones P D eds. Climate since A. D. 1500［M］. London and New York：Routedge，1995：623－648.


三、研究论文

1. 柏玲，陈忠升，赵本福. 集合经验模态分解在长江中下游梅雨变化多尺度分析中的应用［J］. 长江流域资源与环境，2015，24（3）.

2. 曾刚，倪东鸿，李忠贤，等. 东亚夏季风年代际变化研究进展［J］. 气象与减灾研究，2009，32（3）.

3. 曾刚，孙照渤，王维强，等. 东亚夏季风年代际变化——基于全球观测海表温度驱动 NCAR Cam3 的模拟分析［J］. 气候与环境研究，2007，12（2）.

4. 曾早早，方修琦，叶瑜，等. 中国近 300 年来 3 次大旱灾的灾情及原因比较［J］. 灾害学，2009，24（2）.

5. 陈家其. 从太湖流域旱涝史料看历史气候信息处理［J］. 地理学报，1987，42（3）.

6. 陈家其. 太湖流域历史洪水排队［J］. 人民长江，1992（3）.

7. 陈敏，张国琏. 上海浦东地区"梅雨期"降水及其多尺度时频特征［J］. 南京气象学院学报，2007，30（3）.

8. 陈仁杰，阚海东. 雾霾污染与人体健康［J］. 自然杂志，2013，35（5）.

9. 陈瑞赞. 温州市图书馆藏抄稿本日记叙录［J］. 文献，2008（4）.

10. 陈艺敏，钱永甫. 116a 长江中下游梅雨的气候特征［J］. 南京气象学院学报，2004，27（1）.

11. 陈胤华，张克乾. 公元 1180 和 1181 年浙江金华地区梅汛期降水的重建

［J］. 古地理学报，2014，16（6）.

12. 程国生，苍中亚，杜亚军，等. 江淮梅雨长期变化对太阳活动因子的响应分析［J］. 高原气象，2015，34（2）.

13. 程国生，杜亚军，陈烨. 近 52 年太阳活动与江淮梅雨异常关系分析［J］. 自然灾害学报，2012，21（4）.

14. 丁一汇，柳俊杰，孙颖，等. 东亚梅雨系统的天气—气候学研究［J］. 大气科学，2007，31（6）.

15. 丁仲礼，熊尚发. 古气候数值模拟：进展评述［J］. 地学前缘，2006，13（1）.

16. 段长春，孙绩华. 太阳活动异常与降水和地面气温的关系［J］. 气象科技，2006，34（4）.

17. 樊友民，钱洋. 风能及风力发电问题［J］. 发电设备，2009，23（6）.

18. 方修琦，苏筠，尹君，等. 历史气候变化影响研究中的社会经济等级序列重建方法探讨［J］. 第四纪研究，2014，34（6）.

19. 方修琦，萧凌波，葛全胜，等. 湖南长沙、衡阳地区 1888—1916 年的春季植物物候与气候变化［J］. 第四纪研究，2005，25（1）.

20. 房国良，高原，徐连军，等. 上海市降雨变化与灾害性降雨特征分析［J］. 长江流域资源与环境，2012，21（10）.

21. 费杰，胡化凯，张志辉，等. 1860—1898 年北京沙尘天气研究——基于《翁同龢日记》［J］. 灾害学，2009，24（3）.

22. 封国林，杨涵洧，张世轩，等. 2011 年春末夏初长江中下游地区旱涝急转成因初探［J］. 大气科学，2012，36（5）.

23. 傅逸贤. 也谈梅雨期的划分［J］. 气象，1981，7（5）.

24. 高习伟，姜允芳. 上海市 1971—2010 年降水时空变化特征［J］. 水资源与水工程学报，2015，26（6）.

25. 葛全胜，方修琦，郑景云．中国历史时期气候变化影响及其应对的启示 [J]．地球科学进展，2014，29（1）．

26. 葛全胜，郭熙凤，郑景云，等．1736 年以来长江中下游梅雨变化 [J]．科学通报，2007，52（23）．

27. 葛全胜，刘路路，郑景云，等．过去千年太阳活动异常期的中国东部旱涝格局 [J]．地理学报，2016，71（5）．

28. 葛全胜，王芳，王绍武，等．对全球变暖认识的七个问题的确定与不确定性 [J]．中国人口·资源与环境，2014，24（1）．

29. 葛全胜，郑景云，方修琦，等．过去 2000 年中国东部冬半年温度变化 [J]．第四纪研究，2002，22（2）．

30. 葛全胜，郑景云，郝志新，等．过去 2000 年中国气候变化研究的新进展 [J]．地理学报，2014，69（9）．

31. 龚高法，简慰民．我国植物物候期的地理分布 [J]．地理学报，1983，38（1）．

32. 顾骏强，施能，薛根元．近 40 年浙江省降水量、雨日的气候变化 [J]．应用气象学报，2002，13（3）．

33. 顾薇，李崇银，杨辉．中国东部夏季主要降水型的年代际变化及趋势分析 [J]．气象学报，2005，63（5）．

34. 顾问，谈建国，常远勇．1981—2013 年上海地区强降水事件特征分析 [J]．气象与环境学报，2015，31（6）．

35. 郭其蕴，蔡静宁，邵雪梅，等．1873—2000 年东亚夏季风变化的研究 [J]．大气科学，2004，28（2）．

36. 郭志荣，李慧敏，赏益，等．1961—2012 年夏季南亚高压与中国云南地区降水的关系 [J]．气象与环境学报，2014，30（6）．

37. 郝志新，郑景云，伍国凤，等．1876—1878 年华北大旱：史实、影响及气候背景［J］. 科学通报，2010，55（23）.

38. 何金海，祁莉，韦晋，等. 关于东亚副热带季风和热带季风的再认识
［J］. 大气科学，2007，31（6）.

39. 贺芳芳，徐家良. 20 世纪 90 年代以来上海地区降水资源变化研究［J］.
自然资源学报，2006，21（2）.

40. 贺芳芳，赵兵科. 近 30 年上海地区暴雨的气候变化特征［J］. 地球科学
进展，2009，24（11）.

41. 胡娅敏，丁一汇，廖菲. 江淮地区梅雨的新定义及其气候特征［J］. 大
气科学，2008，32（1）.

42. 黄朝迎. 1978 年长江中下游地区夏季大旱及其影响［J］. 灾害学，1990
（4）.

43. 黄菲，姜治娜. 欧亚大陆阻塞高压的统计特征及其与中国东部夏季降水
的关系［J］. 青岛海洋大学学报，2002，32（2）.

44. 黄青兰，王黎娟，何金海，等. 有关江淮梅雨的研究回顾［J］. 浙江气
象，2010，31（2）.

45. 黄青兰，王黎娟，李熠，等. 江淮梅雨区域入、出梅划分及其特征分析
［J］. 热带气象学报，2012，28（5）.

46. 黄媛，李蓓蓓，李忠明. 基于日记的历史气候变化研究综述［J］. 地球
科学进展，2013，32（10）.

47. 黄真，徐海明，胡景高. 我国梅雨研究回顾与讨论［J］. 安徽农业科学，
2011，39（16）.

48. 江志红，屠其璞，施能. 年代际气候低频变率诊断研究进展［J］. 地球
科学进展，2000，15（3）.

49. 金荣花，李维京，张博，等. 东亚副热带西风急流活动与长江中下游梅雨
异常关系的研究［J］. 大气科学，2012，36（4）.

50. 琚建华，钱诚，曹杰．东亚夏季风的季节内振荡研究［J］．大气科学，2005，29（2）．

51. 李伯重．"道光萧条"与"癸未大水"［J］．社会科学，2007（6）．

52. 李崇银，龙振夏，穆明权．大气季节内振荡及其重要作用［J］．大气科学，2003，27（4）．

53. 李崇银．热带大气季节内振荡的几个基本问题［J］．热带气象学报，1995，11（3）．

54. 李靖，张德二．火山活动对气候的影响［J］．气象科技，2005，33（3）．

55. 李小泉．从整体上研究梅雨期的划分［J］．气象，1981，7（6）．

56. 李月洪，张正秋．百年来上海、北京气候突变的初步分析［J］．气象，1991，17（10）．

57. 梁萍，丁一汇，何金海，等．江淮区域梅雨的划分指标研究［J］．大气科学，2010，34（2）．

58. 梁萍，丁一汇．上海近百年梅雨的气候变化特征［J］．高原气象，2008，27（S1）．

59. 梁萍，汤绪，柯晓新，等．中国梅雨影响因子的研究综述［J］．气象科学，2007，27（4）．

60. 林春育．关于梅雨问题讨论的几个问题［J］．气象，1981，7（7）．

61. 林学椿．上海温度和降水的气候振动［J］．气象，1982，8（11）．

62. 刘炳涛，满志敏，杨煜达．1609—1615年长江下游地区梅雨特征的重建［J］．中国历史地理论丛，2011，26（4）．

63. 刘炳涛，满志敏．《味水轩日记》所反映长江下游地区1609—1616年间气候冷暖分析［J］．中国历史地理论丛，2012，27（3）．

64. 刘丹妮，何金海，姚永红．关于梅雨研究的回顾与展望［J］．气象与减灾研究，2009，32（1）．

65. 刘屹岷，洪洁莉，刘超，等. 淮河梅雨洪涝与西太平洋副热带高压季节推进异常 [J]. 大气科学，2013，37（2）.

66. 刘永强，李月洪，贾朋群. 低纬和中高纬度火山爆发与我国旱涝的联系 [J]. 气象，1993，19（11）.

67. 刘勇，王银堂，陈元芳，等. 太湖流域梅雨时空演变规律研究 [J]. 水文，2011，31（3）.

68. 陆龙骅，张德二. 中国年降水量的时空变化特征及其与东亚夏季风的关系 [J]. 第四纪研究，2013，33（1）.

69. 陆玉芹. 林则徐江苏灾赈述论 [J]. 江南大学学报（人文社会科学版），2004，3（2）.

70. 吕俊梅，祝从文，琚建华，等. 近百年中国东部夏季降水年代际变化特征及其原因 [J]. 大气科学，2014，38（4）.

71. 马悦婷，张继权，杨明金.《味水轩日记》记载的 1609—1616 年天气气候记录的初步分析 [J]. 云南地理环境研究，2009，21（3）.

72. 满志敏，李卓仑，杨煜达.《王文韶日记》记载的 1867—1872 年武汉和长沙地区梅雨特征 [J]. 古地理学报，2007，9（4）.

73. 满志敏. 传世文献中的气候资料与问题 [A]. 见：复旦大学历史地理研究中心主编. 面向新世纪的中国历史地理学——2000 年国际中国历史地理学术讨论会论文集 [C]. 济南：齐鲁书社，2000.

74. 满志敏. 光绪三年北方大旱的气候背景 [J]. 复旦学报（社会科学版），2000，39（5）.

75. 满志敏. 历史旱涝灾害资料分布问题的研究 [A]. 见：《历史地理》编辑委员会编. 历史地理（第 16 辑）[M]. 上海：上海人民出版社，2000.

76. 满志敏. 历史自然地理学发展和前沿问题的思考 [J]. 江汉论坛，2005

（1）.

77. 毛文书，王谦谦，葛旭明，等 . 近 116 年江淮梅雨异常及其环流特征分析 ［J］. 气象，2006，32（6）.

78. 毛文书，王谦谦，李国平 . 江淮梅雨异常的大气环流特征［J］. 高原气象，2008，27（6）.

79. 毛文书，王谦谦，李国平，等 . 近 50 a 江淮梅雨的区域特征［J］. 气象科学，2008，28（1）.

80. 穆明权，李崇银 . 大气环流的年代际变化 I——观测资料的分析［J］. 气候与环境研究，2000，5（3）.

81. 倪玉平，高晓燕 . 清朝道光"癸未大水"的财政损失［J］. 清华大学学报（哲学社会科学版），2014，29（4）.

82. 倪允琪，周秀骥 . 我国长江中下游梅雨锋暴雨研究的进展［J］. 气象，2005，35（1）.

83. 钮福民，张超 . 上海的梅雨气候［J］. 自然杂志，1979（6）.

84. 欧阳楚豪 . 二十四年湖南之水灾与梅雨［J］. 气象杂志，1936（3）.

85. 潘威，王美苏，杨煜达 . 1823 年（清道光三年）太湖以东地区大涝的环境因素［J］. 古地理学报，2010，12（3）.

86. 彭加毅，孙照渤，朱伟军 . 70 年代末大气环流及中国旱涝分布的突变［J］. 南京气象学院学报，1999，22（3）.

87. 钱君龙，吕军，屠其璞，等 . 用树轮 α-纤维素 $\delta^{13}C$ 重建天目山地区近 160 年气候［J］. 中国科学（D 辑），2001，31（4）.

88. 乔宠如 . 可再生能源危机［J］. 经济，2015（22）.

89. 秦大河，Thomas Stocker，259 名作者和 TSU（驻伯尔尼和北京）. IPCC 第五次评估报告第一工作组报告的亮点结论［J］. 气候变化研究进展，2014，10（1）.

90. 秦大河. 气候变化科学与人类可持续发展 [J]. 地球科学进展, 2014, 33 (7).

91. 任国玉, 封国林, 严中伟. 中国极端气候变化观测研究回顾与展望 [J]. 气候与环境研究, 2010, 15 (4).

92. 任国玉, 战云健, 任玉玉, 等. 中国大陆降水时空变异规律——Ⅰ气候学特征 [J]. 水科学进展, 2015, 26 (3).

93. 申倩倩, 束炯, 王行恒. 上海地区近 136 年气温和降水量变化的多尺度分析 [J]. 自然资源学报, 2011, 26 (4).

94. 施宁. 宁苏扬地区 500 多年来的旱涝趋势及近期演变特征 [J]. 气象科学, 1998, 18 (1).

95. 史军, 崔林丽, 杨涵洧, 等. 上海气候空间格局和时间变化研究 [J]. 地球信息科学学报, 2015, 17 (11).

96. 陶诗言, 陈隆勋. 夏季亚洲大陆上空大气环流的结构 [J]. 气象学报, 1957, 28 (3).

97. 陶诗言, 赵煜佳, 陈晓敏. 东亚的梅雨期与亚洲上空大气环流季节变化的关系 [J]. 气象学报, 1958, 29 (2).

98. 陶涛, 信昆仑, 刘遂庆. 气候变化下 21 世纪上海长江口地区降水变化趋势分析 [J]. 长江流域资源与环境, 2008, 17 (2).

99. 童金, 徐海明, 智海. 江淮旱涝及旱涝并存年降水和对流的低频振荡统计特征 [J]. 大气科学学报, 2013, 36 (4).

100. 涂长望著, 卢鋆译. 中国之气团 [J]. 气象杂志, 1938 (5).

101. 万金红, 谭徐明, 刘昌东. 基于清代故宫旱灾档案的中国旱灾时空格局 [J]. 水科学进展, 2013, 24 (1).

102. 王方中. 1934 年长江中下游的旱灾 [J]. 近代中国, 1999, 9 (1).

103. 王欢, 郝志新, 郑景云. 1750—2010 年强火山喷发事件的时空分布特征

［J］. 地理学报，2014，69（1）.

104. 王丽萍，郑瑞清. 我国近百年温度降水资料现状及数据集的研制［J］. 气象，2002，28（12）.

105. 王绍武，龚道溢，叶瑾琳，等. 1880 年以来中国东部四季降水量序列及其变率［J］. 地理学报，2000，55（3）.

106. 王绍武，赵宗慈. 近五百年我国旱涝史料的分析［J］. 地理学报，1979，34（4）.

107. 王绍武，赵宗慈. 我国旱涝 36 年周期及其产生机制［J］. 气象学报，1979，37（1）.

108. 王绍武. 建立高分辨率的全球气候模式［J］. 气候变化研究进展，2015，11（2）.

109. 王绍武. 近 500 年的厄尔尼诺事件［J］. 气象，1989，15（4）.

110. 王绍武. 上海气候振动的分析［J］. 气象学报，1962，32（4）.

111. 王轩，尹占娥，迟潇潇，等. 1961—2010 年上海市各量级降水的多尺度变化特征研究［J］. 地球环境学报，2015，6（3）.

112. 王颖，封国林，施能，等. 江苏省雨日及降水量的气候变化研究［J］. 气象科学，2007，27（3）.

113. 魏凤英，曹鸿兴. 中国、北半球和全球的气温突变分析及其趋势预测研究［J］. 大气科学，1995，19（2）.

114. 魏凤英，宋巧云. 全球海表温度年代际尺度的空间分布及其对长江中下游梅雨的影响［J］. 气象学报，2005，63（4）.

115. 魏凤英，谢宇. 近百年长江中下游梅雨的年际及年代际振荡［J］. 应用气象学报，2005，16（4）.

116. 魏凤英，张京江. 1885—2000 年长江中下游梅雨特征量的统计分析［J］. 应用气象学报，2004，15（3）.

117. 魏文寿，尚华明，陈峰．气候研究中不同时期的资料获取与重建方法综述［J］．气象科技进展，2013，3（3）．

118. 闻新宇，王绍武，朱锦红，等．英国 CRU 高分辨率格点资料揭示的 20 世纪中国气候变化［J］．大气科学，2006，30（5）．

119. 吴达铭．1163—1977 年（815 年）长江下游地区梅雨活动期间旱涝规律初步分析［J］．大气科学，1981，5（4）．

120. 吴浩云，王银堂，胡庆芳，等．太湖流域 61 年来降水时空演变规律分析［J］．水文，2013，33（2）．

121. 吴珊珊，张超美．2013 年梅雨监测及近 50 年江西梅雨气候特征［J］．气象与减灾研究，2014，37（1）．

122. 伍国凤，郝志新，郑景云．1736 年以来南京逐季降水量的重建及变化特征［J］．地理科学，2010，30（6）．

123. 夏军，刘春蓁，任国玉．气候变化对我国水资源影响研究面临的机遇与挑战［J］．地球科学进展，2011，26（1）．

124. 夏明方，康沛竹．是岁江南旱——一九三四年长江中下游大旱灾［J］．中国减灾，2008（1）．

125. 萧凌波，方修琦，张学珍．《湘绮楼日记》记录的湖南长沙 1877—1878 年寒冬［J］．古地理学报，2006，8（2）．

126. 萧凌波，方修琦，张学珍．19 世纪后半叶至 20 世纪初叶梅雨带位置的初步推断［J］．地理科学，2008，28（3）．

127. 谢文静，高抒．日记中的前器测时代气候变化信息：降水时空分布对厄尔尼诺事件的响应［J］．南京大学学报（自然科学版），2012，48（6）．

128. 信飞，陈伯民，孙国武．上海梅汛期强降水的低频特征及延伸期预报［J］．气象与环境学报，2014，30（6）．

129. 徐福刚．近 50 年来南京梅雨期降雨量变化特征分析［J］．科技创新导报，2012，9（23）.

130. 徐家良．上海年、季降水演变的奇异谱分析［J］．气象科学，1999，19（2）.

131. 徐群，杨义文，杨秋明．近116年长江中下游的梅雨（一）［J］．暴雨·灾害，2001（11）.

132. 徐群，张艳霞．近52年淮河流域的梅雨［J］．应用气象学报，2007，18（2）.

133. 徐群．121年梅雨演变中的近期强年代际变化［J］．水科学进展，2007，18（3）.

134. 徐群．近八十年长江中、下游的梅雨［J］．气象学报，1965，35（4）.

135. 徐新创，张学珍，刘成武，等．1470—2000年长江中下游夏半年干湿变化的频谱分析［J］．华中师范大学学报（自然科学版），2012，46（2）.

136. 许以平．1978年长江中下游夏季大旱的天气气候分析［J］．气象，1979（2）.

137. 严华生，万云霞，邓自旺，等．用正交小波分析近百年来中国降水气候变化［J］．大气科学，2004，28（1）.

138. 晏朝强，方修琦，叶瑜，等．基于《己酉被水纪闻》重建1849年上海梅雨期及其降水量［J］．古地理学报，2011，13（1）.

139. 晏朝强，谢文慧，马玉玲，等．1849年中国东部地区雨带推移与长江流域洪涝灾害［J］．第四纪研究，2012，32（2）.

140. 杨保，谭明．近千年东亚夏季风演变历史重建及与区域温湿变化关系的讨论［J］．第四纪研究，2009，29（5）.

141. 杨冬红，杨学祥．全球气候变化的成因初探［J］．地球物理学进展，2013，28（4）.

142. 杨静，钱永甫．121a梅雨序列及其时变特征分析［J］．气象科学，2009，

29（3）.

143. 杨义文，徐群，杨秋明.近 116 年长江中下游的梅雨（二）［J］.暴雨·灾害，2001（11）.

144. 杨煜达，成赛男，满志敏.19 世纪中叶北京高分辨率沙尘天气记录：《翁心存日记》初步研究［J］.古地理学报，2013，15（4）.

145. 杨煜达，满志敏，郑景云.1711—1911 年昆明雨季降水的分级重建与初步研究［J］.地理研究，2006，25（6）.

146. 杨煜达.清咸丰六年长江三角洲地区旱灾气候背景分析［J］.气象与减灾研究，2007，30（3）.

147. 姚建群.连续小波变换在上海近 100 年降水分析中的应用［J］.气象，2001，27（2）.

148. 姚磊，陈盼盼，胡利利，等.长江上游流域水电开发现状与存在的问题［J］.绵阳师范学院学报，2016，35（2）.

149. 叶笃正，陶诗言，李麦村.在六月和十月大气环流的突变现象［J］.气象学报，1958，29（4）.

150. 叶香，刘梅，姜爱军，等.南京梅雨特征量统计分析及其对区域性增暖的响应［J］.气象科学，2012，32（4）.

151. 尹义星，许有鹏，陈莹.1950—2003 年太湖流域洪旱灾害变化与东亚夏季风的关系［J］.冰川冻土，2010，32（2）.

152. 尹志聪，王亚非.江淮夏季降水季节内振荡和海气背景场的关系［J］.大气科学，2011，35（3）.

153. 于达人.区域梅雨季节和单站梅雨期［J］.气象，1980，6（10）.

154. 余少祥.我国核电发展的现状、问题与对策建议［J］.华北电力大学学报（社会科学版），2020（5）.

155. 于淑秋，林学椿，徐祥德.中国气温的年代际振荡及其未来趋势［J］.

气象科技，2003，31（3）.

156. 余新忠. 道光三年苏州大水及各方之救济［A］. 见：张国刚主编. 中国社会历史评论（第 1 卷）［M］. 天津：天津古籍出版，1999.

157. 张德二，梁有叶. 1876—1878 年中国大范围持续干旱事件［J］. 气候变化研究进展，2010，6（2）.

158. 张德二，刘传志，江剑民. 中国东部 6 区域近 1000 年干湿序列的重建和气候跃变分析［J］. 第四纪研究，1997，17（1）.

159. 张德二，刘月巍，梁有叶，等. 18 世纪南京、苏州和杭州年、季降水量序列的复原研究［J］. 第四纪研究，2005，25（2）.

160. 张德二，刘月巍. 北京清代"晴雨录"降水记录的再研究——应用多因子回归方法重建北京（1724—1904 年）降水量序列［J］. 第四纪研究，2002，22（3）.

161. 张德二，陆龙骅. 历史极端雨涝事件研究——1823 年我国东部大范围雨涝［J］. 第四纪研究，2011，31（1）.

162. 张德二，王宝贯. 18 世纪长江下游梅雨活动的复原研究［J］. 中国科学（B 辑），1990，20（12）.

163. 张德二，王宝贯. 用清代《晴雨录》资料复原 18 世纪南京、苏州、杭州三地夏季月降水量序列的研究［J］. 应用气象学报，1990，1（3）.

164. 张德二，薛朝辉. 公元 1500 年以来 Elnino 事件与中国降水分布型的关系［J］. 应用气象学报，1994，5（2）.

165. 张德二. 相对温暖气候背景下的历史旱灾——1784—1787 年典型灾例［J］. 地理学报，2000，55（增刊）.

166. 张德二. 中国历史文献中的高分辨古气候记录［J］. 第四纪研究，1995，15（1）.

167. 张德二. 重建近五百年气候序列的方法及其可靠性［A］. 见：国家气象

局气象科学研究院编．气象科学技术集刊 4（气候与旱涝）［M］．北京：气象出版社，1983．

168. 张家诚，王立．道光三年（1823 年）华北大水初析［J］．灾害学，1990（4）．

169. 张家诚．1823 年（清道光三年）我国特大水灾及影响［J］．应用气象学报，1993，4（3）．

170. 张剑明，廖玉芳，段丽洁，等．1960—2009 年湖南省暴雨极端事件的气候特征［J］．地球科学进展，2011，30（11）．

171. 张洁祥，张雨凤，李琼芳，等．1971—2010 年上海市降水变化特征分析［J］．水资源保护，2014，30（4）．

172. 张玲，智协飞．南亚高压和西太副高位置与中国盛夏降水异常［J］．气象科学，2010，30（4）．

173. 张庆云，陶诗言．亚洲中高纬度环流对东亚夏季降水的影响［J］．气象学报，1998，56（2）．

174. 张琼，吴国雄．长江流域大范围旱涝与南亚高压的关系［J］．气象学报，2001，59（5）．

175. 张人禾，李强，张若楠．2013 年 1 月中国东部持续性强雾霾天气产生的气象条件分析［J］．中国科学（地球科学），2014，44（1）．

176. 张先恭，张富国．火山活动与我国旱涝、冷暖的关系［J］．气象学报，1985，43（2）．

177. 张向萍，叶瑜，方修琦．公元 1644—1949 年长江三角洲地区历史台风频次序列重建［J］．古地理学报，2013，15（2）．

178. 张晓安．我国太阳能光伏利用的现状、存在问题及其对策［J］．合肥工业大学学报（社会科学版），2009，23（6）．

179. 张小曳，孙俊英，王亚强，等．我国雾 - 霾成因及其治理的思考［J］．

科学通报，2013，58（13）.

180. 张秀雯. 上海地区早秋连阴雨的中期预报方法［J］. 气象，1979（12）.

181. 张学珍，方修琦，齐晓波.《翁同龢日记》中的冷暖感知记录及其对气候冷暖变化的指示意义［J］. 古地理学报，2007，9（4）.

182. 张学珍，方修琦，田青，等.《翁同龢日记》记录的 19 世纪后半叶北京的沙尘天气［J］. 古地理学报，2006，8（1）.

183. 张学珍，方修琦，郑景云，等. 基于《翁同龢日记》天气记录重建的北京 1860—1897 年的降水量［J］. 气候与环境研究，2011，16（3）.

184. 章名立. 中国东部近百年的雨量变化［J］. 大气科学，1993，17（4）.

185. 赵兴云，王建，钱君龙，等. 天目山地区树轮 $\delta^{13}C$ 记录的 300 多年的秋季气候变化［J］. 山地学报，2005，23（5）.

186. 郑景云，葛全胜，郝志新，等. 过去 150 年长三角地区的春季物候变化［J］. 地理学报，2012，67（1）.

187. 郑景云，葛全胜，郝志新，等. 历史文献中的气象记录与气候变化定量重建方法［J］. 第四纪研究，2014，34（6）.

188. 郑景云，郝志新，方修琦，等. 中国过去 2000 年极端气候事件变化的若干特征［J］. 地球科学进展，2014，33（1）.

189. 郑景云，郝志新，葛全胜. 黄河中下游地区过去 300 年降水变化［J］. 中国科学（D 辑），2005，35（8）.

190. 郑景云，郝志新，葛全胜. 山东 1736 年来逐季降水重建及其初步分析［J］. 气候与环境研究，2004，9（4）.

191. 郑景云，郝志新，葛全胜. 重建清代逐季降水的方法与可靠性——以石家庄为例［J］. 自然科学进展，2004，14（4）.

192. 郑景云，邵雪梅，郝志新，等. 过去 2000 年中国气候变化研究［J］. 地理研究，2010，29（9）.

193. 郑景云，赵会霞．清代中后期江苏四季降水变化与极端降水异常事件 [J]．地理研究，2005，24（5）．

194. 郑斯中，张福春，龚高法．我国东南地区近两千年气候湿润状况的变化 [A]．见：中央气象局研究所．气候变迁和超长期预报文集 [C]．北京：科学出版社，1977．

195. 郑永光，陈炯，葛国庆，等．梅雨锋的天气尺度研究综述及其天气学定义 [J]．北京大学学报（自然科学版），2008，44（1）．

196. 周后福，马奋华．长江中下游梅雨及其中长期预测技术的研究概述 [J]．气象教育与科技，2002，24（1）．

197. 周丽英，杨凯．上海降水百年变化趋势及其城郊的差异 [J]．地理学报，2001，56（4）．

198. 周淑贞．上海城市气候中的"五岛"效应 [J]．中国科学（B 辑），1988，（11）．

199. 周伟东，朱洁华，王艳琴，等．上海地区百年农业气候资源变化特征 [J]．资源科学，2008，30（5）．

200. 朱晓禧．清代《畏斋日记》中天气气候信息的初步分析 [J]．古地理学报，2004，6（1）．

201. 朱益民，孙旭光，陈晓颖．小波分析在长江中下游旱涝气候预测中的应用 [J]．解放军理工大学学报（自然科学版），2003，4（6）．

202. 朱益民，杨修群．太平洋年代际振荡与中国气候变率的联系 [J]．气象学报，2003，61（6）．

203. 竺可桢．东南季风与中国雨量 [J]．地理学报，1934（1）．

204. 竺可桢．中国近五千年来气候变迁的初步研究 [J]．考古学报，1972（1）．

205. 冯名梦．1881—1911 年安庆地区梅雨特征重建及灾害研究 [D]．上海：

复旦大学 2014 年硕士学位论文.

206. 郭熙凤. 1736 年以来长江中下游地区梅雨特征变化分析［D］. 北京：中国科学院地理科学与资源研究所 2008 年博士学位论文.

207. 郝志新. 黄河中下游地区近 300 年降水序列重建及分析［D］. 北京：中国科学院地理科学与资源研究所 2003 年博士学位论文.

208. 刘俊臣. 1899—1940 年常熟地区梅雨变化研究［D］. 上海：复旦大学 2015 年硕士学位论文.

209. 王美苏. 清代入境中国东部沿海台风事件初步重建［D］. 上海：复旦大学 2010 年硕士学位论文.

210. 杨肃毓. 清代地方治蝗——以道光十五、六年江西蝗灾为中心［D］. 台北：国立清华大学 2008 年硕士学位论文.

211. 张健. 清代以来黄河中游气候变化研究［D］. 上海：复旦大学 2012 年博士学位论文.

212. 张涛.《越缦堂日记》研究［D］. 扬州：扬州大学 2005 年硕士学位论文.

213. 郑微微. 清后期以来梅雨雨带南缘的变化与降水事件研究［D］. 上海：复旦大学 2011 年博士学位论文.

214. Ge Q S, Guo X F, Zheng J Y, et al. Meiyu in the middle and lower reaches of the Yangtze River since 1736［J］. Chinese Science Bulletin, 2008, 53 (1).

215. Wang W C, Ge Q S, Hao Z X, et al. Rainy season at Beijing and Shanghai since 1736［J］. Journal of the Meteorological Society of Japan, 2008, 86 (5).

216. Zheng J Y, Wang W C, Ge Q S, et al. Precipitation variability and extreme events in eastern China during the past 1500 years［J］. Terrestrial Atmopheric and Oceanic Science, 2006, 17 (3).

## 四、网络资源

1. 《上海年鉴》编纂委员会．上海年鉴（2015）［M］．上海：上海人民出版社．（网址 http：//www. shtong. gov. cn/）

2. 读秀学术搜索网址：http：//www. duxiu. com/.

3. 高校古文献资源库网址：http：//rbsc. calis. edu. cn：8086/aopac/jsp/indexXyjg. jsp.

4. 古籍图书网网址：http：//www. gujibook. com/.

5. 火山数据网址：http：//volcano. si. edu/search_ eruption. cfm.

6. 上海图书馆古籍书目数据库网址：http：//search. library. sh. cn/guji/.

7. 苏州市公共图书馆联合书目网址：http：//book. suzhouculture. cn：8080/bookdir/.

8. 中国气象数据网：http：//data. cma. cn/site/index. html.

9. 中华人民共和国国家统计局．中国统计年鉴（2015）［M］．北京：中国统计出版社．（网址 http：//www. stats. gov. cn/tjsj/ndsj/2015/indexch. htm）

# 后　记

　　这本专著源自我的博士毕业论文，博士论文能够取得今天的成绩首先要感谢给予我支持和帮助的老师、同学和亲人们。研究选题得益于敬爱的导师满志敏先生。记得刚入学时，导师很早就给我建议了两个选题，一个是沿着刘炳涛师兄的路径收集诗文集为主，寻究物候和寒暖之变迁，另一个是沿着郑微微师姐的路数寻觅私人日记为主，洞究梅雨和旱涝之演变。经过一学期左右的专业课学习、文献阅读，在导师的关心下我最终选择了梅雨课题，我的想法是在做梅雨收集日记、诗文集资料的同时，可以兼顾物候资料的收集，资料可开发面相对要广，研究风险相对较小。选题确定之后，就涉及如何找资料，跨专业经验匮乏的我首先对已出版的相关史料进行摸排。由于已出版的《中国古籍总目》、《历代日记丛谈》和《历代日记从钞》汇编了大量古人日记并作了提要，因此我最先对这三种文献所列日记记载时间、地点、天气信息蕴藏量进行系统梳理，发现对选题真正有帮助的日记实在太少，气象数据处理手段的学习也遇到诸多难题，在资料和方法都成问题的时候，想到论文前景堪忧，我的情绪几乎跌至绝望点，出现过相当长一段时间的无能感、无助感、迷茫期、松弛期。导师见我长期没有研究进展，估计出我找资料可能遇到了麻烦，特率我前往苏州图书馆、苏州博物馆等地查询资料，培养我外出收集史料跟当地接洽的意识。此番外出考察经历启发了我应该把资料的来源寄托在上海图书馆所藏私人日记上，之后我对上海图书所藏日记进行了地毯式的检索，大大地丰富了我对日记家底的了解，手中有粮心中不慌，导师的陪伴安抚了我的浮躁情绪，导师言谈中的不满让我意识到自身的很多不足，我把这些都转变成对我的鼓励和鞭策。著作能够出版，同时还要感谢我的硕士导师施建雄先生给予的提携、重视和关怀，将我引向严谨的学术之路。

博论能够获得完善、送审、提交答辩离不开安介生老师、韩昭庆老师、杨煜达老师、张伟然老师、张晓虹老师、朱海滨老师、王大学老师、路伟东老师、段伟老师、赵红老师在开题报告、中期考核、预答辩、课堂授课、平常交流中的悉心批评和建议，也离不开同学们的热心帮助。感谢师妹成赛男为了帮我赶时间，在几天内起早熬夜通读了全文，对全稿词句表述的合理性、贴切性、逻辑性等进行了核查，并提出了非常中肯的修改意见，感谢舍友余开亮、龙野、陈碧强、孙祥飞对论文的审读、批评和修改建议以及几年来的和睦相处陪伴，感谢同门师兄弟姐妹潘威、刘炳涛、郑微微、张健、江伟涛、孙涛、霍仁龙、闫芳芳、韩健夫、白玉军、刘大伟、冯名梦、刘俊臣、宸志鹏对论文的建议和学习生活中给予的支持关怀。谢谢亲爱的父母、妹妹、孩子、老婆及家人对我学业和工作的体谅、在生活中给予的照顾。

这本著作的完成得益于山西大学历史文化学院、教育部人文社会科学研究青年项目"基于日记资料的 19 世纪以来上海地区降水变化和洪涝灾害研究"（项目编号：17YJC770026）和国家自然科学基金青年项目"基于日记资料的 19 世纪以来上海地区气候序列的重建和特征分析"（项目编号：41805055）等课题的支持。感谢研究出版社安玉霞、丁波编辑对本书耐心热情的指导和付出。

唐　晶

2022 年 2 月 20 日龙城太原